国家级工程训练实验教学示范中心系列规划教材

机械制造基础实习教程

主 编 曹其新 张培艳

副主编 李翠超 陶 波 陈文磊

科学出版社

北京

内 容 简 介

本书是适用于"机械制造基础实习"课程的教材。全书分 3 篇，共 13 章，第 1 篇机械制造基础知识，包括工程材料、零件加工的技术要求、切削加工以及测量等基础知识；第 2 篇机械制造实习，包括传统机械制造加工（铸造、焊接、车削、铣削、磨削、钳工）、先进制造加工（数控车削、数控铣削）以及特种加工（电蚀加工、激光加工、快速成形）的实践内容；第 3 篇项目制作实践，针对 CDIO 模式下的实践教学方法改革，讲解了开展工程项目所需的知识模块内容，并给出几个在学生实训中的实际设计命题，供教学使用。

本书主要阐述机械制造各种成形及加工过程的工艺原理、工艺方法及技术进展，注重理论与实践结合，侧重实践能力的锻炼。

本书可作为普通高等教育机械工程实习的教材，也可作为专业研究生开展综合性、创新性实践项目的参考用书，也可供专业技术人员参考使用。

图书在版编目（CIP）数据

机械制造基础实习教程/曹其新，张培艳主编. —北京：科学出版社，2015.6

国家级工程训练实验教学示范中心系列规划教材

ISBN 978-7-03-044754-8

Ⅰ.①机… Ⅱ.①曹… ②张… Ⅲ.①机械制造工艺-实习-高等学校-教材 Ⅳ.①TH16-45

中国版本图书馆 CIP 数据核字（2015）第 124327 号

责任编辑：邓 静 张丽花 / 责任校对：桂伟利
责任印制：霍 兵 / 封面设计：迷底书装

科学出版社 出版
北京东黄城根北街 16 号
邮政编码：100717
http://www.sciencep.com
新科印刷有限公司 印刷
科学出版社发行 各地新华书店经销

*

2015 年 6 月第 一 版 开本：787×1092 1/16
2015 年 6 月第一次印刷 印张：14 1/4
字数：360 000

定价：33.00 元
（如有印装质量问题，我社负责调换）

前 言

2012 年教育部等部门颁发的《关于进一步加强高校实践育人工作的若干意见》(以下简称《意见》)中指出：强化实践教学环节，深化实践教学方法改革。实践教学是学校教学工作的重要组成部分，是深化课堂教学的重要环节，是学生获取、掌握知识的重要途径。实践教学方法改革是推动实践教学改革和人才培养模式改革的关键。高校要把加强实践教学方法改革作为专业建设的重要内容，重点推行基于问题、基于项目、基于案例的教学方法和学习方法，加强综合性实践科目设计和应用。在《意见》的指导思想下，结合上海交通大学的实践教学情况，借鉴和吸收了大量国内同行编写的工程训练方面的优秀教材，同步上海交通大学工程训练中心"985 三期"实践课程体系建设，我们编写了本书。

上海交通大学工程训练中心自 2011 年起，开始在"机械制造基础"(金工实习)中探索项目驱动的教学改革。通过让学生设计与制作出一个机械作品，学习如何综合应用实训学到的工程知识，寻求解决实际工程问题的途径，让学生体验创意构思、设计制作、安装调试、技术报告、答辩验收的项目全过程。学生在项目运行过程中，不仅学习和体验工程技术知识，也培养了团队合作意识、表达能力以及体会工程上严谨的作风和追求精益求精的重要性。不断丰富的项目命题不但调动了学生的兴趣，也带来了"以学生为中心"的教学模式转变。学生由被动学习变为主动实践，由教师的灌输式教学变为学生的自发式探究。在 2015 年即将开始的"工科平台"培养体系中，"工程实习"还将机械作品的项目命题延伸至机电一体化命题的制作。

本书按照机械制造基础知识、机械制造实习和项目制作实践这 3 个篇章组织内容，适用于不同专业的学生学习使用，同时启发学生从项目角度进行系统的思考和实践。

本书编写过程中力求体现以下特点：

(1)突出工程实践训练中的安全操作规范和安全意识培养，每一工种在实训前都有明确的实践目标和安全须知。

(2)强调教学使用的实用性，实践内容既包括传统制造加工，也有数控加工和特种加工内容。对于机类、近机类以及非机类等不同学科学生的实践能力培养目标，指导教师可以根据学时情况使用本书。

(3)对如何开展项目引导的项目制作进行简要介绍，从方案设计、工艺路线安排到报告规范等对学生予以指导，同时给出我们在教学中摸索过的一些设计命题。

本书由上海交通大学曹其新、张培艳担任主编，李翠超、陶波、陈文磊担任副主编，参加编写的有：曹其新(第 1 章)、张培艳(第 3.1 节和第 3.2 节、第 11.1 节、第 12 章、第 13 章)、李翠超(第 2 章、第 3.3 节和第 3.4 节)、陶波(第 3.4 节)、陈文磊(第 10 章)、朱永红(第 10 章)、范成杰(第 10 章)、严志华(第 10 章)、郭建福(第 11.2 节和第 11.3 节)、沈幸平(第 11.4

节)、徐巍(第11.5节)、凤志良(第9章)、汤国亮(第8章)、陈冲(第7章)、魏彬(第6章)、张拥军(第2章)、何伟(第4章)、徐琴芳(第5章)。全书由张培艳(第6～13章)、李翠超(第1～5章)统稿,陶波对图片和图纸进行绘制。

　　本书的参考文献列于书末,在此向其编者致以谢意。

　　由于本书编者水平有限,书中难免有不妥之处,恳请读者给予指正。

编　者

2015年3月

目　　录

第1章 工程训练概论

1.1 工程训练课程的性质、目标与意义

1. 课程性质和内容

工程训练是我国高校人才培养过程中重要的实践教学环节，是符合现阶段中国国情并独具特色的校内工程实践教学模式。课程最初起源于传统工科机械类专业的金工实习和电工电子工艺实习，经过几十年的发展，工程训练教学有了较大的发展，突出以实际工业环境为背景，以产品全生命周期为主线，给学生以工程实践的教育、工业制造的了解和工程文化的体验。工程训练在提高大学生工程实践能力和科技创新能力方面，具有理论课程不可替代的作用。

工程训练课程内容既包含传统制造技术(铸造、焊接、锻压、热处理、车削、铣削、钳工、刨削、磨削等)的训练，又有数控加工和特种加工(数车、数铣、激光加工、电火花成形、线切割、快速成形等)先进制造技术的训练；既包括机械、电工、电子方面的实践体验，又涉及网络系统、环保和信息、管理系统等综合知识构架的训练，将制造工业中产品设计、物料选择、生产计划、生产过程、质量保证、经营管理、市场销售和服务的一系列相关活动和工作综合为系统，使学生在面向大制造工程领域的背景中，学习工艺知识，了解工业过程，体验工程文化。

2. 课程目标与意义

根据学生知识、能力和素质培养的规律性，以及不同专业人才培养课程设置的阶段性，工程训练课程体系一般分为四个层次：工程认知训练、工程技能训练、工程综合训练、工程创新训练。其中，工程认知训练旨在使学生了解工程技术发展历程及工业生产过程与环境的相关知识；工程技能训练旨在使学生掌握基本的仪器、设备、工具等的使用方法以及相关工艺操作的基本技能；工程综合训练旨在使学生熟悉特定产品对象分析、设计、制造与实际运行的完整过程，培养初步的工程综合应用能力；工程创新训练旨在为学生的创意、创新与创业实践活动提供全方位的支持平台，并通过创新实践课程、创新实践项目、科技竞赛活动等激发学生的工程创新能力。

工程训练类课程以"学习工艺知识，增强实践能力；提高综合素质，培养创新精神"为课程教学目标。通过工程训练，使学生具备以下能力。

(1)了解工程技术发展历程及工业生产过程与环境的相关知识。

(2)掌握基本的仪器、设备、工具等的使用方法以及相关工艺操作的基本技能。

(3)熟悉特定产品对象分析、设计、制造与实际运行的完整过程，具备初步的工程综合应用能力。

(4)具备初步的创新思维、创新精神和创新能力。

(5)具有较好的工程文化素养、社会责任感、团队合作精神、工程职业道德、法律法规观念，建立质量、安全、效益、环境、服务等系统的工程意识。

1.2 现代制造技术的范畴和分类

1990 年国际生产工程学会对制造的定义是：制造是涉及制造工业中产品设计、物料选择、生产计划、生产过程、质量保证、经营管理、市场销售和服务的一系列相关活动和工作的总称。狭义的制造即机电产品的机械加工工艺过程。制造技术即指使原材料成为产品而使用的一系列技术。

随着现代科技的飞速发展，特别是计算机、微电子、信息、自动化、现代管理等技术向制造技术不断渗透、衍生和应用，制造工业发生了很大的变化，相继出现了数控技术、计算机集成制造、数字化柔性制造、绿色制造、虚拟制造、并行工程等许多先进的制造方法和生产模式，形成了现代制造技术体系。

现代制造技术是在传统制造技术基础上不断吸收机械、电子、信息、材料、能源和现代管理等方面的成果，并将其综合应用于产品设计、制造、检测、管理、销售、使用、服务的制造全过程，以实现优质、高效、低耗、清洁、灵活的生产，提高对动态多变的市场的适应能力和竞争能力的制造技术总称。

现代制造技术不是单指加工制造的工艺方法，而是横跨多个学科，贯穿产品整个生命周期全过程，涉及设计、工艺、自动化、管理等多个领域，强调将各种相关技术集合成一个整体，是一个系统工程，具体来说可归纳为四个方面(图 1-1)。

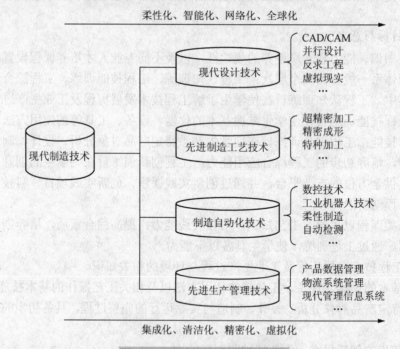

图 1-1 先进制造技术的发展趋势

1)现代设计技术

现代设计技术包括众多的先进设计理论和方法。包括 CAD、CAM、CAPP、PDM、模块化设计、系统化设计、DFX、价值工程、模糊设计、反求工程、并行设计、绿色设计、虚拟现实等。

2) 先进制造工艺技术

先进制造工艺是先进制造技术的核心和基础。先进制造工艺包括精密、超精密加工技术，如精密、超精密车削，以及磨削、细微加工技术、纳米加工技术、超高速切削技术等；高效精密成形技术，如精密洁净高效的铸造、塑性成形、焊接、热处理、快速成形等；特种加工技术，如高能束流加工、电加工、超声波加工、高压水加工等内容。

3) 制造自动化技术

制造自动化即计算机自动化控制，包括物料的存储、运输、加工、装配和检验等各个生产环节的自动化。制造过程自动化技术涉及数控技术、工业机器人技术、柔性制造技术、传感技术、自动检测技术、信号处理和识别技术等内容。

4) 先进生产管理技术

先进生产管理技术是先进制造技术体系中的重要组成部分，包括现代管理信息系统、物流系统管理、工作流管理、产品数据管理、质量保障体系等内容。

先进制造技术的发展趋势是向精密化、柔性化、网络化、虚拟化、智能化、清洁化、集成化、全球化方向发展。

1.3　工程素养的训练

现代社会科技日新月异，工程问题纷繁复杂，对学生的要求越来越高。在锻炼动手能力的基础上，更是需要培养学生的工程素养，使学生不但有广博的知识储备，扎实的专业技能，较强的实践创新能力，还有良好的工程意识与职业修养。

1) 工程训练是涉及知识、能力和素质提升的综合性训练

实践训练转变了学生从小学到高中十多年应试教育中一成不变的学习方式、生活方式和思维方式，由长期的口头、纸面文章过渡到手头制作，尝试着进行设计和加工。学生在逼真的工程环境中，学会利用基本的工程知识，解决实际问题，锻炼动手能力，提升综合素质，不仅是接受理论知识，更是将知识化为行动，将图纸变为现实，让学生脱离书生气，初步具有解决实际工程的能力和结合实践自我学习、自我完善的能力。

2) 工程训练有助于培养基本的工程素质和良好的职业精神

通过工程训练，接触设备，使用工具，参与实际生产，培养学生独立思考各种工程问题的能力，使学生能独立进行设计构想，借助图纸和编码等工程语言表达设计和操作意图，会使用工具加工，能操作机床生产的能力，具备基本的工程素质。

同时，在训练中受实际工业生产的教育，参与工程设计和制造，也有助于培养学生严谨细实的职业精神和恪守职责的职业道德。工程实践中要求对待问题严谨客观，一丝不苟，可以大胆假设，但一定要谨慎验证，尊重事实，实施过程中一定要注重细节，落实到位。这种严谨求实的工作作风，认真负责的职业态度将利于学生未来的成长。

3) 工程训练利于拓展认知并培养系统思维

工程问题包含各个自然学科的应用，还涉及经济、政治、人文社科等非技术成分，工程训练为学生提供广阔的大工程背景，在实践教学中实现各学科的交叉融合，拓展学生的视野和认知能力，培养学生的系统思维能力和综合素质，使学生的未来发展更具竞争力。

工程训练为学生提供产品全生命周期的训练，让学生能在训练中了解社会需求、成本核算、工程费用、市场销售等。在解决技术难题的同时，考虑成本、进度、经济和社会效益等，在保证质量的情况下，实现社会经济效益。建立起责任意识、安全意识、团队意识、环保意识、创新意识、管理意识、市场意识、社会意识和法律意识等。

总之，工程训练具有天然的优势，可让学生学会观察问题、思考问题、分析问题以及综合运用工程知识解决实际问题，激发学生对工程的兴趣，形成勇于实践、不断探索的创新精神和良好的职业修养，养成良好的工程习惯，使学生将来有能力胜任多种工作岗位，受益终身。

1.4 工程训练安全培训

工程训练的教学环境接近实际生产，教师在实验室现场（车间）开展教学，学生绝大多数时间直接接触各种仪器设备，与各种各样的工具打交道，教学过程一直处在一个比较复杂的工程环境中，这必然存在各式各样的安全隐患或问题。在我国工程训练的历史上，不乏安全事故实例，有的甚至非常严重，这些事故的出现源自安全意识的缺乏，因此，必须要牢固树立安全意识，充分认识安全的重要性。

工程训练前，学生必须接受有关安全教育和纪律教育，并以适当的方式进行考核，未经过安全教育和纪律教育的学生，不得参加实习。

1.4.1 安全标识

1. 需采取防护的车间门口的强制标志

在需要防护的车间场所，需执行强制标志所列措施，如图 1-2 所示。在易发生飞溅的车间，如焊接、切割、机加工等车间，设置"必须戴防护眼镜"；在易伤害手部的作业场所，如易割伤手的机械加工车间，易发生触电危险的作业点等，设置"必须戴防护手套"；在噪声超过 85dB 的车间，设置"必须戴护耳器"；在易造成脚部砸（刺）伤的车间，设置"必须穿防护鞋"。

图 1-2　防护的强制标识

2.　在相关场所设置的警示标志

在车间易发生安全事故的场所，需注意警示标志，如图 1-3 所示。在易发生机械卷入、轧压、碾压、剪切等伤害的机械作业车间，设置"当心机械伤人"；在易造成手部伤害的机械加工车间，设置"当心伤手"；在配电室、开关等场所设置"当心触电"。

图 1-3　危险的警示标志

3.　在危险场所的禁止标识

为避免发生严重安全事故，禁止不安全的行为，相关标识如图 1-4 所示。

图 1-4　禁止标识

4.　安全提示标识

图 1-5 所示为安全通道、逃生线路和应急设备等的安全提示标识。

图 1-5　指示标识

1.4.2　安全注意事项

工程训练中的安全注意事项有以下几点。

(1)着装要求：实习学生要求穿长裤，女生要戴工作帽，将头发有效地束在帽子中。不允许穿裙子或长衣宽袖或汗背心，不允许穿拖鞋、凉鞋、高跟鞋等不适合实践活动的衣着鞋帽。

此外，焊接实训的学生必须穿长袖服装。

(2)听从教师的实习指导、遵守实习纪律。在实习地点工作，不随便走动，高声喧嚷或打闹嬉戏。

(3)未经教师许可使用的机器设备，不能擅自启动开关或拨动手柄等。

(4)操作机器必须严格遵守"机床操作通用安全守则"以及各实习工种制定的具体安全规则。

(5)实习时，应注意爱护机器、工具、防止损坏。实习完毕，按规定做好保养、清洁和整理工作。

1.4.3　机床操作通用安全守则

操作各种机床时要遵守以下共同守则。

1．机床开动前

(1)在开始工作以前，必须按要求着装，禁止戴手套和围巾操作机床。

(2)未得到实习指导教师的许可前，不得擅自开动机床。

(3)检查机床各种转动部分的润滑情况是否良好，主轴、刀架、工作台在运转时是否受到阻碍，防护装置是否安装好，机床及其周围是否堆放有影响安全的物品。

(4)必须夹紧刀具和工件，夹紧后扳手立即取下，以免开机床时飞出伤人。

2．机床运转时

(1)不得用手去触摸加工中的刀具、工件或其他运转部件。

(2)若遇到刀具或工件破裂，应立即停车并向指导教师报告。

(3)切断工件时，不要用手抓住将要断离的工件。

(4)禁止直接用手去消除切屑，应该用特备的钩子或刷子。

(5)禁止在机床运行时测量工件的尺寸或进行试探机床、添加润滑液等。

3．刀具和工件接触时

刀具和工件接触时，必须缓慢小心，以免损伤刀具或造成其他事故。

4．装夹刀具及工件时

装夹刀具及工件时必须停车。

第1篇 机械制造基础知识

第2章 工程材料与热处理

2.1 工程材料简介

材料是机械工业的重要物质基础，工程材料按化学成分与组成不同大致可分为金属材料、非金属材料和复合材料三大类(图2-1)。

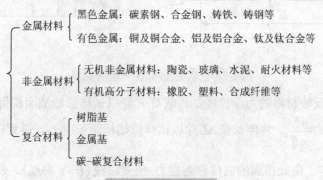

图2-1 工程材料分类

机械工业中应用最广泛的是金属材料，因为金属材料具有良好的物理、化学、力学性能，能满足各种设计和使用要求，而且具有良好的工艺性能，可用各种加工方法制成适用的零件和工具。若采用不同的热处理，还可以改变金属材料表面的化学成分及内部组织结构，以便满足不同的使用性能要求。

2.1.1　金属材料的主要性能

金属材料包括纯金属和合金，合金是以一种金属为基础，加入其他金属或非金属，经过熔炼或烧结制成的具有金属特性的材料。最常用的合金是以铁为基础的铁碳合金，如碳素钢、合金钢、灰铸铁等。

金属材料的性能分为使用性能和工艺性能。使用性能是指机械零件在使用条件下，金属材料表现出来的性质，包括物理、化学、力学性能。金属材料使用性能的好坏，决定了机械零件的使用范围和寿命。工艺性能是指金属材料在加工过程中表现出来的难易程度，它的好坏决定了它在加工过程中成形的适应能力。

1．力学性能

金属材料的力学性能是指金属材料在外力(拉力、压力、冲击力)的作用下所表现出来的性能，它是设计零件时选择材料的重要依据。金属材料的力学性能主要有强度、硬度、塑性、韧性、疲劳强度等。

1) 强度

强度是金属材料在静载荷作用下，抵抗塑性变形和断裂的能力。金属的强度指标可以通过金属静拉伸试验来测定。

金属静拉伸试验是将标准试样置于拉伸试验机上，在试样两端缓慢施加轴向载荷 F，随着载荷 F 不断增大，试样被缓慢拉长直至拉断，试样拉伸前后如图 2-2(a) 所示。在这一过程中，试验机自动记录下每一时刻载荷 F 与伸长量 ΔL 的变化关系，并绘出拉伸曲线(F-ΔL 曲线)，如图 2-2(b) 所示。

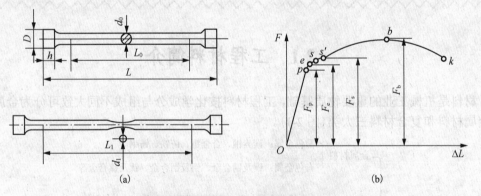

图 2-2　低碳钢拉伸试样和拉伸曲线

为了更直观地反映材料的力学性能，将载荷 F 除以试样原始截面积得到应力 σ，即试样单位横截面上的拉力 $\dfrac{4F}{\pi d_0^2}$。将伸长量 ΔL 除以试样原始标距长度 L_0，得到应变 ε，即试样单位长度上的伸长量 $\dfrac{\Delta L}{L_0}$。由此得到的曲线称为应力-应变曲线(σ-ε 曲线)，σ-ε 曲线与 F-ΔL 曲线形状相同，只是坐标的含义不同。

拉伸曲线的开始阶段，载荷 F 与伸长量 ΔL 呈正比变化，卸去载荷后试样能恢复原状，此阶段的变形称为弹性变形；随着载荷的增大，将发生塑性变形，卸去载荷后试样不能恢复到原始形状，载荷增到 F_s 后，增加很小的载荷就会使材料发生很大的变形。试样在外力作用下开始产生明显塑形变形的最小应力称为屈服强度 σ_s，$\sigma_s = \dfrac{F_s}{A_0}$（MPa）。当载荷增大至 F_b 以后，试样开始出现颈缩现象，继续变形所需的载荷下降，曲线开始向下弯曲，至 K 点试样断裂。试样在断裂前所承受的最大应力称为抗拉强度 σ_b，$\sigma_b = \dfrac{F_b}{A_0}$（MPa）。

屈服强度及抗拉强度是工程上最常用的强度指标。

2）硬度

硬度是指金属材料抵抗其他硬物压力的能力。硬度是衡量金属软硬的判据，硬度直接影响材料的耐磨性和切削加工性。金属材料的硬度是在硬度计上测定的，常用的有布氏硬度和洛氏硬度。

布氏硬度的测定原理如图 2-3 所示，以一定的载荷 F，将直径为 D 的淬火钢球或硬质合球压入被测材料的表面，停留一定时间后卸去载荷，然后通过测定压痕直径 d，根据 d 的数值查阅专门的布氏硬度表得到硬度值，用 HBS（压头为钢球）或 HBW（压头为硬质合金）表示。

洛氏硬度的测定原理如图 2-4 所示，采用顶角为 120° 的金刚石圆锥体或直径为 1.588mm 的淬火钢球为压头，在一定载荷下压入被测材料表面，由压痕深度得出材料的硬度。

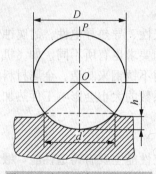

图 2-3　布氏硬度测定原理图

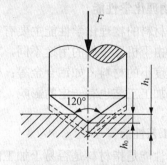

图 2-4　洛氏硬度测定原理图

根据压头和载荷的不同，洛氏硬度有不同的规范，常用的有 HRA、HRB、HRC 三种规范，如表 2-1 所示，其中 HRC 用得最多。

表 2-1　常用的洛氏硬度规范

符号	压头	总载荷/N（kgf）	适用测试材料	有效值
HRA	120° 金刚石圆锥	588.4（60）	硬质合金或经表面淬火的零件	70～85
HRB	ϕ1.588mm 淬火钢球	980.7（100）	退火钢、铸铁及有色金属等	25～100
HRC	120° 金刚石圆锥	1471（150）	淬火钢、调质钢、回火钢等	20～67

注：1kgf=9.80665N。

3）塑性

塑性是指金属材料在外力作用下产生塑性变形而不被破坏的能力，通常以伸长率 δ 和断面收缩率 ψ 来表示。

伸长率 δ 表示试样拉伸断裂后的相对伸长量，即

$$\delta = \frac{L_1 - L_0}{L_0} \times 100\%$$

式中，L_0 表示试样的原始标距长度，mm；L_1 表示试样拉断后的标距长度，mm。

断面收缩率 ψ 表示试样断裂后截面的相对收缩量，即

$$\psi = \frac{A_0 - A_1}{A_0} \times 100\%$$

式中，A_0 表示试样的原始截面面积，mm^2；A_1 表示试样拉断后的断口的截面面积，mm^2。

材料的 δ 和 ψ 值越大，表示材料的塑性越好，在轧制、锻造、冲压等利用材料的塑性变形成形的加工方式中，要求材料要有良好的塑性。

4）韧性

韧性的常用指标为冲击韧度，冲击韧度是指材料抵抗冲击载荷的能力，用 a_k 表示，冲击韧度是在摆锤式冲击试验机上测定的，对于承受冲击载荷的工件，不仅要求有高的强度和一定的硬度，还必须具有很好的冲击韧度。

5）疲劳强度

疲劳强度是指材料在多次交变载荷作用下抵抗断裂的能力。很多零件在工作中要承受周期性或非周期性的交变载荷，如曲轴、齿轮、连杆等，这些零件发生断裂时的应力往往要比屈服强度小得多，当应力小于某一数值时，材料可以经受无数次循环载荷作用而不致引起断裂，这个应力值即疲劳强度。

2．物理化学性能

金属材料的物理化学性能主要有密度、熔点、热膨胀性、导热导电性、耐腐蚀性和抗氧化性等。由于机器零件的用途不同，对其物理化学性能的要求也有所不同，如飞机上的零件要选用密度小的材料，如铝合金等；化工医疗设备常采用不锈钢来制造。金属材料的物理化学性能对加工工艺也有一定的影响，例如，材料热膨胀系数的大小会影响工件热加工后的变形和开裂。

3．工艺性能

工艺性能是指材料是否易于加工的性能，材料的工艺性能主要有铸造性能、锻造性能、焊接性能、切削加工性能。从材料到零件或产品的过程要经过多种加工方法，为了简化工艺、降低成本和保证质量，要求材料具有相应的工艺性能。例如，铸造时要选择铸造性能良好的材料，如灰铸铁；锻造生产中要选择可锻性好的材料，如低碳钢。

2.1.2　常用工程材料

1．工业用钢

钢是含碳量为 0.02%～2.11% 的铁碳合金。常用钢材按外形可分为板材、线材、管材和型材四大类。按用途可分为结构钢（用于制造各种工程结构钢、机器零件钢等）、工具钢（用于制造各种刃具、模具、量具等）和特殊性能钢（不锈钢、耐热钢、耐磨钢等）三类。按含碳量 ω_c 的不同，可分为低碳钢（$\omega_c < 0.25\%$）、中碳钢（$\omega_c = 0.25\% \sim 0.60\%$）、高碳钢（$\omega_c > 0.6\%$）。按化学成分可分为非合金钢（碳素钢）和合金钢两大类。按质量可分为普通钢、优质钢和高级优质钢三类。

1）碳素钢

碳素钢除含有铁（Fe）和碳（C）之外，还含有硅（Si）、锰（Mn）、磷（P）、硫（S）等杂质元素，磷、硫对钢的性能危害很大。碳素钢分为碳素结构钢、优质碳素结构钢、碳素工具钢三类。

碳素结构钢的牌号用"Q+最低屈服强度值+质量等级符号+脱氧方法符号"表示，Q 代表屈服点"屈"字的汉语拼音首字母，最低屈服强度值是钢材在厚度小于 16mm 时的最低屈服

值（MPa），质量等级符号表示硫、磷含量的不同级别，分 A、B、C、D 四级，由 A 到 D，含硫、磷量依次减少，质量提高。脱氧方法符号为沸腾钢（F）、镇静钢（Z）、半镇静钢（b）、特殊镇静钢（TZ）。例如，Q235AF 表示屈服强度值为 235MPa，质量等级为 A 级的沸腾钢。

优质碳素结构钢牌号用两位数字表示，数字表示钢的平均含碳量的万分之几，含锰量较高时，在牌号后面加锰元素符号"Mn"，如果是沸腾钢在数字后面加脱氧方法符号"F"。例如，45 钢表示平均含碳量为 0.45%的优质碳素结构钢；65Mn 表示平均含碳量为 0.65%的含锰量较高的优质碳素结构钢。

碳素工具钢牌号以"T+数字"来表示，T 表示"碳"的汉语拼音首字母，数字表示钢的平均含碳量的千分之几，高级优质碳素工具钢在数字后面加"A"。例如，T8 表示平均含碳量为 0.8%的优质碳素工具钢，T8A 表示平均含碳量为 0.8%的高级优质碳素工具钢。

常用碳素钢的牌号、性能和用途如表 2-2 所示。

表 2-2 常用碳素钢的牌号、性能和用途

类别	常用牌号	性能	用途
碳素结构钢	Q195、Q215	含碳量较少，塑性好，强度较低	制造钢结构、普通螺钉、螺帽、铆钉等强度要求不高的工件
	Q235A、Q235B、Q235C、Q235D	塑性韧性优良，强度较高	制造拉杆、心轴、链条、焊接件等
	Q255、Q275	强度更高	制造工具、主轴、制动件、轧辊等
优质碳素结构钢	08、10、15、20、25	低碳钢，塑性好，强度较低，冷冲压性与焊接性能良好	制作冲压件及焊接件，经过热处理也可以制造轴、销等零件
	30、35、40、45、50、55	中碳钢，强度硬度较高，兼有较好的塑性和韧性	制造轴、丝杆、齿轮、连杆、套筒等
	60、65、70	经过淬火回火后具有较高的强度、硬度，且弹性优良	制造小弹簧、发条、钢丝绳等
碳素工具钢	T7、T8	韧性较好，硬度中等	制造承受冲击的工具，如錾子、冲头等
	T9、T10、T11	硬度较高，有一定韧性	制造锯条、丝锥等
	T12、T13	硬度高，耐磨性好，脆性大	制造不承受冲击的耐磨工具，如锉刀、刮刀等

2）合金钢

为了改善钢的特性，特意加入一种或几种合金元素，这种钢称为合金钢，合金钢中常用的合金元素有硅、锰、铬、镍、钼、钨、钒、钛等。

合金结构钢的牌号以"数字+元素符号+数字"来表示，前面的数字表示钢的平均含碳量的万分之几，元素符号及数字表示钢中所含的合金元素及其平均含量的百分之几，若合金元素含量<1.5%，则不标含量，若合金元素含量≥1.5%、≥2.5%、≥3.5%，则在元素符号后面标注 2、3、4 等；若为高级优质钢，则在牌号后面加"A"。例如，40Cr 表示平均含碳量为 0.4%，含铬量<1.5%的合金结构钢。

合金工具钢牌号与合金结构钢牌号类似，区别在于前面的数字表示钢的平均含碳量的千分之几，而且当含碳量大于 1%时不标；若是高速钢，则无论含碳量多少都不标。例如，9SiCr 表示平均含碳量为 0.9%，含铬量、含硅量均小于 1.5%的合金工具钢。

常用合金钢的牌号、性能和用途如表 2-3 所示。

表 2-3 常用合金钢的牌号、性能和用途

	类　别	常用牌号	性　　能	用　　途
合金结构钢	低合金结构钢	Q345	强度较高、塑性较好、具有优良的焊接性能和冷变形性能	船舶、桥梁等钢结构
	合金渗碳钢	20CrMnTi	表面高硬度、高耐磨性，心部具有较高的韧性和强度	制造齿轮、凸轮、蜗杆等
	合金调质钢	40Cr	良好的综合力学性能	制造传动轴、主轴、曲轴等
	合金弹簧钢	60Si2Mn	高强度、高弹性、淬透性好	制造承受重载荷的弹簧
	滚动轴承钢	GCr15	含碳量高，具有高硬度及高耐磨性	制造滚动轴承内外套圈及滚珠
合金工具钢	高速钢	W18Cr4V	高的热硬性、耐磨性和淬透性	铣刀等高速切削刀具
	冷作模具钢	Cr12	高硬度和耐磨性，足够的强度和韧性	制造冷作模
	热作模具钢	5CrMnMo	高温下良好的综合力学性能，优良的导热性	制造热锻模

2. 铸铁

铸铁是含碳量大于 2.11%的铁碳合金。铸铁具有较好的铸造性能和切削加工性能，应用十分广泛。铸铁按照碳存在的形式可以分为白口铸铁、灰口铸铁、麻口铸铁。白口铸铁既硬又脆，很难进行切削加工，故基本不直接使用。灰口铸铁在实际中应用较多，按铸铁中石墨的形态不同，灰口铸铁又可以分为灰铸铁、球墨铸铁、蠕墨铸铁、可锻铸铁等多种。

常用铸铁的牌号、性能、用途如表 2-4 所示。

表 2-4 常用铸铁的牌号、性能、用途

类　别	牌号说明	常用牌号	用　　途
灰铸铁	"HT+数字"，数字表示最低抗拉强度(MPa)	HT100、HT150	机床床身、手轮、箱体、底座等
球墨铸铁	"QT+数字-数字"，两组数字分别表示最低抗拉强度和最小伸长率	QT600-3	曲轴、连杆、齿轮等
蠕墨铸铁	"RuT+数字"，数字表示最低抗拉强度	RuT420	柴油机气缸盖、阀体等
可锻铸铁	"KT+H(或 B 或 Z)+数字-数字"，两组数字分别表示最低抗拉强度和最小伸长率	KTH300-06	管道弯头、接头等

3. 有色金属

金属材料中，通常将除铁和钢以外的金属称为有色金属，有色金属具有许多优良的特性，如良好的导电、导磁、导热性、耐蚀性及高的比强度，已成为现代工业中不可缺少的金属材料。

1)铝合金

铝合金按成分及加工方法，可以分为变形铝合金和铸造铝合金。

变形铝合金按其主要性能特点可分为防锈铝(LF)、硬铝(LY)、超硬铝(LC)、锻铝(LD)等。常用的防锈铝合金有 LF21(3A21)、LF5(5A05)等，防锈铝具有较好的塑性及耐蚀性，可用于制造油箱等耐蚀容器及管道、铆钉等零件。硬铝、超硬铝和锻铝合金经热处理后可获得较高的强度。最常用的硬铝合金有 LY11(2A11)、LY12(2A12)，用于制造冲压件、锻件和铆接件等。常用的超硬铝合金有 LC4(7A04)、LC9(7A09)，用于制造主要受力构件及高载荷零

件，如飞机大梁、起落架等。常用的锻铝合金有 LD7(2A70)、LD9(2A90)，用于制造内燃机活塞、压气机叶片、叶轮等在高温下工作的复杂锻件。

铸造铝合金铸造性能好，适于铸造成形、生产形状复杂的零件。

2) 铜合金

按化学成分，铜合金可分为黄铜、青铜和白铜，其中黄铜和青铜应用最为广泛。

黄铜是以锌为主要合金元素的铜合金，黄铜易于铸造和压力加工，有良好的力学性能和耐蚀性，与其他合金相比，价格低，色泽美。黄铜按化学成分的不同，可分为普通黄铜和特殊黄铜，普通黄铜是铜锌二元合金，牌号以"H+数字"表示，数字表示铜的质量分数，常用的黄铜有 H80、H70、H62 等；特殊黄铜是在铜锌合金中再加入其他合金元素的铜合金。

白铜是以镍为主要添加元素的铜合金，除黄铜和白铜以外的其他铜合金统称为青铜，青铜的耐蚀性、力学性能和铸造性能等较好，常用于制造耐蚀的部件、弹性元件等。

4. 其他工程材料

1) 硬质合金

硬质合金是由高硬度的难熔金属碳合物和黏结金属通过粉末冶金制成的合金材料，硬质合金具有高硬度、高耐磨性、耐热、耐腐蚀等优良性能，广泛用于各种高速切削刀具，如车刀、刨刀、铣刀等；除加工普通的材料外，硬质合金刀具还可以加工一些如工具钢、不锈钢等难加工的材料。现在新型硬质合金刀具的切削速度等于碳素钢的数百倍。常用硬质合金有 YG8、YG6(钨钴类)，YT15、YT30(钨钛钴类)等。

2) 陶瓷材料

陶瓷材料是用天然或合成化合物经过成形和高温烧结制成的一类无机非金属材料，硬度是陶瓷材料重要的力学性能指标之一，陶瓷通常具有高硬度和高耐磨性，而且在高温下抗氧化、耐腐蚀、抗蠕变及硬度性能都较好，但陶瓷材料脆性比硬质合金略大。

按用途不同，陶瓷材料可以分为普通陶瓷与新型结构陶瓷，普通陶瓷除用作日用陶瓷、瓷器外，还常用在电器、化工、建筑等领域。工业中常用的新型结构陶瓷有氧化铝陶瓷、氧化锆陶瓷、氮化硅陶瓷、碳化硅陶瓷、氮化硼陶瓷及人造金刚石等，很多新型结构陶瓷在制作切削刀具方面有很好的优势，特别适用于高硬度材料加工(如淬火钢等)、精加工及高速加工。

3) 塑料

塑料按应用分类可分为通用塑料和工程塑料两大类。通用塑料产量大、价格低、性能一般，主要有聚乙烯(PE)、聚丙烯(PP)、聚氯乙烯(PVC)、聚苯乙烯(PS)和 ABS 塑料。工程塑料综合性能较好，可用作结构材料，常见的品种有聚酰胺/尼龙(PA)、聚甲醛(POM)、聚碳酸酯(PC)。

塑料按物理化学性能又可分为热塑性材料和热固性材料两大类。热塑性材料加热可软化，易于加工成形，并能反复使用，如 PVC、PS、ABS、PA、POM 等塑料都属于热塑性材料，熔融沉积快速成形(FDM)中便常用 ABS、尼龙等热塑性材料。热固性材料固化后重复加热不再软化和熔融，不能再成形使用，常用的有酚醛塑料、环氧树脂塑料。

4) 复合材料

复合材料是由基体材料和增强材料复合而成的多相固态材料，复合材料既能克服单一材料的弱点，又可有效实现不同材质的优势互补。复合材料中的增强材料有玻璃纤维、碳纤维、硼纤维、氮化硅纤维和晶须等。

2.1.3   钢的火花鉴别

火花鉴别是利用钢铁材料在高速旋转的砂轮上磨削时，根据所产生的火花形状、光亮度和色泽等特征大致鉴别钢铁材料的种类及化学成分。钢铁材料在砂轮上磨削时所产生的火花由根部火花、中部火花和尾部火花构成火花束，如图 2-5 所示。

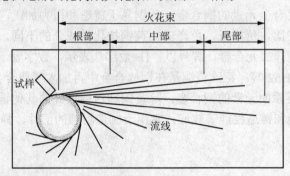

图 2-5   火花束

火花束中由灼热发光的粉末形成线条状的火花称为流线；流线在中途爆炸而形成的稍粗而明亮的点称为节点；节点处所射出的线称为芒线；流线或芒线上由节点、芒线所组成的火花称为节花，节花按爆发先后分为一次花、二次花、三次花等；芒线附近呈现明亮的点称为花粉；流线尾部出现的不同尾部火花称为尾花，尾花有菊花状尾花、弧尾花、羽状尾花等。火花束的构成如图 2-6 所示。

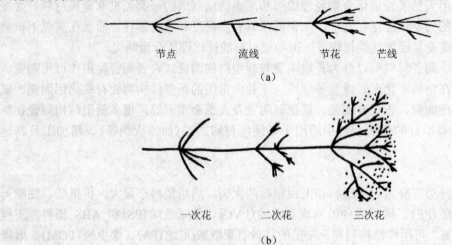

图 2-6   火花束的组成

碳是钢铁材料火花形成的基本元素，也是火花鉴别法需要测定的主要成分。由于含碳量不同，其火花形成也不同，合金元素也影响火花的特征。

1. 碳素钢的火花特征

随着含碳量的增加，碳素钢的火花束中流线增多，长度逐渐缩短并变细，其形状也由挺直转向抛物线；芒线也逐渐变细变短；节花由一次花逐渐形成二次花、三次花；色泽由草黄带暗红色逐渐转变为亮黄色再转变为暗红色，光亮度逐渐增高。几种常见碳素钢的火花特征如图 2-7 所示。

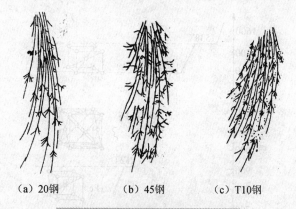

　　　　　（a）20钢　　　　　（b）45钢　　　　　（c）T10钢

图 2-7　常见钢铁材料的火花特征图

（1）低碳钢的火花束为粗流线，流线数量少，一次花较多，色泽草黄带暗红。

（2）中碳钢流线较直，中部较粗大，根部稍细，二次花较多，色泽呈黄色。

（3）高碳钢流线长，密而多，有二次花、三次花，色泽呈黄色且明亮。

2．高速钢(W18Cr4V)的火花特征

高速钢的火花束细长，流线较少，大部分呈断续状态，有时呈波状流线；整个火花束呈暗红色，无火花爆裂；尾端膨胀而下垂呈弧尾状。

3．灰铸铁的火花特征

灰铸铁的火花束细而短，尾花呈羽状，色泽为暗红色。

2.2　热处理工艺与设备

2.2.1　铁碳合金状态图

1．纯铁晶体结构

金属在固体状态下一般都是晶体，晶体的原子排列规则，而在液体状态下金属原子排列无规则。金属的结晶是金属由液体转变为晶体的过程，内部原子由无规则排列转变为有规则排列。

纯铁在结晶后再继续冷却的过程中，将会发生同素异构转变，如图 2-8 所示。

温度在 1394℃以上时，纯铁的晶格是体心立方，称为 δ-Fe，冷却到 1394～912℃，发生同素异构转变，晶格变为面心立方，称为 γ-Fe，继续冷却至 912℃以下，纯铁晶格变为体心立方，称为 α-Fe。纯铁的同素异构转变对钢铁材料的热处理具有重要意义。

2．铁碳合金基本组织

合金的结构要比纯金属复杂，铁碳合金中铁和碳是基本的组元，其组合方式有固溶体(碳原子溶于铁晶格中单相组织)、化合物(碳和铁相互作用形成的金属化合物 Fe_3C)、机械混合物(两相混合组织)三种类型。铁碳合金基本组织有以下几类。

（1）铁素体：是碳溶解于 α-Fe 中形成的固溶体，用符号"F"表示。铁素体溶碳量极少，最大溶碳量仅为 0.0218%。铁素体性能与纯铁相近，强度硬度低，塑性韧性好。

（2）奥氏体：是碳溶解于 γ-Fe 中形成的固溶体，用符号"A"表示。奥氏体溶碳量比铁素体高许多，最大溶碳量为 2.11%，奥氏体强度硬度不高，但塑性优良。

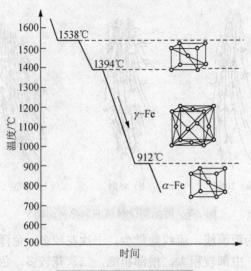

图 2-8　纯铁同素异构转变

(3)渗碳体：是铁和碳相互作用形成的金属化合物，用"Fe₃C"表示。渗碳体硬度极高，但塑性韧性几乎为零。

(4)珠光体：是铁素体和渗碳体组成的机械混合物，用符号"P"表示。珠光体有良好的力学性能，强度硬度较高，有一定的塑性韧性。

(5)莱氏体：是奥氏体和渗碳体组成的机械混合物，用符号"Ld"表示，莱氏体硬度很高，塑性很差。

3. 铁碳合金状态图

铁碳合金的结晶过程用铁碳合金状态图表示，如图 2-9 所示。铁碳合金状态图中横坐标表示含碳量，纵坐标表示温度。

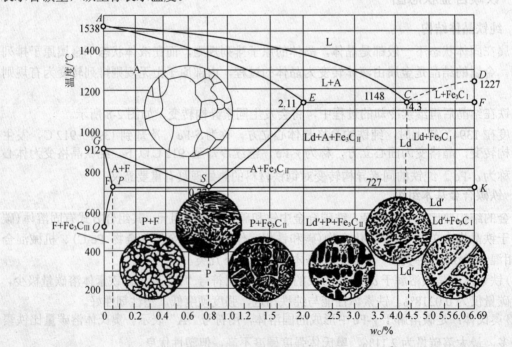

图 2-9　铁碳合金状态图

　　根据状态图中室温组织不同，可将钢分为三类：亚共析钢（ω_C<0.77%）、共析钢（ω_C=0.77%）、过共析钢（ω_C>0.77%）。同样地，铸铁也可分为三类：亚共晶铸铁（ω_C<4.3%）、共晶铸铁（ω_C=4.3%）、过共晶铸铁（ω_C>4.3%）。

　　状态图 2-9 中各特性线和特性点含义如表 2-5 所示。

表 2-5　铁碳合金状态图中各特性线和特性点含义

特性线	特性线含义	特性点	温度/℃	含碳量/%	特性点含义
ACD	液相线，此线以上为液相区，用 L 表示	A	1538	0	纯铁的熔点
AECF	固相线，液相线和固相线之间的区域是两相区	C	1148	4.3	共晶点
AECF	固相线，液相线和固相线之间的区域是两相区	D	1227	6.69	渗碳体的熔点
GS	奥氏体转变为铁素体的开始线，即 A_3 线	E	1148	2.11	碳在奥氏体中的最大溶解度
GP	奥氏体转变为铁素体的终止线	F	1148	6.69	渗碳体的成分
ES	奥氏体析出渗碳体的开始线，即 A_{cm} 线	G	912	0	α-Fe ⇔ γ-Fe 转变点
PQ	铁素体析出三次渗碳体 Fe_3C_{III} 的开始线	P	727	0.0218	碳在铁素体中的最大溶解度
PSK	共析转变线，即 A_1 线	S	727	0.77	共析点
PSK	共析转变线，即 A_1 线	Q	600	0.0057	碳在铁素体中的溶解度

　　铁碳合金状态图是确定热处理工艺的重要依据，也是铸造、锻压、焊接工艺制订的重要工具。铁碳合金状态图中，A_1、A_3、A_{cm} 线是钢在非常缓慢加热或冷却时的临界转变温度。热处理中大多数工艺都是要将钢加热到临界温度以上，获得全部或部分均匀奥氏体组织，再以不同的冷却方式冷却以得到不同的组织与性能。

　　在热处理实际加热冷却过程中，实际转变温度与状态图上的临界转变温度有一定的差异，如图 2-10 所示，加热时转变温度偏向高温，用 A_{c1}、A_{c3}、A_{ccm} 表示；冷却时转变温度偏向低温，用 A_{r1}、A_{r3}、A_{rcm} 表示。

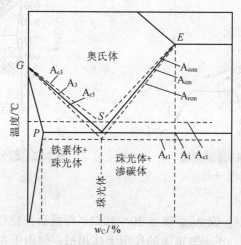

图 2-10　加热或冷却时各临界点的位置

2.2.2　热处理的基本原理及常用的工艺方法

　　热处理是指将金属材料在固态下通过加热、保温和冷却来改变金属的组织结构，从而获得所需性能的工艺方法。热处理在现代机械制造中有非常重要的地位，热处理能改变材料的使用性能和工艺性能，是保证零件质量、延长产品使用寿命、发挥材料潜力、改善加工条件的一项重要工艺措施。在各种机械产品中大部分零件都需要进行热处理，而各类工具如刃具、量具、模具等，以及轴承则必须要进行热处理。

不同的热处理方法主要是在加热温度、保温时间、冷却速度方面有差异，如图 2-11 所示。热处理工艺方法有很多，主要分为整体热处理和表面热处理两大类。常用的整体热处理方式有退火、正火、淬火和回火；表面热处理有表面淬火与化学热处理。

1. 退火

退火是将钢材加热、保温，然后随炉缓慢冷却的热处理工艺，退火的主要作用如下。

(1) 降低硬度，提高塑性，改善切削加工与压力加工性能。

(2) 细化晶粒，改善力学性能，为下一步工序做准备。

(3) 消除冷、热加工所产生的内应力。

退火工艺方法有很多种，常用的有以下几种。

1) 完全退火

完全退火是将亚共析钢加热到 A_{c3} 以上 30~50℃，保温后随炉冷却到 600℃ 以下，再出炉空冷，得到的平衡组织是铁素体和珠光体。完全退火主要用于亚共析钢和合金钢的铸、锻件。

2) 球化退火

球化退火是将过共析钢加热到 A_{c1} 以上 20~30℃，保温后随炉冷却到 700℃ 左右，再出炉空冷，得到的平衡组织是分布在铁素体基体上的球状渗碳体组织。球化退火主要用于共析和过共析成分的碳钢和合金钢。

3) 去应力退火

去应力退火是将钢加热到 500~600℃，保温后随炉冷却，目的是消除冷热加工的残余应力。不同退火工艺的加热温度范围如图 2-12 所示。

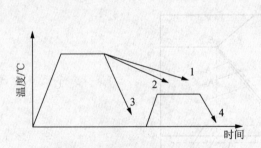

图 2-11　碳钢热处理方法示意图

1-退火；2-正火；3-淬火；4-回火

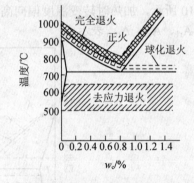

图 2-12　退火和正火加热温度范围

2. 正火

正火是将钢件加热到 A_{c3} 或 A_{ccm} 以上 30~50℃，保温后在空气中冷却的热处理工艺，加热温度范围如图 2-12 所示。正火与退火的作用大体相似，但由于正火的冷却速度要比退火冷却速度大，因此正火后钢材的硬度、强度比退火高，而在消除内应力上则没有退火彻底。

正火通常作为低、中碳钢的预备热处理。对于性能要求不高的低碳和中碳的碳素结构钢及低合金钢件，也可作为最后热处理。对于一般高碳钢及高合金钢，正火后硬度过高，不利于切削加工，因此不能作为最后热处理工序。

3. 淬火

淬火是将钢件加热到 A_{c3} 或 A_{c1} 以上 30~50℃，保温后在水、硝盐、油等淬火介质中快速冷却的热处理工艺。淬火后得到的组织是马氏体，马氏体具有很高的硬度和耐磨性，但塑性韧性很差。

淬火后能提高钢材的强度、硬度和耐磨性，是强化钢材最重要的热处理方法。但淬火后钢材塑性和韧性下降，并造成很大的内应力，因此淬火后材料一般要进行回火，以得到良好的综合力学性能。淬火一般适用于中、高碳钢以及中、高碳合金钢。钢的种类不同，要采用不同的冷却速度，碳钢一般在水中冷却，合金钢一般在油中冷却。

4. 回火

回火是将淬火后的钢件重新加热到 A_{c1} 以下某一温度，经保温后冷却的热处理工艺。回火的主要作用如下。

(1)降低或消除淬火后的内应力，减少工件的变形和开裂。

(2)降低淬火后工件的脆性，提高韧性，获得工作所要求的力学性能。

(3)稳定工件尺寸。

根据回火温度的不同，可将回火分为低温回火、中温回火、高温回火三大类，其中习惯上把淬火后再高温回火的热处理过程称为调质。不同回火温度，得到的材料性能也不同，如表 2-6 所示。

表 2-6 常用回火工艺及应用

回火方法	回火温度	回火目的	回火后组织及硬度	应　　用
低温回火	150~250℃	降低淬火钢的内应力和脆性，保持高硬度和高耐磨性，提高韧性	回火马氏体 58~64HRC	用于工具钢如各种刃具模具、滚动轴承等
中温回火	350~500℃	使钢获得高弹性，保持高硬度和一定的韧性	回火屈氏体 35~50HRC	用于各种弹簧、发条、锻模等
高温回火	500~650℃	获得良好的综合力学性能，即强度硬度塑性韧性都很好	回火索氏体 20~30HRC	重要零件如齿轮、传动轴等

5. 表面淬火

表面淬火是以非常快的速度加热材料表面，使材料达到淬火温度，在热量还来不及传到内部就立刻冷却的热处理工艺。表面淬火采用的加热方法有电感应加热、火焰加热、激光加热等。

表面淬火的目的是使表层获得高硬度、高耐磨性，而内部性能不变，常用于表面要求有很高的硬度和耐磨性，且整体强度和韧性要优良的机械零件中，如机床主轴、齿轮、发动机曲轴等。

6. 化学热处理

化学热处理是将材料放入一定的化学介质中保温，使介质中的元素渗入材料的表面，以改变材料表面的化学成分和组织，进而改变其性能的热处理工艺。

根据渗入元素的不同，化学热处理有渗碳、渗氮、碳氮共渗等，其中应用最广泛的是渗碳处理。渗入元素后，有时还要进行其他热处理工艺，如淬火及回火。

2.2.3 常用的热处理设备

热处理中加热和冷却是最关键的两个环节，常用的热处理加热炉有电阻炉、盐浴炉、真空炉、可控气氛炉等，冷却设备有淬火槽、淬火机床等。

1. 电阻炉

电阻炉是利用电流通过电热元件(如电阻丝、电阻带)放出的热量来加热工件的，电阻炉主要分为箱式电阻炉和井式电阻炉，图 2-13 是箱式电阻炉结构简图。按工作温度不同，电阻炉可分为三类：工作温度在 600℃ 以下的为低温炉，600～1000℃ 为中温炉，高于 1000℃ 的为高温炉，其中中温箱式电阻炉应用较为广泛。高温炉多用于高合金钢件的热处理，低温炉多用于回火，中温箱式电阻炉通常用于碳钢、合金钢的退火、正火、淬火热处理。

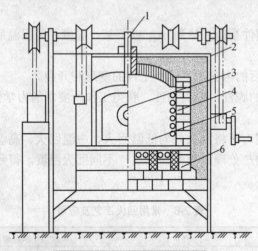

图 2-13 箱式电阻炉结构简图

1-热电偶；2-炉壳；3-炉门；4-电阻丝；5-炉膛；6-耐火砖

井式电阻炉通常安装在地坑中，炉口开在顶面，工件在垂直悬挂状态下进行加热，可避免弯曲变形。井式电阻炉主要用于细长形工件的热处理。

2. 淬火槽

淬火槽是装有淬火介质的容器，在工件经过热处理炉加热后，淬火槽可以供工件在工艺要求条件下的淬火介质中进行淬火，使工件达到相应的技术要求。淬火槽根据淬火介质的不同，有淬火油槽、淬火水槽、淬火盐槽。

淬火槽结构一般比较简单，主要为箱式或圆形槽体。淬火槽通常用钢板焊接而成，形状多为长方形，槽的内、外两面涂有防锈油漆，并设有介质供入或排出管、溢流槽，有的还附加有温度控制装置、加热器、冷却器、搅拌器和排烟防火装置等。

2.3 热处理与热工艺实践训练

1. 实践目的

通过实践训练使学生认识热处理炉等设备，了解零件的退火、正火、淬火、回火热处理操作，理解热处理工艺对提高金属材料性能，延长零件寿命的重要意义；学会使用硬度计检测硬度，分析硬度与热处理工艺的关联性；能独立使用显微镜进行金相显微组织观察，了解热处理与热工艺对金属材料组织及性能的影响。

2. 实践内容

1)钢的热处理操作

(1)实习用主要仪器设备：箱式电阻炉，控温仪表，材料 45 钢样。

(2)实习操作:四人一组,分批进行淬火后回火操作。

2)硬度测定

测定硬度的方法很多,生产中应用较多的有布氏硬度、洛氏硬度和维氏硬度试验方法。在此实践训练中采用洛氏硬度试验方法。按压头和载荷不同,洛氏硬度分为 HRA、HRB 和 HRC 三种类型(表 2-1),其中以 HRC 应用最多。

(1)实习用主要仪器设备:洛氏硬度计,45 钢退火、淬火、回火(调质态)试样。

(2)洛氏硬度计结构:洛氏硬度计类型较多,外形构造也不相同,但构造原理及主要部件相同,如图 2-14 所示。

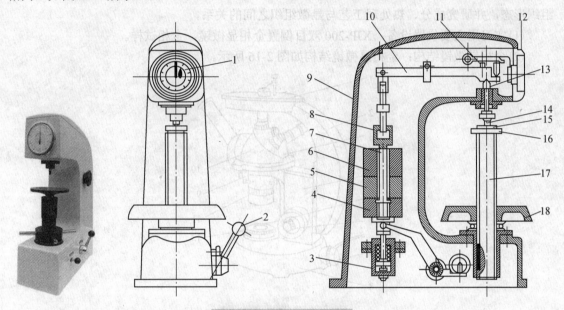

图 2-14　洛氏硬度计结构图

1-指示器;2-加载手柄;3-缓冲器;4-砝码座;5、6-砝码;7-吊杆;8-吊套;9-机体;10-加载杠杆;
11-顶杆;12-刻度盘;13-主轴;14-压头;15-试样;16-工作台;17-升降丝杠;18-手轮

(3)洛氏硬度测定方法:测定洛氏硬度时基本操作如下。

① 根据试样及预计硬度范围,选择压头类型和预、主载荷(表 2-1),安装压头;

② 将试样置于工作台上,注意试样表面应光滑平整,不应有氧化皮及污物;试样形状应能保证试验面与压头轴线相垂直;测试过程应无滑动;

③ 加预载荷:顺时针旋转手轮,使试样与压头接触,直至读数百分表小指针指示红点处;调整读数表盘,使百分表盘上的长针对准硬度值的起点,偏移不超过±5 个硬度值,如图 2-15 所示。如果试验 HRB,使长针与表盘上的红字 B 对准;如果试验 HRC、HRA,使长针与表盘上的黑字 C 对准;

④ 加主载荷:平稳地向上扳动加载手柄,手柄自动升高至停止位置(时间应为 5~7s),并停留 10s。加载时要细心操作,以免损坏压头;

⑤ 卸主载荷:扳回加载手柄至原来位置;

⑥ 读出硬度值:长针指向的数字为硬度的读数。HRB 读红色

图 2-15　加预载荷时百分
表盘指针位置

数字，HRC、HRA 读黑色数字；

⑦ 降下工作台，卸载全部试验力，压头完全离开试样后取出试样；

⑧ 用同样方法在试样的不同位置测三个数据，取其算术平均值作为试样的硬度值。一般情况下，当更换压头、工作台或试样后，前 1～2 次测试无效，后几次测试取平均值较为准确。

利用 45 钢材料退火、淬火、回火(调质态)试样，测定出其硬度值，并分析硬度与热处理工艺的关联性。

3) 铁碳合金金相显微组织观察

用金相显微镜将专门制备的金相试样放大 100～1250 倍，可观察和分析铁碳合金的显微组织形态，并研究成分、热处理工艺与显微组织之间的关系。

(1)实习用主要仪器设备：XJP-200 双目倒置金相显微镜，金相试样。

(2)金相显微镜结构：金相显微镜结构如图 2-16 所示。

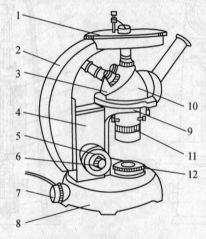

图 2-16　金相显微镜结构

1-载物台；2-镜臂；3-物镜转换器；4-微动座；5-粗动调焦手轮；6-微动调焦手轮；

7-照明装置；8-底座；9-平台托架；10-碗头组；11-视场光阑；12-孔径光阑

(3)金相显微镜使用步骤如下所述。

① 接通电源。

② 根据所需倍数，将选择好的物镜和目镜分别装在物镜座上和目镜筒内，并使转换器转至固定位置。

③ 将试样放在载物台中心，使观察面朝下，试样要清洁、干燥。

④ 转动粗调手轮先使载物台下降，同时观察，使物镜尽可能接近试样表面(但不得与试样相碰)，然后反转粗调手轮，使载物台渐渐上升，以调节焦距，当视场亮度增强时再改用细调手轮，直至图像最清晰。转动粗调或微调手轮时动作要慢，要避免物镜与试样接触，感到阻碍时不得用力强行转动以免损坏机件。

⑤ 调节双目观察筒的筒距，直到通过两目镜能同时看到完整的视场。

⑥ 适当调节孔径光阑和视场光阑，以获得最佳质量的物像。

⑦ 观察时一般先用低倍观察全貌，当需观察局部组织的详细形貌时，改用高倍观察。

观察三个以上不同试样，比较其金相组织，理解铁碳合金中成分、热处理工艺与显微组织、性能之间的关系，并绘出三个显微组织。

第 3 章　机械制造基本知识

3.1　零件加工的技术要求

机械加工的目的在于加工出符合设计要求的机械零件。为达到机器设备的精度、使用寿命和性能要求以及满足同种零件的互换性要求，对各种零件提出不同的技术要求。零件的技术要求通常包括五个方面：尺寸精度、形状精度、位置精度、表面质量、热处理与表面处理。一般前四项均由切削加工来保障。

3.1.1　尺寸精度

尺寸精度是指零件加工后的实际尺寸相对于理想尺寸的准确程度。零件的使用性能不同，其尺寸精度要求也不同。尺寸精度由尺寸公差来控制。在同一基本尺寸的情况下，尺寸公差值越小，则尺寸精度越高。尺寸公差等于最大极限尺寸与最小极限尺寸之差，或等于上偏差与下偏差之差，如图 3-1 所示。

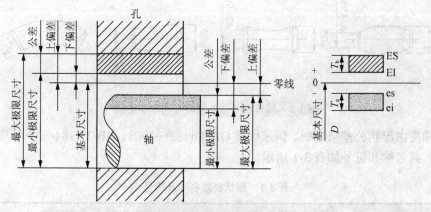

图 3-1　尺寸公差示意图

例如，$\phi 28^{+0.045}_{+0.015}$，其中 $\phi 28$ 为基本尺寸，+0.045 为上偏差，+0.015 为下偏差。

$$最大极限尺寸 = 28mm + 0.045mm = 28.045mm$$

$$最小极限尺寸 = 28mm + 0.015mm = 28.015mm$$

$$尺寸公差 = 最大极限尺寸 - 最小极限尺寸$$

$$= 28.045mm - 28.015mm$$

$$= 0.03mm$$

或

$$尺寸公差 = 上偏差 - 下偏差$$

$$= 0.045mm - 0.015mm$$

$$= 0.03mm$$

国家标准 GB 1800—1979 至 GB 1804—1979 将尺寸精度的标准公差等级分为 20 级，分别用 IT01、IT0、IT1、IT2、…、IT18 表示，数字越大，精度越低，其中标准公差 IT01 的公差值最小，尺寸精度最高，难达到。零件的精度是由设计者根据零件的功能要求与工艺的经济指标等因素综合分析后确定的，一般取能满足功能要求的最低精度。

3.1.2 形状和位置精度

1. 形状精度

形状精度是指零件上的线、面等要素的实际形状相对于理想形状的准确程度。在机械设备精密装配中，仅靠控制尺寸精度是不行的。如图 3-2 所示的具有相同尺寸公差要求的轴尽管都在公差范围内，却被加工出 8 种不同的形状。若用这 8 种不同形状的轴装配在精密机械上，则会产生不同的效果。因此，控制零件的形状精度也是十分重要的。

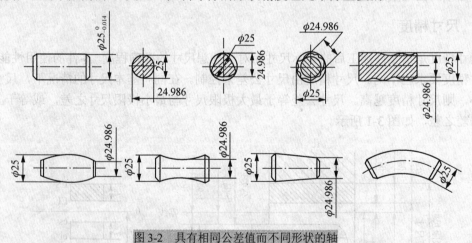

图 3-2　具有相同公差值而不同形状的轴

形状精度由形状公差来控制。国家标准 GB/T 1182—2008、GB/T 1184—1996 规定了 6 项形状公差，其名称和符号如表 3-1 所示。

表 3-1　形状公差名称及符号

项目	直线度	平面度	圆度	圆柱度	线轮廓度	面轮廓度
符号	——	▱	○	⌀	⌒	⌓

（1）直线度。指零件被测要素（如轴线、母线等）实际轮廓线的直线度要求。

（2）平面度。指零件被测要素面的平整程度要求。

（3）圆度。指零件的回转表面（圆柱面、圆锥面等）横剖面上的实际轮廓线接近理论圆的程度要求。

（4）圆柱度。指零件上被测圆柱表面的实际轮廓形状与理想圆柱面相差的程度。

（5）线轮廓度。指零件上被测要素线的实际轮廓形状与理想形状相差的程度。

（6）面轮廓度。指零件上被测要素表面的实际轮廓形状与理想形状相差的程度。

形状公差标注方法如图 3-3 所示。

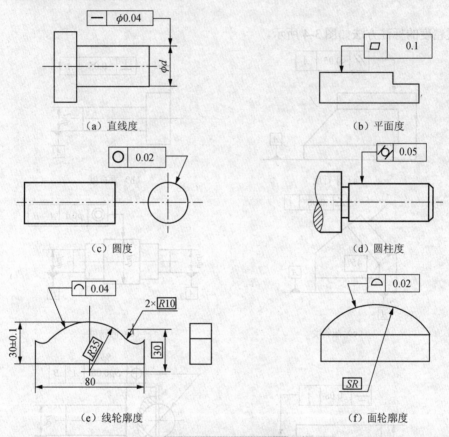

图 3-3　形状公差的标注

2. 位置精度

位置精度是指零件上的线、面等要素的实际位置相对于理想位置的准确程度。位置精度由位置公差来控制。现行的国家标准 GB/T 1182—2008、GB/T 1184—1996 规定了 8 项位置公差，其名称和符号如表 3-2 所示。

表 3-2　位置公差名称及符号

项目	平行度	垂直度	倾斜度	同轴度	对称度	位置度	圆跳动	全跳动
符号	//	⊥	∠	◎	=	⊕	↗	↗↗

（1）平行度。指零件上被测要素（面、直线）相对于基准要素（面、直线）平行的程度。

（2）垂直度。指零件上被测要素（面、直线）相对于基准要素（面、直线）垂直的程度。

（3）倾斜度。指零件上被测要素(面、直线)相对于基准要素(面、直线)倾斜的程度。

（4）同轴度。指零件上被测回转表面的轴线相对于基准轴线同轴的程度。

（5）对称度。指零件上被测表面的对称平面(或轴心线)与基准平面的对称平面(或轴心线)间的偏离程度。

（6）位置度。指零件上被测点、线、面到其理想位置的偏离程度。

（7）圆跳动。指零件上被测回转表面相对于以基准轴线为轴线的理论回转面的偏离程度。

（8）全跳动。指零件上被测要素对理想回转面的偏离程度。当理想回转面是以基准要素为轴线的圆柱面时，称为径向全跳动；当理想回转面是与基准轴线垂直的平面时，称为轴向全跳动。

位置精度的标注方法如图 3-4 所示。

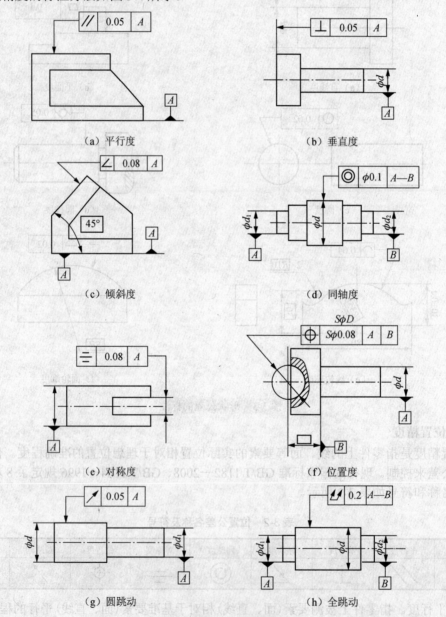

图 3-4　位置公差的标注

3.1.3　表面质量

零件的表面质量主要包括表面粗糙度、表面应力和表面微观裂纹等。

1. 表面粗糙度

无论是机械加工的零件表面，还是用铸、锻等方法获得的零件表面总会存在具有较小间距和峰谷的微观几何形状误差，这种较小间距和峰谷的微观几何形状特征称为表面粗糙度。

表面粗糙度对零件的使用有很大影响，它直接影响零件的配合性质、强度、耐腐蚀性、密封性等，是零件技术要求中的重要指标之一。

国家标准 GB 3505—1983 等详细规定了表面粗糙度的各种评定参数，在生产中最常用的是轮廓算术平均偏差 Ra 值（图 3-5），零件的表面粗糙度 Ra 值越小，则越显平滑；Ra 值越大，则越显粗糙。不同的工艺方法，可以得到不同的表面粗糙度 Ra 值。一般取满足使用要求的最大 Ra 值。

$$Ra = \frac{1}{l} \int_0^l |y(x)| \mathrm{d}x \approx \frac{1}{n} \sum_{i=1}^{n} |y_i|$$

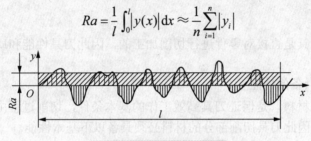

图 3-5　轮廓算术平均偏差

表面粗糙度的单位为 μm，分为 14 个等级。其允许标注数值分别为：50，25，12.5，6.3，3.2，1.6，0.8，0.4，0.2，0.1，0.05，0.025，0.012，0.008。标注方法如图 3-6 所示。

2. 表面应力与微观裂纹

机械加工中，无论是切削加工、磨削加工、电火花加工（图 3-7），还是热处理过程，由于切削力、切削热以及金相组织变化的作用，都有可能使零件表面产生残余应力，甚至微观裂纹。应力有拉应力和压应力。普通切削加工容易产生拉应力，拉应力容易使加工表面产生裂纹并使其扩展，降低其强度，甚至破坏报废。因此，对于各种零件，尤其是重要的和精密的零件，要合理选择加工工艺，尽可能防止和消除零件中存在的应力和微观裂纹。

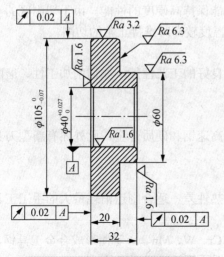

图 3-6　表面粗糙度标注方法示例

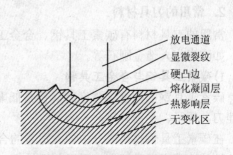

图 3-7　放电加工产生的表面变质层

3.2　切削加工的基本概念

切削加工是利用切削工具将毛坯上多余的材料切去，以获得所要求的几何形状、尺寸精度和表面质量的机械加工方法。在现代机械制造中，绝大多数的机械零件是靠切削加工获得的。切削加工是目前机械制造的主要手段，是使用最广泛的加工方法。

切削加工分为机械加工和手动工具加工两种，机械加工的主要方式包括车削、铣削、刨削、拉削、磨削、钻削、镗削和齿轮加工等，而采用手动工具加工称为钳工。

不同的切削加工方式在很多方面如切削工具、切削运动以及切削过程等，都有共同的现象和规律。这些现象和规律是认识各种切削加工方法的共同基础。

3.2.1　切削刀具

切削过程中，刀具是直接对零件进行切削加工的，因此刀具性能和质量的优劣直接影响加工的效率和精度。

1. 刀具材料应具备的性能

性能优良的刀具材料，是保证刀具高效工作的基本条件，切削过程中，切削部分要承受很高的温度和压力，因此刀具切削部分的材料必须具备以下基本性能。

1) 高的硬度

刀具切削部分的硬度，必须明显高于工件材料的硬度，刀具材料的常温硬度，一般要求在 60HRC 以上。

2) 高的耐磨性

为保持刀刃的锋利，刀具材料应具有较高的耐磨性，一般材料的硬度越高，耐磨性越好。

3) 足够的强度和韧性

刀具在切削时会承受较大的切削力、冲击和振动，因此必须有足够的强度和韧性，避免刀具产生脆性断裂或崩刃。

4) 高的红硬性

红硬性也称热硬性，是指刀具材料在高温下仍能保持高硬度的性能。由于切削区的温度较高，因此要求刀具材料要有高的红硬性，才能在温度较高时维持正常的切削。

5) 良好的工艺性

为便于刀具的制造和刃磨，刀具材料还应具备良好的工艺性能，如切削加工性、磨削加工性、热处理工艺性等。

2. 常用的刀具材料

常用的刀具材料有碳素工具钢、合金工具钢、高速钢和硬质合金，此外还有新型刀具材料，如陶瓷、人造金刚石等。

1) 碳素工具钢与合金工具钢

碳素工具钢的硬度、强度高，价格低廉，但耐热性差，适合制造消耗量大的手工工具，如锉刀、錾子、手锯条等。

在碳素工具钢材料成分中加入适量的合金元素 Cr、W、Mn、V 等便形成合金工具钢，其耐热性能比碳素工具钢高，用于制造铰刀、丝锥、板牙等低速切削刀具。

2) 高速钢

高速钢是含有较多的 W、Cr、V 等合金元素的高合金工具钢，其具有较高的硬度(热处理后硬度可达 63～69HRC) 和热硬性(红硬温度达 500～650℃)，强度和韧性也较好，而且具有热处理变形小、工艺性能好的特点，易刃磨出较锋利的切削刃。因此，高速钢适用于制造形状复杂的刀具，如铰刀、丝锥、钻头、拉刀、成形刀具、齿轮刀具等。常用牌号是 W18Cr4V。

3) 硬质合金

硬质合金是高温下烧结而成的粉末冶金制品，具有很高的硬度(达 74～82HRC) 和良好的耐磨性，而且能耐高温，能在 800～1000℃ 的温度下进行切削，其切削速度可比高速钢高 4～10 倍，可达 100～300m/min，甚至更高。但它的抗弯强度低、冲击韧度低，因此不能承受大的冲击载荷，硬质合金目前多用于制造各种简单刀具，如车刀、刨刀的刀片等，用机械夹紧或用钎焊方式固定在刀具的切削部位上。

切削加工中应用最广的刀具材料主要是高速钢和硬质合金。陶瓷、立方碳化硼和人造金刚石等新型刀具的硬度和耐磨性都很好，但成本较高、性脆、抗弯强度低，目前主要用于难加工材料的精加工。

3.2.2 刀具切削部分的几何参数

刀具的种类繁多，形状各异，但不论刀具的结构如何复杂，都可以看成外圆车刀的演变与组合，如铣刀的每个刀齿也可看成一把车刀。因此，车刀是最基本的，其几何形状具有典型性，在研究刀具时，常以外圆车刀为基础。

1. 车刀的组成

在切削过程中，工件上同时存在三个不同变化着的表面，即已加工表面、过渡表面、待加工表面，如图 3-8 所示。已加工表面是指工件上经刀具切削后形成的表面；过渡表面是指工件上由切削刃形成的表面，在下一切削行程中将被刀具切除；待加工表面是指工件上切削待加工的表面。

外圆车刀切削部分一般由"三面两刃一尖"组成。如图 3-9 所示。

(1)前刀面：切屑沿着它流动的面，并由此面脱离工件本体。

(2)主后刀面：与切削表面相对的面。

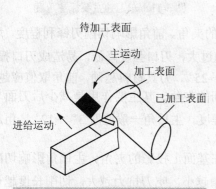

图 3-8 车削过程中工件上的加工表面

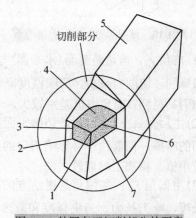

图 3-9 外圆车刀切削部分的要素

1-刀尖；2-副后刀面；3-副切削刃；4-前刀面；
5-刀柄；6-主切削刃；7-主后刀面

(3) 副后刀面：与工件已加工表面相对的面。

(4) 主切削刃：前刀面与主后面的交线，担任主要的切削任务。

(5) 副切削刃：前刀面与副后面的交线，协同主切削刃完成切削任务。

(6) 一尖：主切削刃和副切削刃的交点，为了增加强度、改善散热条件，通常在刀尖磨有圆弧或直线过渡刃。

2. 车刀切削部分的主要角度

1) 确定刀具角度的辅助平面

为确定车刀的几何角度，必须建立三个相互垂直的辅助平面坐标作为标注、刃磨和测量的基准。刀具辅助平面主要有基面、主切削面和正交平面，如图 3-10 所示。

(1) 基面 P_r：基面是过切削刃选定点的平面，其方位一般垂直于假定的主运动方向。

(2) 主切削平面 P_s：主切削平面是通过主切削刃选定点与主切削刃相切并垂直于基面的平面。

(3) 正交平面 P_o：正交平面是通过主切削刃选定点并同时垂直于基面和主切削平面的平面。显然，这三个平面相互垂直，构成一个空间直角坐标系，即称为刀具正交平面参考系。

2) 车刀的主要角度

车刀切削部分的主要角度有前角、后角、主偏角、副偏角和刃倾角，如图 3-11 所示。

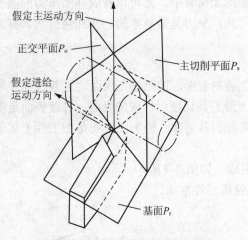

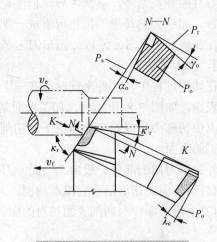

图 3-10　外圆车刀正交平面参考系　　　　　图 3-11　车刀的主要标注角度

(1) 前角 γ_o：前角是基面(水平面)与前刀面之间的夹角。前角影响切削刃锋利程度，增大则刃口锋利，切削力减少，切削温度降低，但是前角过大，刃口强度降低，易造成刃口损坏。不同的刀具材料，前角取值差别较大，一般选取 $0°\sim25°$，刀具材料越硬，前角取值应越小。

(2) 主后角 α_o：主后角是切削平面与后刀面之间的夹角。其主要作用是减少后刀面与工件之间的摩擦，同前角一样影响刃口的强度和锋利程度。主后角一般选取 $3°\sim12°$。粗加工时取较小值，精加工时取较大值。

(3) 主偏角 K_r：主偏角是进给方向与主切削刃在基面上投影的夹角。主偏角影响切削刃工作长度、吃刀抗力、刀尖强度和散热条件。主偏角越小，吃刀抗力越大，切削长度越长，散热条件越好。一般使用的车刀主偏角有 $45°$、$60°$、$75°$、$90°$ 等。

(4) 副偏角 K_r'：副偏角是进给运动反方向与副切削刃在基面上投影的夹角。副偏角影响已加工表面的粗糙度，减小副偏角可以使加工表面光洁。副偏角一般为 $5°\sim15°$。

(5)刃倾角 λ_s：刃倾角是主切削刃与基面间的夹角，刃倾角影响切屑流动方向和刀尖的强度。刃倾角为正时，切屑对刀具的压力使刀头及刃口部分容易损坏，刀头强度较差，反之则刀头强度较好。

3.2.3 切削要素

1. 切削运动

切削加工中，机床要加工出零件的各种表面，需要靠刀具和工件之间进行相对运动，即所谓的切削运动。切削运动分为主运动和进给运动两类。

1）主运动

主运动是使工件与刀具产生相对运动以进行切削的最基本运动，主运动速度最高，消耗的功率最大。没有主运动，切削就不可能进行。车削时工件的旋转运动是主运动；铣削时铣刀的旋转是主运动；磨削中，砂轮的高速旋转是主运动。如图 3-12 所示，在切削运动中，主运动只有一个，进给运动则可能有一个或几个。

2）进给运动

进给运动是使新的被加工材料层不断进入或逐步进入的切削运动。没有进给运动，就不可能加工出整个表面。进给运动的速度相对低，所消耗的动力也较少。车削时进给运动指车刀沿着导轨面的纵向或横向的走刀运动；铣削时进给运动指工作台带动工件的纵向或横向的运动；磨削中进给运动指工作台带动工件沿着纵向导轨面的往复移动等，如图 3-12 所示。

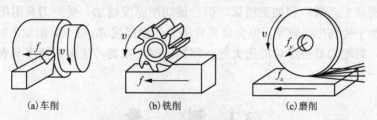

(a)车削　　　　　　(b)铣削　　　　　　(c)磨削

图 3-12　机械加工中的切削运动

2. 切削三要素

如图 3-13 所示，切削用量三要素包括切削速度 v、进给量 f 和背吃刀量 a_p。根据不同的加工，应选择不同的切削要素。

1）切削速度 v

切削刃上的选定点相对于零件待加工表面在主运动方向上的瞬时速度，单位为 m/s。它是描述主运动的参数。

当主运动为旋转运动(如车削、铣削、钻削和磨削)时，切削速度计算公式为

$$v = \frac{\pi Dn}{1000 \times 60}(\text{m}/\text{s}) \quad \text{或} \quad v = \frac{\pi Dn}{1000}(\text{m}/\text{min})$$

式中，D 为待加工表面的直径或刀具切削处的最大直径，mm；n 为工件或刀具的转速，r/min。

当主运动为直线往复运动(刨削、插削等)时，切削速度计算公式为

$$v = \frac{2Ln_r}{1000 \times 60}(\text{m}/\text{s}) \quad \text{或} \quad v = \frac{2Ln_r}{1000}(\text{m}/\text{min})$$

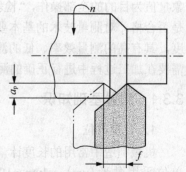

图 3-13　车削中的切削用量三要素

式中，L 为往复运动的行程长度，mm；n_r 为主运动每分钟的往复次数，str/min（双行程/分种）。

切削速度提高，有助于提高生产效率和加工质量，但切削速度的提高会使切削温度增加，这会受刀具耐用度的限制。

2）进给量 f

切削过程中，主运动在一个工作循环或单位时间内，刀具与工件沿进给方向相对移动的距离。例如，车削时，就是工件旋转一圈，刀具沿纵向或横向导轨所移动的距离。

当主运动为旋转运动时，进给量的单位为 mm/r；当主运动为直线往复运动时，进给量的单位为 mm/str（毫米/双行程）。

对于多齿刀具如铣刀、铰刀等，进给量常以每齿进给量 f_z 表示，$f_z = f / z$，单位为 mm/z。其中 z 是指刀具的齿数。

进给量越大，生产效率越高，但会造成零件的表面粗糙度 Ra 也越大。

3）背吃刀量 a_p

工件待加工表面与已加工表面之间的垂直距离，单位为 mm。车削外圆时，背吃刀量计算公式为

$$a_p = \frac{D - d}{2}$$

式中，D 为工件待加工表面的直径，mm；d 为工件已加工表面的直径，mm。

切削三要素对加工质量、加工效率、刀具使用寿命(耐用度)有重要的影响。切削速度的提高，有助于提高生产效率和加工质量，但会使切削温度增加，受到刀具耐用度的限制。进给量的增加有助于提高生产效率，但会使零件的表面粗糙度 Ra 增大。粗加工时，从提高加工效率角度出发，背吃刀量应尽可能选大些；精加工时，主要考虑加工精度和表面质量，进给量则需要选小一些。

3.3　测　　量

为了保证零件的加工质量，需要对加工出的零件严格按照图样的表面粗糙度、尺寸精度、形状精度和位置精度进行测量。测量技术包括"测量"和"检验"，"测量"是以确定被测对象量值为目的的全部操作，"检验"是确定被测几何量是否在规定的极限范围之内，从而判断是否合格。对测量技术的基本要求是：合理地选用计量器具与测量方法，保证一定的测量精度，具有高的测量效率、低的测量成本。要实现零件的互换性，除了合理地规定公差外，还需要在加工过程中进行正确的测量或检验。

3.3.1　测量基础知识

1. 计量单位

机械制造中常用的长度计量单位为毫米(mm)，$1\text{mm} = 10^{-3}\text{m}$。在精密测量中，长度计量单位采用微米(μm)，$1\mu\text{m} = 10^{-3}\text{mm}$。在超精密测量中，长度计量单位采用纳米(nm)，$1\text{nm} = 10^{-3}\mu\text{m}$。

机械制造中常用的角度计量单位为弧度(rad)、微弧度(μrad)和度(°)、分(')、秒(")。$1\text{mrad} = 10^{-6}\text{rad}$，$1° = 0.0174533\text{rad}$。度(°)、分(')、秒(")的关系采用 60 等分制，即 $1° = 60'$，

1'=60"。

2. 测量误差

测量的误差来源有四个方面：

(1)测量装置误差，如测量仪器与标准值之间的差异；

(2)环境误差，如温度、湿度等引起的零件或测量仪器的误差；

(3)人员误差，因测量人员的视差、估读误差等；

(4)方法误差，主要由于测量方法或计算方法不完善引起的误差。

任何测量方法都存在误差，因此要合理地选择测量方法。

3.3.2　常用量具及使用

1. 游标卡尺

游标卡尺在机械制造业中应用十分广泛，具有结构简单、使用方便、测量范围大以及用途广、使用寿命长等优点。如果按游标的刻度值，游标卡尺可分为 0.1mm、0.05mm、0.02mm 三种，如图 3-14 所示。

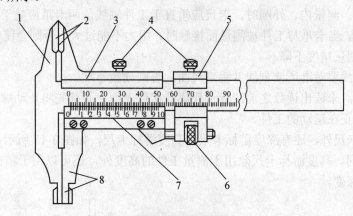

图 3-14　游标卡尺

1-尺身；2-刀口外测量爪；3-尺框；4-锁紧螺钉；5-微动装置；6-微动螺母；7-游标读数值；8-内外测量爪

(1)游标读数原理：游标量具读数部分主要由尺身与游标组成，其原理是利用尺身刻线间距与游标刻线间距差来进行小数读数。以 0.02mm 规格为例，如图 3-15 所示。

图 3-15　游标卡尺的读数原理

尺身刻线间距每小格为 1mm，在游标长度 49mm 内刻 50 格，即游标上的每一刻线间距为 0.98mm，也就是游标与尺身的刻线间距差为 0.02mm。因此，当游标零位线与尺身零位线对准时，除最后一根线与尺身第 49 根刻线对准外，其他游标刻线都不与尺身刻线对准。当移动游标时，游标向右移动 0.02mm，则尺身的第一根刻线对准游标的第一根刻线；移动 0.04mm 时，尺身刻线和游标的第二根刻线对准，以此类推。游标在 1mm 内向右移动的距离是由游标刻线和尺身刻线相对准时的游标刻线所决定的。

（2）游标卡尺的读数方法：先在游标卡尺的主尺上读出最大的整毫米数，然后在游标上读出零线到与主尺刻线对齐的刻线之前的读数，将格数与 0.02 相乘（即游标的刻度值）得到小数，将由主尺读出的整数与游标上得到的小数相加就得到测量的尺寸。

以图 3-16 所示为例，被测数值为 15mm＋4×0.02mm=15.08mm

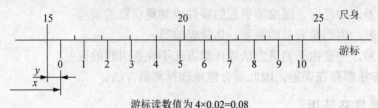

游标读数值为 4×0.02=0.08

图 3-16　游标卡尺读数示例

（3）游标卡尺使用注意事项如下。

① 检查零线。使用前应先擦干净卡脚，检查主尺和副尺的零线是否对齐。若不对齐，应送计量部门检修。

② 放正卡尺。测量内、外圆时，卡尺应垂直于工件轴线，两卡爪应处于直径处。

③ 用力适当。当卡爪与工件被测量面接触时，用力不能过大，否则会使卡爪变形，加速卡爪的磨损，使测量精度下降。

④ 读数时视线要对准所读刻线并垂直尺面，否则读数不准。

⑤ 防止松动。未读出读数之前游标卡尺离开工件表面，必须先将止动螺钉拧紧。

⑥ 不得测量正在运动的工件。

除以上游标卡尺外，还有深度游标卡尺和高度游标卡尺，如图 3-17 所示。它们的读数原理和游标卡尺相同。高度游标卡尺除用于测量工件的高度外，还可以用于精密划线。深度游标卡尺用于测量深度。

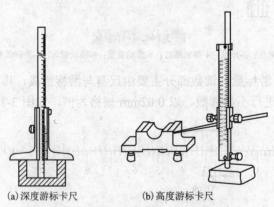

(a)深度游标卡尺　　　(b)高度游标卡尺

图 3-17　深度游标卡尺与高度游标卡尺

2. 百分尺

百分尺（又称千分尺）是比游标卡尺的测量精度更高的量具，如图 3-18 所示，其测量准确度为 0.01mm。常用的测量范围是 0～25mm、25～50mm、…、100～125mm 等。根据其用途，百分尺可分为外径百分尺、内径百分尺、深度百分尺和螺纹百分尺等。

（1）读数原理：百分尺的读数原理如图 3-19 所示。读数机构由固定套筒和微分筒组成，在固定套筒上刻有纵刻线，作为微分筒读数的基准线，纵刻线上、下方各刻有 25 个分度，每个分度的刻线间距为 1mm，上、下刻线的起始位置错开 0.5mm，微分量具中测微螺杆的螺距一般都是 0.5mm，微分筒圆周斜面上刻有 50 个分度，因此当微分筒旋转一周时，测微螺杆的轴向位移为 0.5mm，微分筒旋转一个分度(即 1/50 转)时，测微螺杆移动 0.01mm，故常用百分尺的读数值为 0.01mm。

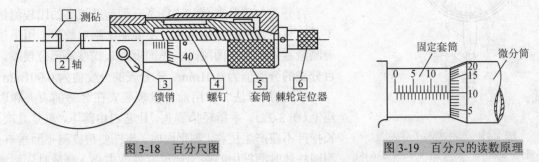

图 3-18　百分尺图　　　　　　　　　　图 3-19　百分尺的读数原理

(2)百分尺的读数方法：先读出固定套筒上露出刻线的毫米数和半毫米数，再读出微分套筒上小于 0.5mm 的小数部分，将上面两部分相加即总测量值。

(3)百分尺使用注意事项如下：

① 保持百分尺的清洁，尤其是测量面必须擦拭干净。使用前应先校对零点，若不对齐，则应送计量部门检修。

② 当测量螺杆快要接近工件时，必须拧动端部棘轮，当棘轮发出"嘎嘎"响声时，表示压力合适，停止拧动。严禁拧动微分套筒，以防用力过度致使测量不准确。

③ 从百分尺上读取尺寸，可在工件未取下前进行，读完后松开百分尺，亦可先将百分尺锁紧，取下后再读数。

④ 不得用百分尺测量毛坯表面和运动中的工件。

3. 塞规和卡规

塞规和卡规(又称卡板)是成批大量生产中应用的一种检验用量具(图 3-20)。它是一种不带刻线的专用检验工具，制造精度很高，测量值是确定的。在检测时，不能测出工件的具体尺寸值，但可以确定工件的实际尺寸是否在规定的极限范围之内。

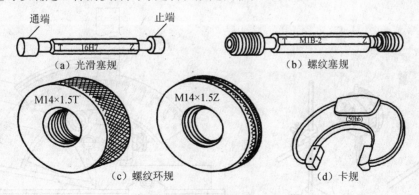

(a)光滑塞规　　　　　　　　　　　(b)螺纹塞规

(c)螺纹环规　　　　　　　　　　　(d)卡规

图 3-20　各种塞规和卡规

塞规用于测量孔径或槽宽，其长度较短的一端称为"止端"，用于控制工件的最大极限尺寸；其长度较长的一端称为"通端"，用于控制工件的最小极限尺寸。在用塞规测量时，只有

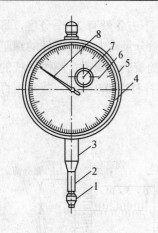

图 3-21　百分表与千分表图

1-测头；2-测杆；3-装夹套；4-表座；5-表体；
6-刻度盘；7-转数指针；8-长指针

当通端能进去、止端不能进去时，才说明工件的实际尺寸在公差范围之内，是合格品，否则就是不合格品。

卡规用于测量外径或厚度，与塞规类似，分别有通端和止端。使用方法与塞规相同。

4. 百分表与千分表

百分表与千分表(图3-21)是一种精度较高的比较测量工具，只能读出相对的数值，不能测出绝对数值。用于精确测量零件圆度、圆跳动、平面度和直线度等形位误差。百分表的分度值为 0.01mm；千分表的分度值为 0.001mm。

(1)使用方法。使用前将量表装夹在合适的表夹和表座上(图 3-22)，手指轻抬侧头，让它自由落下，重复几次，长指针不应产生位移。测平面时，测杆要与被测平面垂直；测圆柱体时测杆中心必须通过零件的中心。测量时先将测杆轻提，把表架或零件移到测量位置后缓慢放下测杆，使之与被测面接触，不可强制将测量头推上被侧面，然后转动刻度盘使其零件对正长指针，多次反复提起和放下测杆，观察长指针是否都在零位上，在不产生位移情况下，才能进行读数。

(2)读数方法。百分表长指针每转一格为 0.01mm，转数指针每转动一格为 1mm；千分表长指针每转一格为 0.001mm，转数指针每转动一格为 1mm。

5. 万能角度尺

万能角度尺(图3-23)是用来测量零件的内、外角度的量具。它的读数机构是根据游标的原理制成的，主尺刻线每格为 1°，游标的刻线取主尺的 29° 等分为 30 格，因此游标刻线每格为 29°/30，即主尺 1 格与游标 1 格差为 1°-29°/30=1°/30=2'，也就是说，万能角度尺读数的准确度是 2'，其读数方法与游标卡尺完全相同。

6. 塞尺

塞尺(又称厚薄规)，如图 3-24 所示，是用其厚度来测量间隙大小的薄片尺，它由一组厚度不等的薄钢片组成。使用时根据被测间隙的大小选择厚度接近的钢片(可以用几片组合)插入被测间隙，能塞入钢片的最大厚度即被测间隙值。

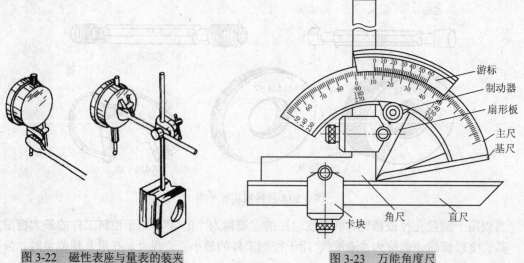

图 3-22　磁性表座与量表的装夹　　　　　　**图 3-23　万能角度尺**

7. 刀口形直尺

刀口形直尺(图 3-25)是利用光隙法检查直线度或平面度的量尺。如果工件的表面不平，则刀口形直尺与平面之间有间隙存在。根据光隙可以判断误差状况，或用塞尺检验缝隙的大小。

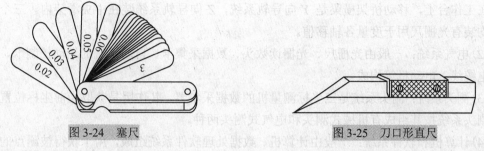

图 3-24　塞尺　　　　　　　　　　　　　图 3-25　刀口形直尺

8. 直角尺

直角尺(图 3-26)是用于检查工件垂直度的非刻线量尺，其两边成精确的 90°，使用时将其一边与工件的基准面贴合，使其另一边与工件的另一表面接触，根据光隙可以判断误差状况，或用塞尺测量其缝隙大小。直角尺还可以用于保证钳工划线的垂直度。

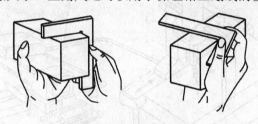

图 3-26　直角尺的应用

3.4　三坐标测量

三坐标测量机(Three Dimensional Coordinate Measuring Machining，3D-CMM)是一种高效高精度的接触式精密测量仪器，它有机地结合了数字控制技术、计算机软件技术、先进的位置传感技术和精密机械技术，使如齿轮、凸轮、蜗轮蜗杆等以前需要专用检测设备检测的复杂形状工件，现在可用三坐标测量机进行数据采集，结合相应测量、评价软件来实现专业的检测和评价。随着现代制造业的飞速发展，三坐标测量机以其高效率、高精度和高柔性的特点，逐渐成为精密制造、精密计量与逆向工程不可缺少的测量仪器。

3.4.1　三坐标测量机的工作原理及组成

1. 三坐标测量机工作原理

三坐标测量机是基于三坐标测量原理，即将被测物体置于三坐标测量机的测量空间，精确地测出被测物体上各测点的 X、Y、Z 空间坐标，根据这些点的空间坐标值，经过计算机数据处理，拟合形成测量元素，如圆、球、圆柱、圆锥、曲面等，经过数学计算的方法得出其形状、位置公差及其他几何量数据，从而获得复杂形状工件的空间三维尺寸。

2. 三坐标测量机的组成

三坐标测量机是典型的机电一体化设备，它由机械系统、电气系统、测头系统以及计算机和软件系统四大部分组成。

(1)机械系统：一般由三个正交的直线运动轴构成。如图 3-27 所示的结构中，X 向导轨系统装在工作台上，移动桥架横梁是 Y 向导轨系统，Z 向导轨系统装在中央滑架内。三个方向轴上均装有光栅尺用于度量各轴移值。

(2)电气系统：一般由光栅尺、光栅读数头、数据采集卡、自动系统的运动控制卡、接口箱、电缆线、电动机等构成。

(3)测头系统：测头系统是三坐标测量机的数据采集器，其作用是获取当前坐标位置的信息。测头系统按其组成有机械式测头和电气式测头两种。

(4)计算机和软件系统：一般由计算机、数据处理软件系统组成，用于获得被测点的坐标数据，并对数据进行计算处理。

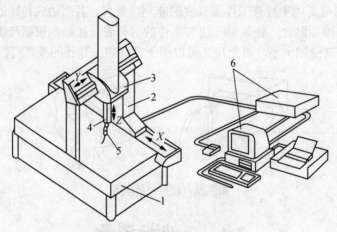

图 3-27　三坐标测量机的组成

1-工作台；2-移动桥架；3-中央滑架；4-z 轴；5-测头；6-电气和软件系统

3.4.2　三坐标测量机的结构形式

三坐标测量机是由三个正交的直线运动轴构成的，这三个坐标轴的相互配置位置(即总体结构形式)对测量机的精度以及对被测工件的适用性影响较大。三坐标测量机按结构可分为桥式结构、龙门式结构、悬臂式结构、立柱式结构等。

图 3-28 为不同三坐标测量机的结构形式，其中图 3-28(a)所示为悬臂式，其优点是开敞性较好，但精度低，一般用于小型测量机；图 3-28(b)为桥式，桥式测量机承载力较大，开敞性较好，精度较高，主要用于中小型测量机；图 3-28(c)、(d)为龙门移动式和龙门固定式，龙门式结构刚性好，三个坐标测量范围较大时也可保证测量精度，适用于大机型；图 3-28(e)为卧轴式，这种形式测量精度较高，但结构复杂。移动桥式结构是目前应用最广泛的一种结构形式。

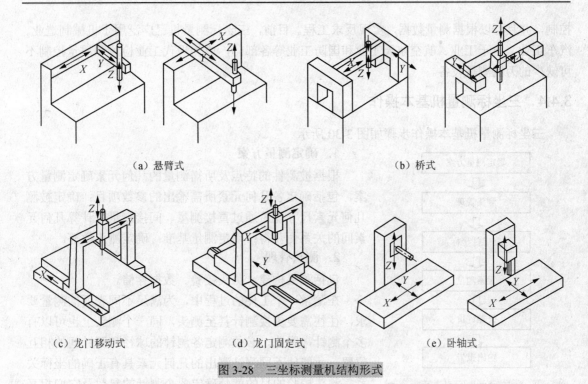

（a）悬臂式　　　　　　　　　　　　　　　　　　（b）桥式

（c）龙门移动式　　　　　　（d）龙门固定式　　　　　　（e）卧轴式

图 3-28　三坐标测量机结构形式

3.4.3　三坐标测量机的应用

三坐标测量机的主要应用功能如下。

（1）几何元素测量：可以完成点、线、面、孔、球、圆柱、圆锥、槽、抛物面、环的几何尺寸测量，同时可测出相关的形状误差。

（2）几何元素构造：元素构造是通过间接的方法得到一些需要却无法直接测量的特征元素，构造在测量之后进行，是对测量的延伸。通过测量相关尺寸，可构造出未知的点、线、面、孔、球、圆柱、圆锥、槽、抛物面、环等，并计算出它们的几何尺寸和形状误差。

（3）计算元素间的关系：通过一些相关尺寸的测量，可计算出元素间的距离、相交、对称、投影、角度等关系。

（4）位置误差检测：可完成平行度、垂直度、同轴度、位置度等位置误差的测量。

（5）几何形状扫描：可对工件进行扫描测量，精确还原工件的形状及相关尺寸。

三坐标测量机基本功能如图 3-29 所示。

现代三坐标测量机不仅能在计算机控制下完成各种复杂测量，还可以通过与数控机床交换信息，实现对加工的

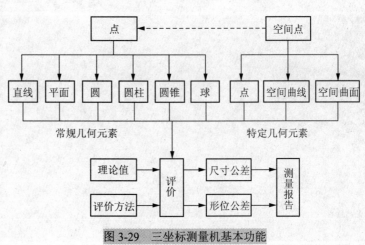

图 3-29　三坐标测量机基本功能

控制，并且可以根据测量数据，实现反求工程。目前，三坐标测量机已广泛用于机械制造业、汽车工业、电子工业、航空航天工业和国防工业等各部门，成为现代工业检测和质量控制不可缺少的万能测量设备。

3.4.4　三坐标测量机基本操作

三坐标测量机基本操作步骤如图 3-30 所示。

图 3-30　三坐标测量机基本操作步骤

1. 确定测量方案

根据被测件的特点及所需测量的几何元素确定测量方案，包括确定各几何元素所需输出的参数项目；确定被测几何元素尺寸能否通过直接测量、间接测量或计算几何元素间的关系而获得；确定测量基准；确定测头数等。

2. 测头管理

包括测头构建、测头校验、数据存储。

在测量一个工件的过程中，为满足不同表面的测量要求，往往需要更换测针甚至测头，同一个测头上也可以有多个测针，因此，必须测定各测针的球径和测针间的相互位置，才能使不同测针测出的几何元素具有正确的坐标关系。测头校验的目的就是确定各个测针的参数及它们相互间的位置关系。

3. 建立工件坐标系

按工件的实际位置确定虚拟坐标系的位置，即测定工件坐标系与机器坐标系的相对位置。

建立工件坐标系的三个要素是：一要确定一个基准平面；二要确定一个平面轴线，即 X 轴或 Y 轴；三要确定一个点，作为坐标原点。

4. 工件测量

工件测量主要分为以下步骤：首先对工件的基本几何元素进行测量，如点、线、面、孔、球、圆柱、圆锥等；然后进行元素评价，元素评价包括距离、角度、形位公差(形状公差和位置公差)、文本值、坐标信息等；最后根据要求输出检测报告。

第 2 篇　机械制造实习

第 4 章　铸　造

铸造是将熔融金属液浇入与零件形状相适应的铸型空腔中，凝固后获得一定形状和性能的金属件（铸件）的方法。

铸造按生产方式不同，可分为砂型铸造和特种铸造。砂型铸造是铸造生产中最常用的一种方法，其生产工艺流程如图 4-1 所示。

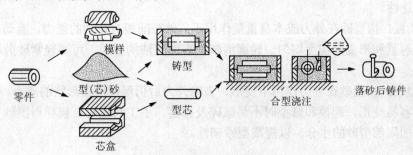

模样　铸型

零件　型(芯)砂　型芯　合型浇注　落砂后铸件

芯盒

图 4-1　砂型铸造工艺过程

铸造可以生产各种尺寸规格、形状复杂的铸件，成本低廉，是机械制造中生产机器零件或毛坯的主要方法之一。常用于铸造的金属有铸铁、铸钢和铸造有色金属，其中以铸铁应用最广。

4.1 型砂与造型

4.1.1 型砂

　　砂型铸造用的造型材料主要是用于制造砂型的型砂和用于制造砂芯的芯砂。型砂主要由石英砂、黏土、煤粉和水等材料按一定比例配制而成。石英砂是型砂的主体，其主要成分是二氧化硅，熔点为 1713℃，是耐高温的物质。黏土是黏结剂，吸水后能把单个砂粒黏结起来，使型砂具有湿态强度。煤粉是附加物质，在高温受热时，分解出一层带光泽的碳附着在型腔表面，起防止铸铁件粘砂的作用。砂粒之间的空隙起透气作用。紧实后的型砂结构如图 4-2 所示。

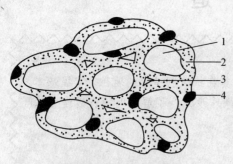

图 4-2　型砂结构示意图
1-砂粒；2-黏土膜；3-空隙；4-煤粉

　　型砂的质量直接影响铸件的质量，良好的型砂应具备的性能主要如下。

　　(1)强度：指型砂抵抗外力破坏的能力，包括抗压、抗拉和抗剪强度等，其中抗压强度影响最大。足够的强度可保证铸型在铸造过程中不破损、塌落和胀大，但强度太高，会使铸型过硬，透气性、退让性和落砂性很差。

　　(2)耐火性：指型砂经受高温热作用的能力。型砂中二氧化硅含量越多，耐火性越好。对于铸铁件，砂中二氧化硅含量≥90%就能满足要求。

　　(3)透气性：指紧实的型砂能让气体通过而逸出的能力。高温液体浇注时，型内会产生大量气体，这些气体必须通过铸型排出去。型砂透气性太低，会使铸件形成呛火、气孔等缺陷；而透气性太高又会使铸件出现表面粗糙和机械粘砂等缺陷。

　　(4)退让性：指铸件凝固和冷却时型砂能被压缩、退让的性能。型砂退让性不足，会使铸件收缩受到阻碍，产生内应力和变形、裂纹等缺陷。在型(芯)砂中加入锯末、焦炭粒等材料可以增加退让性。

　　(5)流动性：指型砂在外力或本身重量作用下，砂粒间相对移动的能力。流动性好的型砂易于充填、舂紧和形成紧实度均匀、轮廓清晰、表面光洁的型腔，可减轻紧砂劳动量，提高生产率。

　　(6)可塑性：指型砂在外力作用下变形、去除外力后仍保持所获形状的能力。可塑性好，型砂柔软、容易变形，起模和修型时不易破碎及掉落。手工起模时在模样周围砂型上刷水的作用就是增加局部型砂的水分，以提高型砂韧性。

4.1.2 造型

　　用型砂及模样等工艺装备制造铸型的过程称为造型。造型方法通常可分为手工造型和机器造型两大类。

1. 手工造型

　　手工造型操作灵活，工具简单(图 4-3)。但生产效率低，劳动强度大，仅适用于单件、小批生产。

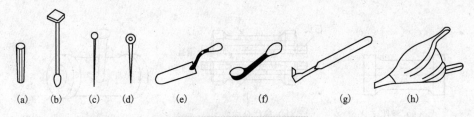

图 4-3　常用手工造型工具

(a)直浇道棒；(b)砂冲子；(c)通气针；(d)起模针；(e)墁刀：用于修平面及挖沟槽；
(f)秋叶：用于修凹的曲面；(g)砂勾：用于修深的底部或侧面及钩出砂型中的散砂；(h)鼓风器

手工造型的方法很多，实际生产中应根据铸件结构、生产批量和生产条件合理选择。下面介绍常用的手工造型方法。

1) 整模造型

整模造型是用整体模样进行造型的方法，其造型过程如图 4-4 所示。整模造型模样全部或大部分在一个砂型内，操作简单，能避免错箱等缺陷。整模造型适用于最大截面在端部的、形状简单的铸件，如盘、盖类铸件。

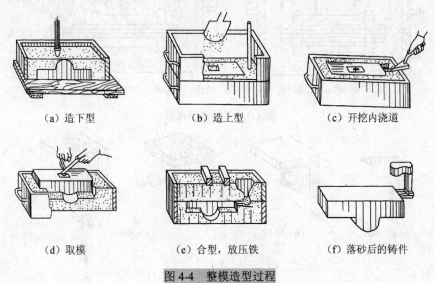

（a）造下型　　　　　　（b）造上型　　　　　　（c）开挖内浇道

（d）取模　　　　　　（e）合型，放压铁　　　　　　（f）落砂后的铸件

图 4-4　整模造型过程

2) 分模造型

分模造型是用分块模样造型的方法。当铸件最大截面不在端部时，可将模样沿最大截面分成两部分，采用分模两箱造型。将模样分开的平面称为分模面，常作为造型时的分型面。分模造型和整模造型的操作方法基本相同，所不同的是模样位于两个砂型内。分模造型在生产中应用很广泛，适用于形状较复杂的铸件，如套筒、管子和阀体等。分模造型过程如图 4-5所示。

3) 活块模造型

活块模造型是采用带有活块的模样造型的方法。当模样上有伸出部分(如小凸台)阻碍起模时，常将该部分制成活块。起模时，先取出主体模样，再取出活块。活块模造型过程如图 4-6 所示。活块模造型操作较麻烦，生产效率较低，适用于无法直接起模的凸台、肋条等结构的铸件。

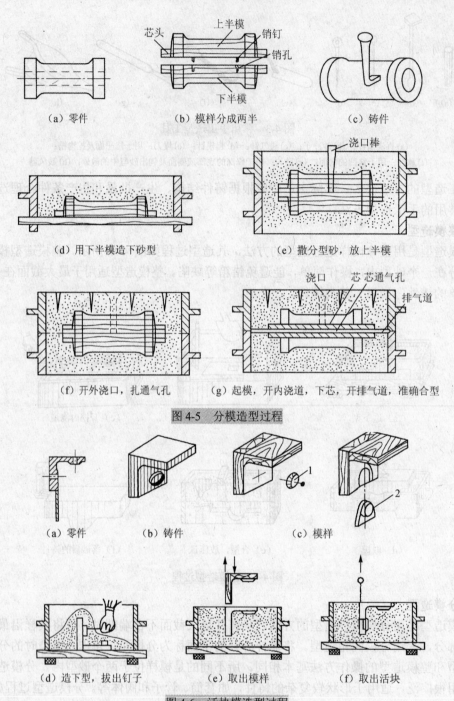

（a）零件　　　　　　　　（b）模样分成两半　　　　　　　　（c）铸件

（d）用下半模造下砂型　　　　　　　　（e）撒分型砂，放上半模

（f）开外浇口，扎通气孔　　　　　　（g）起模，开内浇道，下芯，开排气道，准确合型

图 4-5　分模造型过程

（a）零件　　　　（b）铸件　　　　　　（c）模样

（d）造下型，拔出钉子　　　　　（e）取出模样　　　　　（f）取出活块

图 4-6　活块模造型过程

1-用钉子连接的活块；2-用燕尾榫连接的活块

4）挖砂造型

当铸件按结构特点需要采用分模造型，但由于条件限制（如模样太薄，制模困难）仍做成整模时，为便于起模，下型分型面需挖成曲面或有高低变化的阶梯形状（称不平分型面），这种方法称为挖砂造型。手挖砂造型过程如图 4-7 所示。挖砂造型操作技术要求高，生产率较低，适用于单件生产。

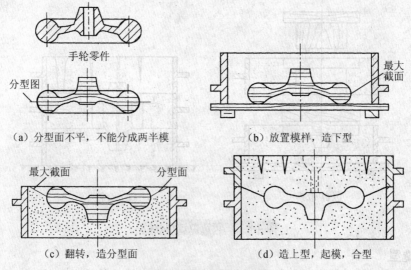

（a）分型面不平，不能分成两半模　　　　　　　　（b）放置模样，造下型

（c）翻转，造分型面　　　　　　　　　　　　　　（d）造上型，起模，合型

图 4-7　手挖砂造型过程

5）三箱造型

　　有些铸件如两端截面尺寸大于中间截面时，需要用三个砂箱造型，从两个方向分别起模，这种方法称为三箱造型。图 4-8 为三箱造型过程。三箱造型模较复杂，生产率较低，适用于形状较复杂的需两个分型面的铸件。

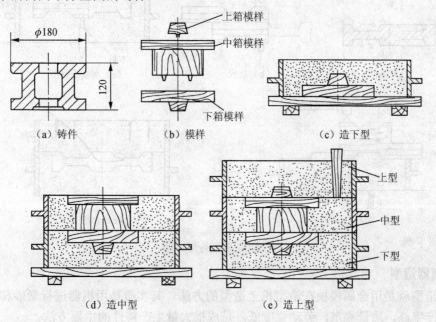

（a）铸件　　　　　　　　（b）模样　　　　　　　　（c）造下型

（d）造中型　　　　　　　　　　　　　　（e）造上型

图 4-8　三箱造型过程

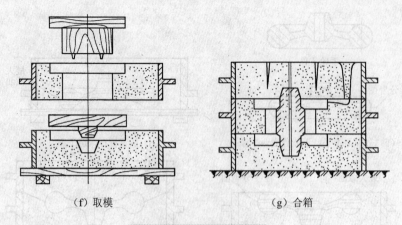

（f）取模　　　　　　　　　　（g）合箱

图 4-8　三箱造型过程（续）

6）刮板造型

尺寸大于 500mm 的旋转体铸件，如带轮、飞轮、大齿轮等单件生产时，为节省木材、模样加工时间及费用，则采用刮板造型。刮板是一块和铸件截面形状相适应的木板。造型时将刮板绕着固定的中心轴旋转，在砂型中刮制出所需的型腔，如图 4-9 所示。

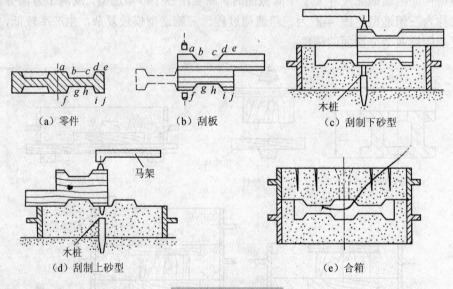

（a）零件　　　　　　　　　（b）刮板　　　　　　　（c）刮制下砂型

（d）刮制上砂型　　　　　　　　　　　　（e）合箱

图 4-9　刮板造型过程

2. 机器造型

机器造型就是用金属模板在造型机上造型的方法，其实质是用机器进行紧砂和起模。机器造型生产率高，质量稳定，劳动强度低，是成批大量生产铸件的主要方法。

根据紧砂和起模的方式不同，有各种不同种类的造型机。最常用的震压式造型机及其工作过程如图 4-10 所示，其造型是采用震动—压实—微震动作来紧实型砂的，各动作均由压缩空气驱动。模板是装有模样和浇口的底板，常用铝合金制成。

在大量生产时，为了充分提高造型机的生产率，均采用造型生产线来组织生产，即将造型机和其他辅机按照铸造工艺流程，用运输设备联系起来，组成一套机械化、自动化铸造生产系统。

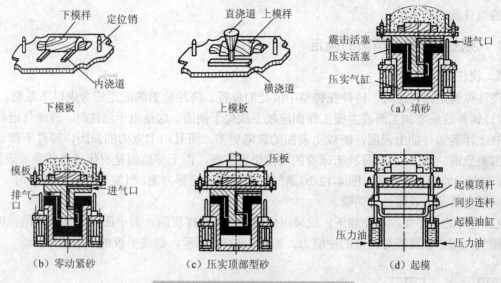

图 4-10 震压式造型机工作过程示意图

4.2 芯砂与造芯

为获得铸件的内腔或局部外形，用芯砂或其他材料制成的、安放在型腔内部的铸型组元称为型芯。绝大部分型芯是用芯砂制成的，又称砂芯。

砂芯的质量主要依靠配制合格的芯砂及采用正确的造芯工艺来保证。浇注时砂芯受高温液体金属的冲击和包围，因此砂芯除要具有铸件内腔相应的形状外，还应具有较好的透气性、耐火性、退让性、强度等性能，故要选用杂质少的石英砂和用植物油、水玻璃等黏结剂来配制芯砂，芯砂按所用黏结剂不同分为黏土芯砂、水玻璃芯砂、油芯砂、合脂芯砂、树脂芯砂等。形状简单的大、中型型芯，可用黏土砂来制造。但对形状复杂和性能要求很高的型芯来说，必须采用特殊黏结剂来配制，如采用油砂、合脂砂和树脂砂等。

常用的型芯有水平型芯、垂直型芯、悬臂型芯、悬吊型芯、引申型芯(便于起模)、外型芯等。造型芯的工艺过程和造型过程相似，如图 4-11 所示。为了增加型芯的强度，在型芯中应放置型芯骨，小型型芯骨大多用铁丝或铁钉制成。为了提高型芯透气性需在型芯内扎通气孔。型芯一般还要上涂料和烘干，以提高其耐火性、强度和透气性。

图 4-11 对开式芯盒制芯

4.3 铸造工艺分析

铸造工艺设计一般取决于产品的结构、技术要求、生产批量及生产条件。砂型铸造工艺主要包括确定浇注位置、分型面、浇注系统、主要工艺参数等，铸造工艺是否合理直接影响铸件的质量及生产率。

4.3.1　浇注位置和分型面的确定

1. 浇注位置确定

浇注位置是指浇注时，铸件在铸型中所处的位置。浇注位置的确定应考虑以下原则。

(1)铸件的重要加工面或主要工作面应朝下或位于侧面。这是由于浇注时，砂眼气泡和夹渣往往上浮到铸件的上表面，所以上表面的缺陷更多。而且由于重力的原因，铸件下部最终比上部要致密。图4-12(a)是机床床身的浇注位置方案，由于导轨面是机床床身的重要表面，因此，应将导轨面朝下设置。图4-12(b)是气缸套的浇注位置方案，气缸套要求质量均匀一致，浇注时应使其圆周表面处于侧壁。

(2)铸件的大平面尽可能朝下，或采用倾斜浇注。这样可防止大平面产生夹砂缺陷，也有利于排气、减小金属液对铸型的冲刷力。如图4-12(c)所示，划线平板的平面应朝下。

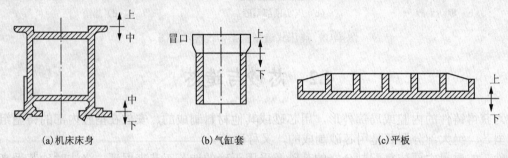

(a)机床床身　　　　　　　(b)气缸套　　　　　　　(c)平板

图 4-12　铸件浇注位置的确定

(3)铸件大面积的薄壁部分应放在铸型的下部或垂直、倾斜。这样会增加薄壁处金属液的压强，有利于金属液充满，防止薄壁部分产生浇不足或冷隔缺陷。如图4-13所示，电机端盖薄壁部位朝下，可避免冷隔、浇不到等缺陷。

(4)铸件厚大的部位应放在型腔的上部或侧面，以便安放冒口，补充金属液冷却、凝固时的收缩，防止出现缩孔、缩松等缺陷。如图4-14所示，将缸头的较厚部位置于顶部，便于设置冒口补缩。

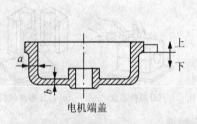

电机端盖

图 4-13　薄壁部分浇注位置的确定

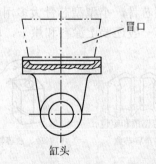

缸头

图 4-14　厚大部位浇注位置的确定

2. 分型面选择

分型面是指砂型的分界面。对两箱造型，即上、下砂型间的分界面。一般来说，分型面是在确定浇注位置后再选择，有时二者是同时确定的。选择分型面时，必须使造型、起模方便，同时易于保证铸件质量，主要需考虑以下几个原则。

(1) 分型面应设在铸件最大截面处。以使起模方便，如图 4-15 所示。

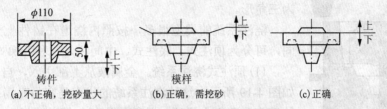

(a) 不正确，挖砂量大　　　(b) 正确，需挖砂　　　(c) 正确

图 4-15　分型面应选在最大截面处

(2) 减少分型面数目，并尽量做到只有一个分型面。分型面多则误差多，造型工时大，生产率低，不能进行大批量生产。图 4-16 (a) 的槽轮部分用三箱手工造型，操作复杂。图 4-16 (b) 的槽轮部分用环形芯来形成，可用两箱造型，简化造型过程，又保证铸件质量，提高生产率。

(3) 尽量减少型芯和活块数量。

(4) 铸件全部或大部应放在同一砂型内，以减少错箱和保证铸件精度，如图 4-17 所示。

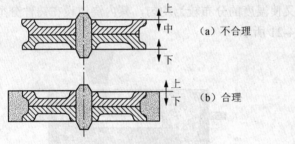

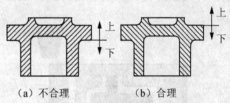

图 4-16　分型面数目的选择图

图 4-17　铸件应全部或大部分放在同一砂型内

4.3.2　浇冒口系统

1. 浇注系统

浇注系统是指液态金属流入铸型型腔所经过的一系列通道。浇注系统的作用应能保证液体金属平稳地流入型腔，不冲坏铸型；应能防止熔渣、砂粒等杂物进入型腔；应能控制铸件的凝固顺序，补充铸件在冷凝收缩时所需的液体金属。

典型浇注系统由浇口杯、直浇道、横浇道和内浇道四部分组成，如图 4-18 所示。

(1) 浇口杯的作用是容纳注入的金属液并缓解液态金属对砂型的冲击。小型铸件通常为漏斗状，较大型铸件为盆状。

(2) 直浇道是连接浇口杯与横浇道的垂直通道，其作用是使金属液产生静压力，迅速充满型腔。改变直浇道的高度可以改变型腔内金属液的静压力，从而改变液态金属的充型能力。为了便于起模，直浇道一般做成倒圆锥形。

(3) 横浇道是将直浇道的金属液引入内浇道的水平通道，其主要作用是分配金属液入内浇道和隔渣。一般开在砂型的分型面上，其截面形状一般为高梯形，且位于内浇道顶面上。

(4) 内浇道直接与型腔相连，是引导金属液进入型腔的通道，其主要作用是调节金属液流入型腔的方向和速度，调节铸

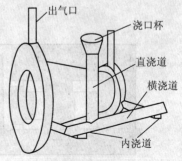

图 4-18　浇注系统

件各部分的冷却速度，截面形状一般是扁梯形和月牙形，也可为三角形。

浇注系统的类型很多，按照内浇道在铸件上开设位置的不同，可分为顶注式、底注式、中间注入式和阶梯式。

(1)顶注式浇注系统。金属液从上部引入，自由流入型腔，如图 4-19 所示。这种浇注系统的优点是容易充满；型腔中金属的温度自下而上递增，补缩作用好；简单易做，金属消耗少。缺点是容易冲坏铸型和造成冲砂、飞溅和加剧金属的氧化。顶注式浇注系统多用于重量轻、高度低和形状简单的铸件。

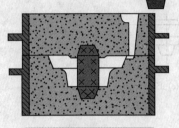

图 4-19　顶注式浇注系统

(2)底注式浇注系统。金属液由铸件底部流入铸型型腔，如图 4-20 所示。这种浇注系统充型平稳，排气方便，对型腔冲击力小，金属液氧化少，适用于大、中型铸件。但该类浇注系统补缩效果差，充型速度慢，不易充满复杂薄壁铸件。

(3)中间注入式浇注系统。它是一种介于顶注和底注之间的注入方法，兼有顶注和底注的部分优缺点，既降低了液流落下的高度，又使温度的分布较为均匀，其内浇道设在铸件分型面上，开设很方便，应用非常广泛，如图 4-21 所示。

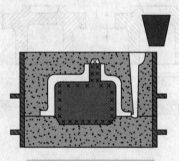

图 4-20　底注式浇注系统

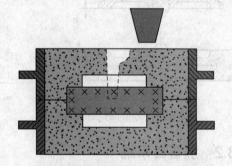

图 4-21　中间注入式浇注系统

(4)阶梯式浇注系统。它是在铸件高度上设二层和二层以上的内浇道，如图 4-22 所示。它兼备了顶注式、底注式和中间注入式浇注系统的特点，但造型较复杂，适用于高大的铸件。

2. 冒口

冒口是指在铸型内特设的空腔及注入该空腔的金属，如图 4-23 所示。冒口中的金属液可不断地补充铸件的收缩，从而使铸件避免出现缩孔和缩松。清理时冒口和浇注系统均被切除。冒口除了有补缩作用外，还有排气和集渣的作用。冒口分为明冒口、暗冒口。

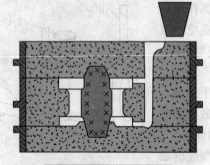

图 4-22　阶梯式浇注系统

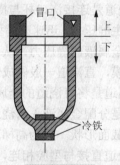

图 4-23　冒口

4.3.3 主要工艺参数的确定

铸造工艺参数是指影响铸件、模样的形状与尺寸的工艺数据，主要包括以下几项。

1. 铸件加工余量

在铸件上为切削加工而加大的尺寸称为加工余量。加工余量的大小根据铸造方法、合金种类、生产批量和铸件基本尺寸大小来确定，采用机器造型时铸件精度高，余量可减小；反之，手工造型误差大，余量应加大。单件小批量生产的小铸铁件的加工余量为 4.5～5.5mm。

2. 铸造收缩率

铸件凝固、冷却后将比型腔尺寸略为缩小，为保证铸件应有的尺寸，需在模样(芯盒)尺寸上加大一个收缩量。收缩量大小一般根据铸造收缩率来定。铸造收缩率主要取决于合金的种类，同时与铸件的结构、大小、壁厚及收缩时受阻碍情况有关。通常灰铸铁为 0.8%～1%，铸钢件为 1.8%～2.2%，铸造铝合金为 1.0%～1.6%。

3. 起模斜度

为了使模样(或型芯)便于从砂型(或芯盒)中取出，凡垂直于分型面的壁上应留有起模斜度(图 4-24)。起模斜度常用壁的倾斜角 α 表示，其值的大小取决于立壁的高度、造型方法、模样材料等因素。立壁越高，斜度越小。若采用木模，当壁的高度 $H \leqslant 10mm$ 时，$\alpha \leqslant 3°$；当 $H > 10～40mm$ 时，$\alpha \leqslant 1°25'$。

4. 最小铸出孔(不铸孔)和槽

铸件中的孔、槽是否铸出必须考虑其必要性。一般来说，铸件中较大的孔、槽应当铸出，以减少切削量和热节，提高铸件力学性能，但较小的孔和槽不必铸出，留待加工反而更经济。灰铸铁单件小批量生产时，直径小于 30mm 的孔一般不铸出。

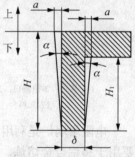

图 4-24 铸件模样起模斜度

4.4 熔炼和浇注

4.4.1 合金的熔炼

合金的熔炼是铸造的必要过程之一，若控制不当会使铸件化学成分和力学性能不合格，以及产生气孔、夹渣、缩孔等缺陷。对合金熔炼的基本要求是优质、低耗和高效，即金属液温度高、化学成分合格和纯净度高(夹杂物和气体含量少)；燃料、电力耗费少，金属烧损少；熔炼速度快。

常用的铸造合金熔炼设备有冲天炉、感应电炉、坩埚炉等。冲天炉是利用对流换热原理来实现熔炼的，其结构如图 4-25 所示。冲天炉具有结构简单，操作方便，成本低廉，生产率高的特点，但熔炼的铁水质量不如感应电炉好。

感应电炉是利用电磁感应和电流热效应原理来实现熔炼的，其结构如图 4-26 所示。感应电炉熔炼加热速度快，热效率高，可熔炼各种铸造合金，铸件质量高，得到越来越广泛的应用。但其耗电量较大，要求金属炉料含硫、磷量低。

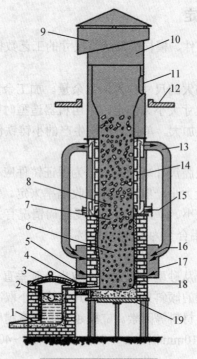

图 4-25　冲天炉的构造

1-出铁口；2-出渣口；3-前炉；4-过桥；5-风口；6-底焦；7-金属料；8-层焦；9-火花罩；10-烟囱；11-加料口；
12-加料台；13-热风管；14-热风胆；15-进风口；16-热风；17-风带；18-炉缸；19-炉底门

电阻坩埚炉是利用传导和辐射原理来进行熔炼的，其结构如图 4-27 所示。电阻坩埚炉主要用于铸铝合金熔炼，其炉气为中性，可防止铝液被强烈氧化，且炉温易控，操作较简单。但熔炼时间长，耗电量较大。

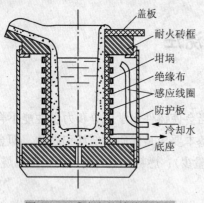

图 4-26　感应电炉结构示意图

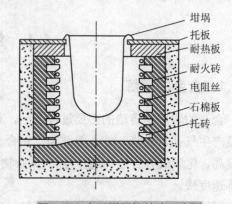

图 4-27　电阻坩埚炉结构示意图

4.4.2　浇注

将金属液体浇入铸型的过程称为浇注。浇注是铸造生产中一个重要环节，其工艺是否合理对铸件的质量会产生很大的影响。

熔炼后的铁水首先要盛入浇包，浇包种类根据铸型大小来选择。浇注前，要清理浇注通道，并对挡渣沟、浇包等工具进行烘干，以防铁水飞溅及降温。

浇注时应注意以下问题。

(1)浇注温度。浇注温度过低则铁水的流动性差，易产生浇不到、冷隔、气孔等缺陷。温度过高又使铁水的收缩量增加，易产生缩孔、裂纹及黏砂等缺陷。对于形状简单的厚壁灰铸铁件，浇注温度可在 1300℃左右，对于形状复杂或薄壁铸铁件，要求铁水有较好的流动性，浇注温度应高些，为 1400℃左右；对于常用铝合金铸件，浇注温度为 700～750℃；而对碳钢铸件浇注温度则为 1520～1620℃。

(2)浇注速度。浇注速度应根据铸件的形状、大小决定。浇注速度太快，型腔中气体来不及逸出易产生气孔，金属液的动压力增大易造成冲砂、抬箱、跑火等缺陷。浇注速度太慢，金属液降温过多，易产生浇不到、冷隔、夹渣等缺陷。

(3)浇注操作。浇注时应注意扒渣、挡渣和引火。为使熔渣凝聚便于扒出或挡住，可在浇包内金属液面上撒些干砂或稻草灰。用红热的挡渣钩及时点燃从砂型中逸出的气体，以防 CO 等有害气体污染空气及使铸件形成气孔。浇注过程不能断流，应保持外浇口始终充满，以便于熔渣上浮。

4.5　落砂、清理和缺陷分析

4.5.1　落砂和清理

1. 落砂

将铸件从砂型中取出称为落砂。落砂时应注意铸件的温度，落砂过早，铸件温度过高，与冷空气接触会产生应力、裂纹等；落砂过晚又将占用生产场地和砂箱，使生产率降低。在保证铸件质量的前提下应尽早落砂。一般铸件落砂温度为 400～500℃。

落砂可用手工或机械等方式进行，根据铸件的批量、大小等因素而定。大量生产中采用落砂机落砂。

2. 清理

清理是将铸件从铸型中取出，清除多余部分，并打磨精整铸件内外表面的过程。落砂后的铸件必须经过清理才能使铸件外表面达到要求。清理工作主要有清除型芯和芯铁，切除浇口、冒口、拉筋和增肉，清除铸件黏砂和表面异物，打磨和精整铸件表面等。

铸件清理可采用机械、物理或化学的方法。机械方法是利用各种手动、机动工具或机械设备所产生的压力、冲击、剪切、研磨等对铸件进行清理，常用的机械方法有滚筒清理和抛丸清理。物理方法则是利用电弧、等离子、激光、超声波和冲击波等对铸件进行清理。化学方法是利用氢氟酸溶解二氧化硅和盐液电解等，清除中小铸件的黏砂；也有利用一些金属在高温下激烈氧化的特性进行氧化切割和气割。

清理后的铸件要按各项技术要求进行检验。

4.5.2　铸件缺陷分析

由于铸造生产过程工序多、工艺复杂，生产的铸件常会有一些缺陷，常见的铸件缺陷名称、特征及产生的主要原因如表 4-1 所示。

表 4-1　常见的铸件缺陷名称、特征及产生的主要原因

缺陷名称	缺陷图例	特征	产生的主要原因
气孔		在铸件内部或表面有大小不等的光滑孔洞	型砂含水过多，透气性差； 起模和修型时ához水过多； 砂芯烘干不良或砂芯通气孔堵塞； 浇注温度过低或浇注速度太快
缩孔		缩孔多分布在铸件厚断面处，形状不规则，孔内粗糙	铸件结构不合理，如壁厚相差过大，造成局部金属积聚； 浇注系统和冒口的位置不对，或冒口过小； 浇注温度太高，或金属化学成分不合格，收缩过大
砂眼		在铸件内部或表面有充塞砂粒的孔眼	型砂和芯砂的强度不够； 砂型和砂芯的紧实度不够；合箱时铸型局部损坏； 浇注系统不合理，冲坏了铸型
错箱		铸件在分型面有错移	模样的上半模和下半模未对好； 合箱时，上、下砂箱未对准
冷隔		铸件上有未完全融合的缝隙或洼坑，其交接处是圆滑的	浇注温度太低； 浇注速度太慢或浇注过程曾有中断； 浇注系统位置开设不当或浇道太小
浇不足		铸件不完整	浇注时金属量不够； 浇注时液体金属从分型面流出； 铸件太薄； 浇注温度太低；浇注速度太慢
裂纹		铸件开裂，裂纹处金属表面氧化	铸件设计不合理，厚薄相差太大； 浇注温度太高，冷却不均匀； 浇口位置不当； 舂砂太紧或落砂过早

4.6 特 种 铸 造

砂型铸造应用虽很普遍，但存在生产率低、铸件精度低、加工余量大、废品率高等缺点。为了满足生产发展需要，先后出现了许多新的铸造方法，统称为特种铸造。目前特种铸造方法已发展到几十种，常用的有熔模铸造、金属型铸造、离心铸造、压力铸造、低压铸造、陶瓷型铸造等。下面介绍几种常用的特种铸造方法。

1. 金属型铸造

金属型铸造是将液态金属在重力作用下浇入金属铸型内，获得铸件的方法。金属型铸造的优点是：①铸型可反复使用，属于永久型铸造；②散热快，铸件组织致密，力学性能好；③精度和表面质量较好，精度可达 CT6 级，表面粗糙度可达 12.5～6.3μm；④液态金属耗用量少，劳动条件好，适用于大批生产有色合金铸件。

金属型铸造主要缺点是：①制造成本高，制造周期长；②导热性好，铸件易产生浇不足、冷隔、裂纹等缺陷；③无退让性，冷却收缩时产生内应力将会造成铸件的开裂；④型腔在高温下易损坏，因而不宜铸造高熔点合金。

2. 压力铸造

压力铸造是将液态金属在高压下以较高的速度注入铸型，并在压力下快速凝固，以获得优质铸件的高效率铸造方法。它的基本特点是高压(5～150MPa)和高速(5～100m/s)。

压力铸造的基本设备是压铸机。压铸机种类很多，目前应用较广泛的是卧式冷室压铸机，其生产工艺过程如图 4-28 所示。

压力铸造的优点是压铸件具有"三高"：铸件精度高(1T11～IT13)、强度与硬度高(比砂型铸件高 20%～40%)、生产率高(50～150 件/h)。压力铸造的缺点是存在无法克服的皮下气孔，且塑性差，设备投资大，应用范围较窄，适于低熔点的合金和较小的、薄壁且均匀的铸件。

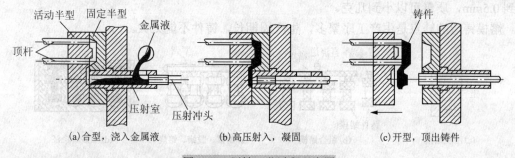

(a)合型，浇入金属液　　　(b)高压射入，凝固　　　(c)开型，顶出铸件

图 4-28　压铸工艺过程示意图

3. 离心铸造

离心铸造是将液态金属浇入旋转的铸型中，在离心力作用下填充铸型而凝固成形的一种铸造方法。根据铸型旋转轴线在空间的位置，常见的离心铸造可分为两种：卧式离心铸造和立式离心铸造。其中卧式离心铸造铸型的旋转轴线处于水平状态或与水平线夹角很小；立式离心铸造铸型的旋转轴线处于垂直状态。卧式离心铸造如图 4-29 所示。

与砂型铸造相比，离心铸造的优点如下。

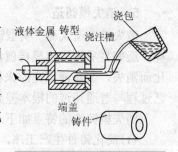

图 4-29　卧式离心铸造示意图

(1)铸件致密性高，气孔、夹渣等缺陷少，力学性能较好。

(2)铸造圆形中空的铸件可不用型芯，简化套筒和管类铸件的生产过程。

(3)一般不设浇注系统和冒口系统，提高了金属的利用率。

(4)可借离心力提高金属的充型能力，因此可生产薄壁铸件，如叶轮、金属假牙等。

离心铸造的缺点如下。

(1)铸件内孔表面较粗糙，非金属夹杂物较多，其尺寸精度不易控制。

(2)用于生产异型铸件时有一定的局限性。

4. 熔模铸造

熔模铸造又称失蜡铸造，是精密铸造法的一种。如图 4-30 所示的叶片的熔模铸造，其工艺过程是用易熔材料(蜡或塑料等)制成精确的可熔性模型，并进行蜡模组合，涂以若干层耐火涂料，经干燥、硬化成整体型壳，加热型壳熔失模型，经高温焙烧而成耐火型壳，在型壳中浇注铸件。

根据铸型的特点，熔模铸造可分为型壳熔模铸造、填箱熔模铸造(型壳制好后，装入砂箱中，在型壳周围注入耐火浆料或干砂增强)、石膏型熔模铸造(用石膏型代替型壳)，以前者的应用最广。

熔模铸造的优点如下。

(1)尺寸精度高，熔模铸造铸件精度可达 CT4 级，表面粗糙度低。

(2)适用于各种铸造合金、各种生产批量，尤其在难加工金属材料如铸造刀具、涡轮叶片等生产中应用较广。

(3)可以铸造形状复杂的铸件，熔模铸件的外形和内腔形状几乎不受限制，可以制造出用砂型铸造、锻压、切削加工等方法难以制造的形状复杂的零件。而且可以使一些焊接件、组合件在稍进行结构改进后直接铸造出整体零件。

(4)可以铸造出各种薄壁铸件及质量很轻的铸件，其最小壁厚可达到 0.5mm，最小孔径可达到 0.5mm，质量可以小到几克。

熔模铸造的缺点是生产工序繁多，生产周期长，铸件不能太大。

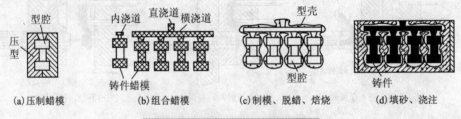

(a)压制蜡模　　　　　(b)组合蜡模　　　　　(c)制模、脱蜡、焙烧　　　　　(d)填砂、浇注

图 4-30　叶片的熔模铸造工艺过程

5. 消失模铸造

消失模铸造又称"实型铸造"或"气化模铸造"。它是采用泡沫聚苯乙烯塑料代替普通模样，造好型后不取出模样就浇入金属液，浇注时在液态金属的热作用下泡沫塑料模燃烧、气化而消失，金属液填充原来模样的位置，冷却凝固后即可获得所需要的铸件。消失模铸造工艺过程与普通铸造的根本差异在于没有型腔和分型面。消失模铸造工艺过程如图 4-31 所示。

消失模铸造的特点如下。

(1)简化铸件生产工序，缩短生产周期，提高生产率。

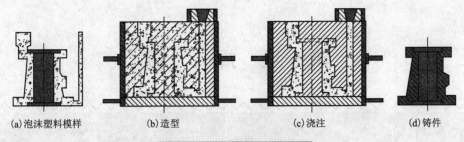

(a)泡沫塑料模样   (b)造型   (c)浇注   (d)铸件

图 4-31 消失模铸造工艺过程

(2)铸件尺寸精度较高。消失模铸造造型后不起模、不分型、没有铸造斜度和活块，能避免普通砂型铸造时因起模、组芯及合箱等引起的铸件尺寸误差和缺陷。

(3)增大设计铸件的自由。砂型铸造对铸件结构工艺性有很多要求和限制，有很多难以实现的问题，而消失模铸造由于模样没有分型面，很多问题容易解决，产品设计者可直接根据总体机构或机器的需要来设计铸件结构，给设计工作带来极大的方便和自由。

消失模铸造也存在一些需完善的问题，如泡沫塑料模只适用于一次浇注，增加了铸件的成本；在浇注过程中由于气化、燃烧，产生大量的烟雾和碳氢化合物，影响环境；铸件容易产生皱皮缺陷；铸造铸钢件易产生渗碳现象等。

消失模铸造主要适用于高精度、少余量、复杂铸件的批量和单件生产。

4.7 铸 造 实 践

1. 实践内容

铸造实践内容主要包括了解砂型铸造的生产过程、造型材料的性能及组成、浇冒口系统、常用特种铸造方法、常见铸件缺陷及分析，完成手工两箱造型的操作。

2. 示范重点

分模两箱造型(带泥芯)的工艺过程，从准备工作到安放模型、填砂、紧实、起模、修型、合型等主要工作，其中填砂应适量、紧实，必须达到强度且均匀，起模应垂直，修型工作是难点，要求学生正确使用工具，工具用力方向必须正确，修好的部位必须修牢固，且与原型基本一致。

3. 实践考核

每位学生独立进行分开模两箱造型(带泥芯)，考核要点：正确掌握分模两箱造型的操作工艺，正确使用工具，独立完成实习件的造型与造芯，并能合理选择分型面，合理设置浇冒口系统，并具有一定的修型能力。

第 5 章 焊　　接

5.1　焊接的特点及分类

焊接是通过加热或加压，或两者兼用，使焊件金属达到原子间结合的一种加工方法。焊接是一种应用极为广泛的永久性连接方法。

图 5-1　焊接的分类

金属的焊接，按其工艺过程的特点分为熔焊、压焊和钎焊三大类。每一类依据工艺特点，又分成若干不同的方法，如图 5-1 所示。

熔焊是在焊接过程中将工件接口加热至熔化状态，不加压力完成焊接的方法。熔焊时，热源将待焊两工件接口处迅速加热熔化，形成熔池。熔池随热源向前移动，冷却后形成连续焊缝而将两工件连接为一体。

压焊是在加压条件下，使两工件在固态下实现原子间结合，又称固态焊接。

钎焊是使用比工件熔点低的金属材料作钎料，将工件和钎料加热到高于钎料熔点、低于工件熔点的温度，利用液态钎料润湿工件，填充接口间隙并与工件实现原子间的相互扩散，从而实现焊接的方法。

焊接广泛应用于国防、造船、化工、石油、电站、建筑、桥梁、车辆、机械等各个行业。全球钢产量的 50%～60%要经过焊接才最终投入使用。

焊接工艺的优点如下。

（1）焊接的力学性能与使用性能良好。例如，120 万 kW 核电站锅炉，外径为 6400mm，壁厚为 200mm，高为 13000mm，耐压为 17.5MPa，使用温度为 350℃，接缝不能泄漏。应用焊接方法制造出了满足上述要求的结构。

(2)与铆接相比，采用焊接工艺制造的金属结构质量轻，节约原材料，制造周期短，成本低。

焊接存在的问题是焊接接头的组织和性能与母材相比会发生变化；焊接过程容易产生焊接裂纹等缺陷；焊接后会产生焊接应力与变形。这些问题都会影响焊接结构的质量。

5.2　焊条电弧焊

5.2.1　焊条电弧焊的焊接过程

焊条电弧焊通常又称手工电弧焊，是利用手工操纵焊条进行焊接的电弧焊方法。焊条电弧焊的焊接过程如图 5-2 所示。

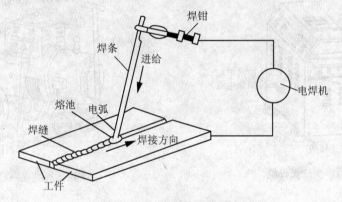

图 5-2　手工电弧焊焊接过程

焊接前，把焊钳和焊件接到电焊机的两极，并用焊钳夹持焊条。焊条和焊件之间的气体介质在外电场的作用下，会产生强烈而持久的放电现象，即电弧。焊接时，首先在焊条和焊件之间引燃电弧，电弧产生的高温使焊条和焊件局部熔化，并在被焊金属上形成一个椭圆形充满液体金属的凹坑，这个凹坑称为熔池。随着焊条的移动熔池冷却凝固后形成焊缝，使两块分离的金属牢固地连接在一起。

手工电弧焊是应用最为广泛的一种焊接方法，具有以下特点。

(1)设备简单，维护方便。

(2)能进行全位置焊接，适合焊接多种材料。

(3)适用范围广，适用于大多数工业用的金属和合金的焊接。

(4)操作灵活方便，适应性强，凡是焊条能够达到的地方基本都能进行焊接。

但手工电弧焊对焊工操作技术要求高，生产效率较低，劳动强度大。而且，手工电弧焊不适于焊接太薄的板，一般焊接工件厚度应在 1.5mm 以上。

5.2.2　焊接设备与工具

1. 交流弧焊机和直流弧焊机

焊条电弧焊所使用的电焊机有交流弧焊机和直流弧焊机两类。

交流弧焊机又称弧焊变压器，是一种特殊的变压器，它把网路电压的交流电变成适用于弧焊的低压交流电，由主变压器及所需的调节部分和指示装置等组成，如图 5-3 所示。交流弧焊机主要有动铁芯式、同体式和动圈式三种。它具有结构简单、易造易修、成本低、效率高等优点。交流电的电流波形为正弦波，输出为交流下降外特性，电弧稳定性较差，功率因数低，但磁偏吹现象很少产生，空载损耗小，一般应用于手弧焊、埋弧焊和钨极氩弧焊等方法。

直流弧焊机(图 5-4)由交流电动机和特殊的直流发电机组成，电动机带动发电机旋转，发出满足焊接要求的直流电。直流弧焊机分为旋转式直流弧焊机、整流式直流弧焊机、电子式直流弧焊机等，基本可实现所有可焊接材料及所有焊接方式，不易断弧，熔渣飞溅小。直流弧焊机输出端有两种不同的接线法：焊件接正极、焊条接负极称为正接；反之为反接。正接时，正极温度比负极高，因此正接时熔深大、飞溅也大；而反接的特点是电弧稳定、飞溅较小。一般采用反接法施焊，只有在焊接中厚板为非重要结构时，为增加熔深可考虑采用正接法。

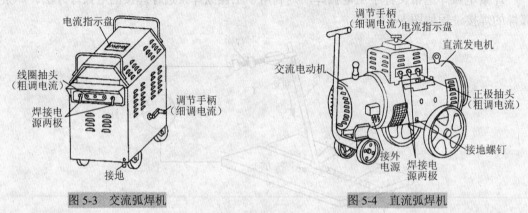

图 5-3　交流弧焊机　　　　　　图 5-4　直流弧焊机

2. 焊接工具

手工电弧焊常用工具和辅助工具有焊钳、接地夹钳、焊接电缆、面罩、防护服、敲渣锤、钢丝刷和焊条保温筒等，如图 5-5 所示。

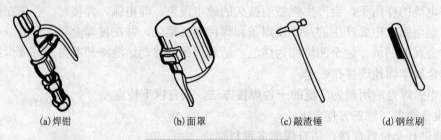

(a)焊钳　　　　　(b)面罩　　　　　(c)敲渣锤　　　　　(d)钢丝刷

图 5-5　手工电弧焊常用工具

5.2.3　焊条

1. 焊条的结构和作用

焊条就是涂有药皮的、供焊条电弧焊使用的熔化电极，它由药皮和焊芯两部分组成，如图 5-6 所示。在焊条前端药皮有 45° 左右的倒角，这是为了便于引弧。在尾部有一段裸焊芯，约占焊条总长的 1/16，便于焊钳夹持并有利于导电。

焊条种类不同，焊芯也不同。焊芯即焊条的金属芯，焊芯一般是一根具有一定长度及直径的钢丝。焊接时，焊芯有两个作用：一是传导焊接电流，产生电弧把电能转换成热能；二是焊芯本身熔化作为填充金属与液体母材金属熔合形成焊缝。焊芯成分直接影响焊缝的质量，所以焊芯应严格控制硫、磷等杂质含量和限制含碳量。

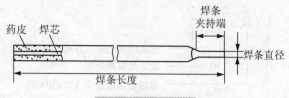

图 5-6 焊条示意图

焊接碳钢及低合金钢的焊芯，一般都选用低碳钢作为焊芯，并填加锰、硅、铬、镍等成分。采用低碳钢的原因一方面是含碳量低时钢丝塑性好，焊丝拉拔比较容易；另一方面可降低还原性气体 CO 含量，减少飞溅或气孔，并可增高焊缝金属凝固时的温度，对仰焊有利。加入其他合金元素主要为保证焊缝的综合力学性能，同时对焊接工艺性能及去除杂质，也有一定作用。高合金钢以及铝、铜、铸铁等其他金属材料，其焊芯成分除要求与被焊金属相近外，同样也要控制杂质的含量，并按工艺要求常加入某些特定的合金元素。

焊芯的直径称为焊条直径，焊芯的长度即焊条长度。常用焊条的直径和长度规格如表 5-1 所示。

表 5-1 常用焊条的直径和长度规格

焊条直径/mm	2.0	2.5	3.2	4.0	5.0
焊条长度/mm	250 300	250 300	350 400	350 400 450	400 450

药皮是指涂在焊芯表面的涂料层。药皮由多种矿物类、有机物、铁合金和黏结剂等原料按一定比例配制而成。药皮是决定焊缝质量的重要因素，其主要有以下几方面的作用。

(1)机械保护。药皮在焊接过程中分解熔化后形成气体和熔渣，隔绝空气，保护电弧空间。熔渣覆盖在焊缝表面，可保护焊缝金属并使之缓慢冷却，减少产生气孔的可能性。

(2)冶金处理。药皮中有还原剂(如锰、硅、钛、铝等)、合金剂，通过焊接冶金反应，可以去除有害杂质，添加有益的合金元素，改善焊缝质量。

(3)改善焊接工艺性能。药皮可以使电弧容易引燃且稳定燃烧，飞溅少，焊缝成形好。

2. 焊条的种类、型号及选用

焊条种类很多，按用途可分为结构钢焊条、不锈钢焊条、铸铁焊条、铜及铜合金焊条、特殊用途焊条等十大类，其中应用最广的是结构钢焊条。

焊条按熔渣的特性可分为酸性焊条和碱性焊条。熔渣以酸性氧化物为主的焊条称为酸性焊条，以碱性氧化物为主的为碱性焊条。酸性焊条电弧稳定，可交、直流两用，焊接工艺性好，但抗裂性比碱性焊条差，适合焊接强度等级一般的结构。碱性焊条一般多采用直流反接，适合焊接高强度等级的重要结构。

碳钢焊条型号由字母"E"和四位数字组成。字母"E"表示焊条；前两位数表示熔敷金属抗拉强度的最小值；第三位数字表示焊接位置："0"及"1"表示焊条适用于全位置(即平焊、立焊、横焊、仰焊)焊接；"2"为平焊及平角焊等；第三、四位数字组合时表示焊条的药皮类型及适用的电源种类，"03"为钛钙型药皮，交、直流电源均可，"15"为低氢钠型药皮，采用直流反接焊接电源等。

例如，"E4315"，其含义如下：

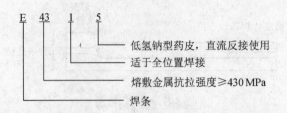

焊条选用原则是要求焊缝和母材具有相同水平的使用性能。如焊接 Q345 钢和 20 钢，选用 E4303 或 E4315 焊条。焊接重要的结构，如压力容器、桥梁等，应该选用碱性焊条；焊接一般的结构可选用酸性焊条。

5.2.4　焊接接头

1. 焊接位置

焊缝在空间所处的位置称为焊接位置。按焊缝空间位置不同可分为平焊、立焊、横焊和仰焊，如图 5-7 所示。其中以平焊位置最为合适。平焊时操作方便，劳动条件好，生产率高，焊接质量容易保证。立焊和横焊位置次之，而仰焊位置最差，最难操作，质量不易保证。

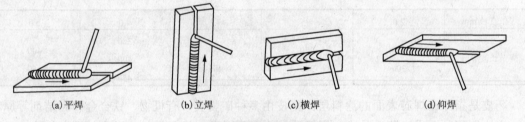

图 5-7　焊缝的空间位置

2. 焊接接头形式

常用的焊接接头形式主要有对接接头、搭接接头、角接接头、T 形接头等，如图 5-8 所示。

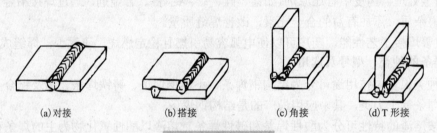

图 5-8　焊接接头形式

对接接头能承受较大的载荷，使用最为广泛；搭接接头多在工地安装接头和不重要的结构上采用。T 形接头和角接头的使用通常是由于结构上的需要。

3. 坡口

焊接较厚的钢板时，为了确保焊透，需要在焊件接头处加工出各种形状的坡口，以便较容易地送入焊条或焊丝。

对接接头常用的坡口形式有 I 形坡口、Y 形坡口、双 Y 形坡口和带钝边的 U 形坡口等，如图 5-9 所示。选择坡口形式时，除保证焊透外，还应考虑施焊方便、填充金属量少、焊接变形小和坡口加工费用低等因素。

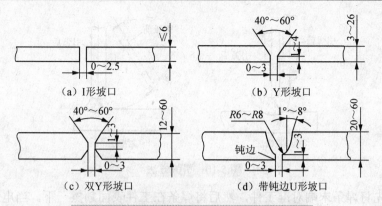

（a）I形坡口　　　　　　　　　　（b）Y形坡口

（c）双Y形坡口　　　　　　　　（d）带钝边U形坡口

图 5-9　对接接头的坡口形式及适用的焊件厚度

5.2.5　焊接工艺参数

焊接工艺参数是为获得质量优良的焊接接头而选定的物理量的总称。焊接工艺参数有焊接电流、焊条直径、焊弧长度和焊接层数等。焊接工艺参数直接影响焊接质量和生产率。

1. 焊条直径

焊条直径的选择主要取决于焊件厚度、焊接位置、接头形式、焊接层数等因素，可参考表 5-2。通常在保证焊接质量的前提下，为了提高生产率，应尽可能选用大直径的焊条。

表 5-2　焊条直径选择

焊件厚度/mm	<4	4～7	8～12	>12
焊条直径/mm	≤焊件厚度	3.2～4.0	4.0～5.0	4.0～5.8

2. 焊接电流

焊接电流主要根据焊条直径、焊接位置、焊道层次等因素确定。

平焊低碳钢时，焊接电流可根据下面的经验公式确定。

$$I=(30\sim60)d$$

式中，I 为焊接电流，A；d 为焊条直径，mm。

实际焊接时，焊接电流值的选择还应综合考虑各种具体因素。立焊、横焊和仰焊时，焊接电流应该比平焊小 10%～20%。

3. 焊接层数

焊接层数根据焊件厚度而定。中、厚板一般采用多层焊，焊接层数一般以每层厚度不大于 4～5mm 为好。

5.2.6　基本操作方法

1. 焊前准备

焊前准备包括焊条烘干、焊前工件表面清理、工件的组装以及预热。

2. 引弧

焊接开始时，引燃焊接电弧的过程称为引弧。常用的引弧方法有直击法和划擦法，如图 5-10 所示。直击法是使焊条与工件表面垂直接触，当焊条的末端与工件表面轻轻一碰后，便迅速提起焊条，并保持一定距离，而将电弧引燃的方法。直击法引弧可在起焊处进行，污染焊件轻，但焊条与起焊点碰击时不能用力过猛，以防药皮脱落，造成电弧的暂时偏吹等。

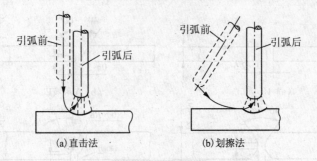

(a) 直击法　　　　　　　(b) 划擦法

图 5-10　引弧方法

划擦法是先将焊条末端对准工件，然后将焊条在工件表面划擦一下，当电弧引燃后立即将焊条末端与被焊工件表面距离保持在 2～4mm，电弧就能稳定地燃烧。划擦法容易掌握，但操作不熟练时易污染焊件。为减少对焊件的污染，引弧应在坡口内进行，划动长度尽量短些。

3. 运条

引弧后，首先必须掌握好焊条与焊件之间的角度，如图 5-11 所示。焊接过程中，焊条相对焊缝所作的各种动作的总称称为运条。运条包括沿焊条轴线的送进、沿焊缝轴线方向的纵向移动和横向摆动三个动作，如图 5-12 所示。运条时必须保持三个动作协调配合。

(1) 沿轴线向熔池送进，作用是保证焊条在不断熔化时电弧的长度保持一定，因此焊条送进的速度应该等于焊芯熔化的速度。

(2) 沿焊缝轴向移动，作用是形成一定长度、一定尺寸的焊缝，其运动速度实际上就是焊接速度。

(3) 沿焊缝横向摆动，目的是保证焊缝的宽度。适当的横向摆动不仅可以保证焊缝的宽度，还可根据焊缝的位置及要求，合理控制电弧对各部分的加热程度，从而获得良好的焊缝成形。

图 5-11　平焊的焊条角度　　　　　　图 5-12　运条基本动作

　　　　　　　　　　　　　　1-向下送进；2-沿焊接方向移动；3-横向摆动

5.2.7　焊接的安全操作

(1) **防止触电**。焊接前要进行检查。主要检查电焊机、设备和工具是否正常、安全。如电焊机各接线点及外壳接地是否良好、电缆及导线的绝缘有无损坏等。更换焊条时，必须戴绝缘手套。对于空载电压和工作电压较高的焊接以及操作现场潮湿时，还应在工作台附近地面上铺上橡胶垫子。身体有汗、衣服潮湿时，不要接触工作台和焊件，以免触电。

(2) **防止弧光的伤害**。电焊弧光辐射主要包括红外线、紫外线和可见光线。穿好工作服，戴上电弧焊手套，以免弧光伤害皮肤，焊接时必须使用电弧焊专用面罩，保护眼睛和脸部，同时注意避免弧光伤害他人。

(3) 防止烫伤和烟尘中毒。清渣时要注意焊渣飞出的方向，防止焊渣烫伤眼睛和脸部，焊件焊后要用火钳夹持，不准直接用手拿，电弧焊工作场所的通风要良好。

(4) 防火、防爆。焊条电弧焊工作场地周围不能有易燃易爆物体，工作完毕应检查周围有无火种。

(5) 保证设备安全。线路各连接点必须接触良好，防止因松动接触不良而发热，任何时候都不能将焊钳放在工作台上，以免短路而烧坏焊机，发现焊机出现异常时要立即停止工作，切断电源。操作完毕或检查弧焊机时必须切断电源。

5.3 气焊与气割

气焊是利用气体燃烧产生的高温来熔化焊件和焊丝而形成接头的一种方法，如图 5-13 所示。常用气体为可燃气乙炔、助燃气氧气，两者通过焊炬按一定的比例混合，混合燃烧后产生气体火焰，当火焰产生的热量能融化母材和填充金属时，就可以用于焊接。

乙炔与氧气混合燃烧所形成的火焰称为氧乙炔焰。与焊条电弧焊相比，气焊火焰温度较低，热量分散，加热速度较慢，生产率低，焊件变形严重。但气焊火焰易控制、设备简单、操作灵便，在焊接 3mm 以下的低碳钢薄板、小直径管材以及修补焊接等方面应用较为普遍。

5.3.1 气焊设备

气焊设备主要包括氧气瓶、乙炔瓶、减压器、回火防止器、焊炬和橡胶管等，如图 5-14 所示。

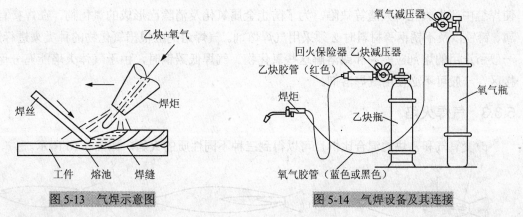

图 5-13 气焊示意图　　　　　图 5-14 气焊设备及其连接

1. 氧气瓶

氧气瓶是储存和运送高压氧气的容器，常用的氧气瓶容积为 40L，工作压力为 15MPa。瓶身常漆成蓝色。氧气瓶放置必须平稳可靠，隔离火源，严禁曝晒、火烤及撞击，使用时应防止沾染油污，不能将瓶内氧气全部用完，要留有余量。

2. 乙炔瓶

乙炔瓶是储存和运送乙炔的容器，常用的乙炔瓶容积为 40L，工作压力为 1.5MPa。形状与氧气瓶相似，瓶身常漆成白色。使用乙炔瓶时，除应遵守氧气瓶使用要求之外，搬运、放置和使用时，都应竖立放稳，严禁在地面上卧放并直接使用。而且，为了防止火焰回烧引起爆炸，乙炔减压器与焊炬之间必须装回火防止器。

3. 减压器

减压器是将高压气体降为低压气体的调节装置，通常气焊时气体工作压力都比较低，氧气为 0.2～0.4MPa，乙炔为 0.15MPa，因此气焊必须使用减压器。

4. 焊炬

焊炬的作用是将乙炔和氧气按一定比例均匀混合，由焊嘴喷出，点火燃烧，产生氧乙炔焰。常用的射吸式焊炬如图 5-15 所示。工作时，先打开氧气阀门，后打开乙炔阀门，两种气体便在混合管内均匀混合。控制各阀门大小，可调节氧气和乙炔的比例。

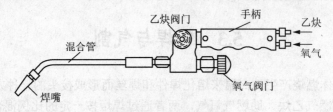

图 5-15　射吸式焊炬

5.3.2　焊丝和气焊溶剂

1. 气焊丝

气焊时，焊丝不断地送入熔池内，并与熔化的基本金属熔合形成焊缝。焊缝的质量在很大程度上与气焊丝的化学成分和质量有关。一般焊接低碳钢时，常采用的焊丝有 H08A 等。

2. 气焊熔剂

气焊过程中，被加热的熔化金属极易与周围空气中的氧或火焰中的氧化合生成氧化物，使焊缝中产生气孔和夹渣等缺陷。为了防止金属氧化及消除已形成的氧化物，在焊接有色金属、铸铁以及不锈钢等材料时必须采用气焊熔剂。气焊熔剂应根据氧化物的种类来进行选择，一般所选用的熔剂应能中和或溶解这些氧化物。气焊低碳钢时，由于气体火焰能充分保护焊接区，一般可不必使用气焊溶剂。

5.3.3　气焊火焰

改变氧气和乙炔的混合比例，可以得到三种不同性质的火焰，如图 5-16 所示。

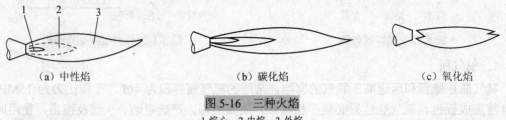

（a）中性焰　　　　　　　　（b）碳化焰　　　　　　　　（c）氧化焰

图 5-16　三种火焰

1-焰心；2-内焰；3-外焰

1. 中性焰

当氧气和乙炔的混合比为 1～1.2 时，燃烧所形成的火焰称为中性焰，如图 5-16 所示。火焰包括焰心、内焰、外焰三部分。焰心由未经燃烧的氧气和乙炔组成，呈尖锥状，轮廓清楚，发出明亮的白光；内焰主要由乙炔和不完全燃烧的产物组成，其具有还原性，呈蓝白色，轮廓不清楚，与外焰无明显界线，内焰的温度很高，最高可达 3150℃；外焰由内向外逐渐由淡紫色变为橙黄色。

中性焰适用于焊接低碳钢、中碳钢、低合金钢、不锈钢、纯铜等材料。

2. 碳化焰

当氧气和乙炔的混合比小于 1.1 时所形成的火焰称为碳化焰。由于氧气不足，乙炔不能完全燃烧，过量的乙炔会分解为碳和氢，碳会渗到熔池中造成焊缝增碳。碳化焰具有较强的还原作用。火焰结构也分为焰心、内焰、外焰三部分。焰心呈白色，外围略带蓝色；内焰呈淡白色；外焰呈橙黄色。乙炔量多时还带黑烟，火焰长而柔软。

轻微碳化焰适用于高碳钢、高速钢、铸铁、硬质合金、碳化钨等材料。

3. 氧化焰

当氧气和乙炔的混合比大于 1.2 时所形成的火焰称为氧化焰。火焰结构分为焰心和外焰两部分。焰心短而尖，呈青白色；外焰稍带紫色，比正常外焰短，火焰挺直。氧化焰中有过量的氧，具有氧化作用，一般气焊时不宜采用。轻微氧化焰适用于黄铜、锡青铜等材料。

5.3.4 气焊基本操作方法

1. 点火、调节和灭火

点火时，应先微开氧气阀，再开乙炔阀，然后即可点燃。点火时，拿火源的手不要正对焊嘴，也不要将焊嘴指向他人或可燃物，以防发生事故。

刚点燃的火焰一般为碳化焰，这时应根据所焊材料的种类和厚度，分别调节氧气阀和乙炔阀，直至获得所需要的火焰。

灭火时，应先关闭乙炔阀，再关闭氧气阀，防止出现大量的炭灰。

2. 施焊方法

气焊时，一般右手握焊炬，左手拿焊丝，沿焊缝向左或向右焊接。焊炬从右向左移动，焊接火焰指向焊件的未焊部分，称为左焊法；左焊法操作简单，容易掌握，冷却速度较快，对金属能起预热的作用，但热量利用率低。一般左焊法适用于焊接 5mm 以下的薄板和低熔点金属。焊炬从左向右移动，称为右焊法。右焊时焊接火焰始终对着熔池，加热集中，火焰对焊缝有保护作用，焊接质量较好，但缺点是不易掌握和对焊件没有预热作用，故右焊法较少采用。右焊法主要适用于焊接厚度较大或熔点较高的焊件。

施焊时要掌握好焊嘴倾角(图 5-17)。在起焊时，为了较快地加热焊件，迅速形成熔池，焊嘴倾角应大些，同时在起焊处应使火焰往复移动，保证在焊接处加热均匀；在正常焊接阶段，焊嘴倾角一般保持在 40°～50°；在收尾阶段，为了更好地填满熔池和避免焊穿，焊嘴倾角应适当减小，一般为 20°～30°。

焊接过程中为了控制熔池的热量，获得高质量的焊缝，焊嘴和焊丝应作均匀协调的运动。焊接时，焊嘴在沿焊缝纵向移动、横向摆动的同时，还要作上下跳动，以调节熔池的温度；焊丝除作前进运动、上下移动外，当使用熔剂时也应作横向摆动，以搅拌熔池。

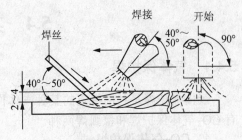

图 5-17 焊嘴倾角

5.3.5 气割

1. 气割原理

气割是利用可燃气体与氧气混合燃烧产生的热量将工件切割处预热到一定温度，然后喷出高速切割氧流，使金属剧烈氧化并放出热量，利用切割氧流把熔化状态的金属氧化物吹掉，而实现切割的目的。金属的气割过程实质是铁在纯氧中的燃烧过程。目前气割工艺在工业生产中得到广泛的应用。

气割用的氧纯度应大于 99%；可燃气体一般用乙炔，也可用石油气、天然气或煤气。用乙炔的切割效率最高，质量较好，但成本较高。气割时应用的设备除割炬外均与气焊相同。割炬是产生气体火焰、传递和调节切割热能的工具，其结构影响气割速度和质量。手工操作的气割割炬如图 5-18 所示。半自动和自动气割机还有割炬驱动机构或坐标驱动机构、仿形切割机构、光电跟踪或数字控制系统。

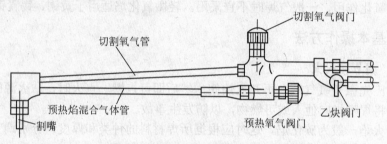

切割氧气阀门
切割氧气管
预热焰混合气体管
割嘴
预热氧气阀门
乙炔阀门

图 5-18　气割割炬

2. 气割要求

只有符合下列条件的金属才能进行气割。

(1)金属在氧气中的燃烧点应低于其熔点。

(2)气割时金属氧化物的熔点应低于金属的熔点。

(3)金属在切割氧流中的燃烧应是放热反应。

(4)金属的导热性不应太高。

(5)金属中阻碍气割过程和提高钢的可淬性的杂质要少。

符合上述条件的金属有纯铁、低碳钢、中碳钢和低合金钢以及铁等。其他常用的金属材料如高碳钢、铸铁、不锈钢、铝和铜等，则必须采用特殊的气割方法(如等离子切割等)。

5.4　其他焊接方法

5.4.1　气体保护焊

气体保护焊是利用特定的某种气体作为保护介质的一种电弧焊方法。常用的气体保护焊有 CO_2 气体保护焊和氩弧焊两种。

1. CO_2 气体保护焊

以 CO_2 作为保护气体，依靠焊丝与焊件之间的电弧来熔化金属的气体保护焊的方法称为 CO_2 焊，如图 5-19 所示。它属于熔化极非惰性气体保护焊。这种焊接法采用焊丝自动送丝，敷化金属量大、生产效率高、质量稳定。因此，在国内外获得广泛应用。

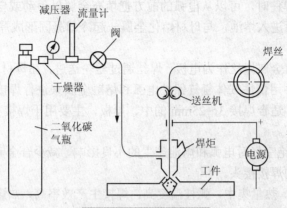

图 5-19 CO_2 气体保护焊

CO_2 气体保护焊的优点如下。

(1) 焊接成本低。其成本只有埋弧焊、焊条电弧焊的 40%～50%。

(2) 生产效率高。其生产率是焊条电弧焊的 1～4 倍。

(3) 操作简便。采用明弧焊接，熔池可见度好，适用于全位置焊接。并且有利于实现焊接过程中的机械化和自动化。

(4) 焊缝抗裂性能高。焊缝低氢且含氮量也较少。

(5) 焊接飞溅小。采用超低碳合金焊丝或药芯焊丝，或在 CO_2 中加入 Ar，都可以降低焊接飞溅。

(6) 焊后变形小。CO_2 气体保护焊的电弧热量集中，加热面积小，CO_2 气流有冷却作用，因此焊件焊后变形小，特别是薄板的焊接更为突出。

2. 氩弧焊

氩弧焊是采用氩气作为保护气体的一种气体保护焊方法。在氩弧焊应用中，按照电极的不同分为非熔化极氩弧焊和熔化极氩弧焊两种，如图 5-20 所示。

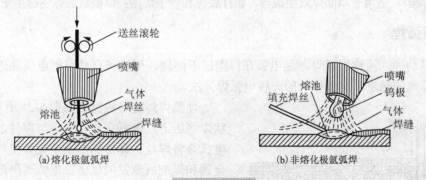

(a) 熔化极氩弧焊　　　　　　　　　　　　(b) 非熔化极氩弧焊

图 5-20 氩弧焊

1) 非熔化极氩弧焊

非熔化极氩弧焊又称钨极氩弧焊，是一种常用的气体保护焊接方法。钨极氩弧焊是使用钨极或活化钨作为非熔化极，采用惰性气体(常用氩气)作为保护气体的电弧焊方法，又称 TIG 焊。焊接时电弧在钨极和工件之间燃烧，同时惰性气体氩气从钨极的周围通过喷嘴喷向焊接区，以保护钨极、电弧及熔池使其免受大气的侵害。

当焊接薄板时，一般不需要添加焊丝，可以利用焊件被焊部位自身熔化形成焊缝。当焊接厚板或带有坡口的焊件时，可以从电弧的前方把填充金属以手动或自动的方式，向电弧中送进。填充金属熔化后进入熔池，与母材熔化金属一起冷却凝固形成焊缝。

2)熔化极氩弧焊

熔化极氩弧焊利用金属焊丝作为电极。焊丝通过丝轮送进，在母材与焊丝之间产生电弧，使焊丝和母材熔化，并用惰性气体氩气保护电弧和熔融金属来进行焊接。熔化极氩弧焊焊接电流比钨极氩弧焊大，适合焊接 3～25mm 的中、厚板，主要用于焊接不锈钢与有色合金。

氩弧焊的优点如下。

(1)氩气保护可隔绝空气对电弧和熔池产生的不良影响，减少合金元素的烧损，以得到致密、无飞溅、质量高的焊接接头。

(2)电弧燃烧稳定，热量集中，弧柱温度高，焊接生产效率高，热影响区窄，所焊的焊件应力、变形、裂纹倾向小。

(3)氩弧焊为明弧施焊，操作、观察方便。

(4)电极损耗小，弧长容易保持，焊接时无熔剂、涂药层，所以容易实现机械化和自动化。

(5)氩弧焊几乎能焊接所有金属，特别是一些难熔金属、易氧化金属，如镁、钛、钼、锆、铝等及其合金。

(6)不受焊件位置限制，可进行全位置焊接。

氩弧焊的缺点如下。

(1)氩弧焊因为热影响区域大，工件在修补后常会造成变形、硬度降低、砂眼、局部退火、开裂、针孔、磨损、划伤、咬边，以及结合力不够和内应力损伤等缺点。尤其在精密铸造件细小缺陷的修补过程中表现突出。

(2)氩弧焊比焊条电弧焊对人身体的伤害程度要高一些，焊接时应尽量选择空气流通较好的地方。

氩弧焊主要适用于焊接易氧化的有色金属和合金钢(目前主要有 Al、Mg、Ti 及其合金和不锈钢的焊接)；适用于单面焊双面成形，如打底焊和管子焊接；钨极氩弧焊还适用于薄板焊接。

5.4.2　埋弧焊

埋弧自动焊，简称埋弧焊，是电弧在焊剂层下燃烧，用机械自动引燃电弧并进行控制，自动完成焊丝的送进和电弧移动的一种电弧焊方法。

埋弧焊焊缝形成过程如图 5-21 所示。在颗粒状焊剂层下，电弧在焊丝末端与焊件之间燃烧，电弧热将焊丝、焊件和焊剂熔化并使部分蒸发，金属和焊剂所蒸发的气体在电弧周围形成一个封闭空腔，电弧在这个空腔中燃烧。空腔被一层由熔渣所构成的渣膜所包围，这层渣膜不仅很好地隔绝了空气和电弧与熔池的接触，而且使弧光不能辐射出来。被电弧加热熔化的焊丝以熔滴的形式落下，与熔融母材金属混合形成熔池。密度较小的熔渣浮在熔池之上，熔渣除了对熔池金属的

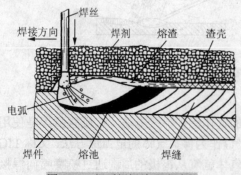

图 5-21　埋弧焊焊缝形成过程

机械保护作用外，焊接过程中还与熔池金属发生冶金反应，从而影响焊缝金属的化学成分。随着电弧向前移动，熔池金属逐渐冷却后结晶形成焊缝。浮在熔池上的熔渣冷却后，形成渣壳继续对高温焊缝起保护作用，避免被氧化。

埋弧焊具有生产率高、机械化程度高、焊接质量好且稳定的优点。在金属结构、桥梁、压力容器、石油化工、核容器、石油天然气管线、船舶制造等领域，有广泛的应用。但埋弧焊的工作量非常大，所消耗的钢材、焊丝、焊剂的量也很大。

5.4.3　电阻焊

电阻焊是将工件组合后通过电极施加压力，利用电流通过接头的接触面及邻近区域产生的电阻热进行焊接的方法。电阻焊利用电流流经工件接触面及邻近区域产生的电阻热效应将其加热到熔化或塑性状态，使之形成金属结合的一种方法。电阻焊的方法主要有四种：点焊、缝焊、凸焊、对焊，如图 5-22 所示。

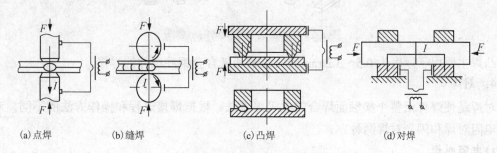

(a) 点焊　　　(b) 缝焊　　　　　(c) 凸焊　　　　　　(d) 对焊

图 5-22　电阻焊的主要方法

1. 点焊

点焊是将焊件装配成搭接接头，并压紧在两柱状电极之间，利用电阻热熔化母材金属，形成焊点的电阻焊方法，如图 5-22(a) 所示。

一个点焊过程要经过预压、通电、维持、休止 4 个基本阶段。焊接时，焊件搭接装配好压在上下两柱状电极之间，施加电极压力加紧，以保证工件接触良好；然后通以大的电流，使焊件接触处加热到熔化状态，形成熔核及塑性环，断开电流，继续保持电极压力，熔核在压力继续作用下冷却结晶，形成组织致密、无缩孔、无裂纹的焊点。

点焊主要用于采用搭接、接头不要求气密、厚度小于 3mm 的冲压、轧制薄板构件。

点焊机结构示意图如图 5-23 所示。

2. 缝焊

缝焊的过程与点焊相似，只是以旋转的圆盘状滚轮电极代替柱状电极(图 5-22(b))，将焊件装配成搭接或对接接头，并置于两滚轮电极之间，滚轮压紧焊件并转动，连续或断续送电，形成一条连续焊缝的电阻焊方法。

缝焊主要用于焊接焊缝较为规则、要求密封的结构，板厚一般为 0.1～2.5mm。

3. 凸焊

凸焊是点焊的一种变形形式(图 5-22(c))。在一个焊件上预先加工出一个或多个凸点，使其与另一个焊件表面接触并通电加热，然后压塌，这些接触点便形成焊点。凸焊时，一次可在接头处形成一个或多个焊点，焊接效率高；而且由于电流密度集于凸点，电流密度大，故可用较小的电流进行焊接，并能可靠地形成较小的焊点。

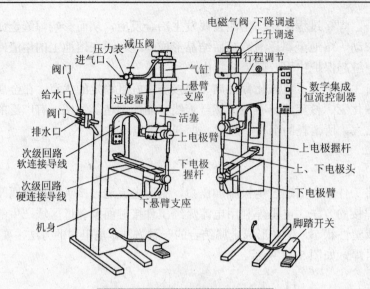

图 5-23　直压式点焊机结构示意图

凸焊主要用于厚度为 0.5～3.2mm 的低碳钢和低合金钢冲压件的焊接。

4. 对焊

对焊是使焊件沿整个接触面焊合的电阻焊方法。根据焊接过程和操作方法的不同，对焊分为电阻对焊和闪光对焊两种方式。

1）电阻对焊

电阻对焊的焊接过程如图 5-24 所示。先将焊件装配成对接接头，并加初压力使其压紧；再通以电流，利用电阻热加热至塑性状态，然后断电并迅速施加顶锻力完成焊接。

电阻对焊主要用于截面简单、直径或边长小于 20mm 和强度要求不太高的焊件。

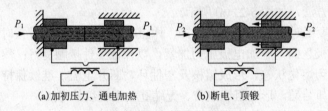

(a) 加初压力、通电加热　　　　　(b) 断电、顶锻

图 5-24　电阻对焊的焊接过程

2）闪光对焊

闪光对焊的焊接过程如图 5-25 所示。先是将焊件装配成对接接头，接通电源，使其端面逐渐移近达到局部接触，利用电阻热加热这些接触点，在大电流作用下，产生闪光，使端面金属熔化，直至端部在一定深度范围内达到预定温度时，断电并迅速施加顶锻力完成焊接。

闪光对焊的接头质量比电阻对焊好，焊缝力学性能与母材相当，而且焊前不需要清理接头的预焊表面。闪光对焊常用于重要焊件的焊接。可焊同种金属，也可焊异种金属；可焊 0.01mm 的金属丝，也可焊 20000mm 的金属棒和型材。

对焊机结构示意图如图 5-26 所示。其主要部件包括机身、焊接回路、夹紧机构、送进机构、控制器、焊接变压器、冷却系统等。

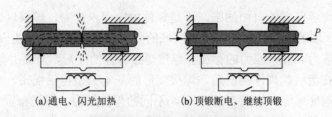

(a)通电、闪光加热　　　(b)顶锻断电、继续顶锻

图 5-25　闪光对焊的焊接过程

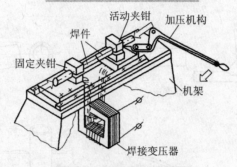

图 5-26　对焊机结构示意图

5.4.4　钎焊

钎焊是使用比工件熔点低的金属材料作钎料，将工件和钎料加热到高于钎料熔点、低于工件熔点的温度，利用液态钎料润湿工件，填充接口间隙并与工件实现原子间的相互扩散，从而实现焊接的方法。

钎焊的特点是接头表面光洁，气密性好，形状和尺寸稳定，焊件的组织和性能变化不大，可连接相同的或不相同的金属及部分非金属。钎焊时，还可采用对工件整体加热，一次焊完很多条焊缝，提高了生产率。但钎焊接头的强度较低，多采用搭接接头，靠通过增加搭接长度来提高接头强度；另外，钎焊前的准备工作要求较高。钎焊前必须对工件进行细致加工和严格清洗，除去油污和过厚的氧化膜，保证接口装配间隙。钎焊在机械、电机、仪表、无线电等部门都得到了广泛的应用。

按使用钎料的不同，钎焊分为硬钎焊和软钎焊两类。硬钎料(如铜基、银基、铝基、镍基等)，具有较高的强度，可以连接承受载荷的零件，应用比较广泛，如硬质合金刀具、自行车车架。软钎料(如锡、铅、铋等)，焊接强度低，主要用于焊接不承受载荷但要求密封性好的焊件，如容器、仪表元件等。

为了使钎接部分连接牢固，增强钎料的附着作用，钎焊时要用钎剂，以便清除钎料和焊件表面的氧化物。硬钎焊时常用的钎剂有硼砂、硼砂与硼酸的混合物等；软钎焊常用的钎剂有松香等。

5.5　焊接变形与缺陷分析

5.5.1　焊接变形

焊接加热是局部进行的，在焊接过程中焊件各部分的温度不同，因而热胀冷缩效果也各不相同。加热时处于高温的焊缝区域膨胀量最大，周围处于温度较低的材料膨胀量较小，温度低的区域将限制焊缝区域的自由膨胀，于是焊件中出现内应力，焊缝区域产生塑性变形而缩短。冷却时焊缝区域的收缩又受到周边冷区域的阻碍，不能缩短到自由收缩应达到的位置，因而产生焊接残余应力。残余应力的存在会导致焊接构件的变形、开裂并降低其承载力。

　　焊接应力的存在会引起焊件的变形。焊接变形的基本类型包括缩短、角度改变、弯曲变形、扭曲变形和波浪变形等，如图 5-27 所示。不同的焊件结构、焊缝布置、焊接工艺会引起不同的焊接变形。焊件出现变形将影响使用，过大的变形量则会使焊件报废，因此要加以防止和消除。

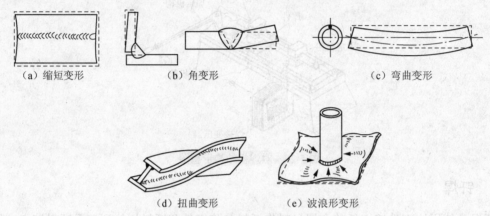

（a）缩短变形　　　　　　（b）角变形　　　　　　　　　（c）弯曲变形

（d）扭曲变形　　　　　（e）波浪形变形

图 5-27　焊接变形的主要形式

5.5.2　焊接缺陷

　　焊条电弧焊常见的焊接缺陷有焊缝形状缺陷、夹渣、气孔、焊瘤和裂缝等。焊缝表面高低不平、焊缝宽窄不匀、尺寸过大或过小、角焊缝单边以及焊脚尺寸不合格等，均属于焊缝表面尺寸不符合要求。外观缺陷(表面缺陷)是指不用借助于仪器，从工件表面可以发现的缺陷。常见的外观缺陷有咬边、焊瘤、凹陷及焊接变形等，有时还有表面气孔和表面裂纹、单面焊的根部未焊透等。

　　咬边是指沿着焊趾，在母材部分形成的凹陷或沟槽；焊瘤是指焊缝中的液态金属流到加热不足未熔化的母材上冷却后形成的金属瘤；凹坑是指焊缝表面或背面局部的、低于母材的部分；烧穿是指焊接过程中，熔深超过工件厚度，熔化金属自焊缝背面流出，形成穿孔性缺陷；气孔是指焊接时，熔池中的气体未在金属凝固前逸出，残存于焊缝之中所形成的空穴；夹渣是指焊后溶渣残存在焊缝中的现象；裂纹是指焊接接头中局部地区的金属原子结合力遭到破坏而形成的新界面所产生的缝隙。

　　焊条电弧焊常见焊接缺陷产生的原因及防止措施如表 5-3 所示。

表 5-3　焊条电弧焊常见焊接缺陷产生的原因及防止措施

焊接缺陷	缺陷简图	主要产生原因	防止措施
焊缝尺寸和外形不符合要求	焊缝高低不平，宽度不齐，波形粗劣	焊接工艺参数不合理；坡口角度不合适或配间隙不均匀；运条不当或焊条角度不合适	选择适当的坡口角度、装配间隙；选择合适的焊接工艺参数；采用合适的焊条角度，掌握正确的运条方法

焊接缺陷	缺陷简图	主要产生原因	防止措施
咬边		焊接电流过大； 电弧过长； 运条不当或焊条角度不合适	选择合适的焊接电流和焊接速度； 采用合适的焊条角度和弧长； 掌握正确的运条方法
焊瘤		焊接电流过大，速度太慢或电弧过长； 运条不当	选择合适的焊接工艺参数； 掌握正确的运条方法
烧穿		坡口间隙太大； 焊接电流太大，速度太快； 操作不当	选择合适的装配间隙； 选择合适的焊接电流和焊接速度； 采用合适的焊条角度，掌握正确的运条方法
未焊透		焊接速度太快，电流过小； 坡口角度或间隙太小； 运条方法或焊条角度不合适	选择合适的坡口尺寸及装配间隙； 选择合适的焊接工艺参数； 采用合适的焊条角度，掌握正确的运条方法
气孔		焊件表面有水、锈、油等杂质； 焊条药皮中水分过多； 焊接电流过大，速度过快或电弧过长； 电流种类和极性不正确	焊条去油、水、锈等杂质； 焊条按要求烘干； 选择合适的焊接工艺参数； 选择正确的电流种类和极性
裂纹		焊接材料中氢、磷、硫含量过多； 冷却速度过快	焊前预热； 控制材料中有害杂质含量； 选用低氢型焊条，使用前按要求烘干及表面清理； 选择合适的焊接工艺参数

焊接缺陷对设备的影响：主要是在缺陷周围产生应力集中，严重时使原缺陷不断扩展，直至破裂。同时，焊接缺陷对疲劳强度、脆性断裂以及抗应力腐蚀开裂都有重大的影响。由于各类缺陷的形态不同，所产生的应力集中程度也不同，因而对结构的危害程度也各不一样。

5.5.3　焊接质量检验方法

在焊接之前和焊接过程中，应对影响焊接质量的因素进行认真检查，以防止和减少焊接缺陷的产生；焊后应根据产品的技术要求，对焊接接头的缺陷情况和性能进行成品检验，以确保使用安全。

焊后成品检验可以分为破坏性检验和非破坏性检验两类。破坏性检验主要包括焊缝的化学成分分析、金相组织分析和力学性能试验，主要用于科研和新产品试生产；非破坏性检验的方法很多，由于不对产品产生损害，因而在焊接质量检验中占有很重要的地位。

1. 常用的非破坏性检验方法

(1) 外观检验。用肉眼或借助样板、低倍放大镜(5～20 倍)检查焊缝成形、焊缝外形尺寸是否符合要求，焊缝表面是否存在缺陷。所有焊缝在焊后都要经过外观检验。

(2)致密性检验。对于储存气体、液体、液化气体的各种容器、反应器和管路系统，都需要对焊缝和密封面进行致密性试验，常用方法有水压试验、气压试验、煤油试验等。

(3)磁粉检验。用于检验铁磁性材料的焊件表面或近表面处缺陷。将焊件放置在磁场中磁化，并在焊缝表面撒上细磁铁粉，根据磁粉集聚的位置、形状、大小判断出缺陷的情况。

(4)渗透探伤。利用带有荧光染料(荧光检验法)或红色染料(着色检验法)的渗透剂的渗透作用检查焊接接头表面微裂纹。该法只适用于检查工件表面难以用肉眼发现的缺陷，对于表层以下的缺陷无法检出。

(5)超声波探伤。该法用于探测材料内部缺陷。当超声波进入焊件内部遇到缺陷和焊件底面时发生反射，根据反射波信号判断出缺陷的有无、位置和大小。超声波探伤主要用于检查表面光滑、形状简单的厚大焊件，且常与射线探伤配合使用，用超声波探伤确定有无缺陷，发现缺陷后用射线探伤确定其性质、形状和大小。

(6)射线探伤。利用 X 射线或 γ 射线照射焊缝，根据底片感光程度检查焊接缺陷。

2. 破坏性检验

破坏性检验是截取某一部分焊接接头金属，加工成规定尺寸和形状的试件来进行试验。检验的内容一般有力学性能、相组织、化学成分等，有些材料还要进行耐腐蚀与扩散氢含量的测定。

(1)力学性能试验。包括拉伸试验、弯曲试验、冲击试验、硬度试验等。

(2)金相分析。通过焊接接头的金相分析了解接头各部位的组织，发现焊缝中的显微缺陷。包括宏观分析和微观分析两种。

(3)化学分析。对焊缝金属化学成分进行分析，经常分析的元素为碳、锰、硅、硫和磷。对于合金钢、不锈钢焊缝，还需分析相应的合金元素。

(4)耐腐蚀性试验。耐腐蚀试验有各种方法，根据材料对耐腐蚀性能的要求而定。常用的方法有晶间腐蚀试验、应力腐蚀试验、腐蚀疲劳试验、大气腐蚀试验、高温腐蚀试验等。

(5)扩散氢含量的测定。低合金钢焊缝中扩散氢含量的多少，直接关系焊后是否会产生延迟裂纹。因此，用于低合金钢焊接的焊条应控制熔敷金属中的扩散氢含量。我国普遍采用 45℃甘油法测定熔敷金属中扩散氢的含量。

5.6　焊接新技术简介

1. 等离子弧焊接与切割

等离子弧是经过压缩的高能量密度的电弧。电弧通过水冷喷嘴孔道，在机械压缩、热压缩和电磁压缩的共同作用下，弧柱直径被压缩到很细的范围内，弧柱内的气体电离度很高，当压缩作用与电弧的热扩散达到平衡时，便成为稳定的等离子弧。

等离子弧焊是利用等离子弧作为热源的焊接方法。等离子弧的能量密度大，弧柱温度高，弧流流速大，穿透能力较强，稳定性好，因而焊接速度快，生产率高，焊接热影响区小，焊接变形也小。厚度 12mm 以下的焊件可不开坡口，一次焊透，实现单面焊双面成形。焊接电流较小时，等离子弧仍能稳定燃烧，并保持良好的挺直度和方向性。但等离子弧焊接设备较复杂，气体消耗量大，不宜在室外焊接。

等离子弧切割是利用高温、高速、高能量密度的等离子焰流冲力大的特点，将被切割材料局部加热熔化并随即吹除，从而形成较整齐的割口，如图 5-28 所示。等离子弧切割可以切割不锈钢、铸铁、铝、铜、钛、镍、钼、钨及其合金以及非金属材料等，割口窄，切割面的质量较好，切割速度快，切割厚度可达 150~200mm。

2. 激光焊接与切割

激光焊是利用聚焦的激光束轰击焊件所产生的热量进行焊接的一种熔焊方法。激光焊可在大气中焊接，不需要真空环境或气体保护；焊接时能量密度很高，焊接速度很快，焊接热影响区和焊接变形很小，特别适用于精密结构件和热敏感器件的焊接；激光束可以借助偏转棱镜或光导纤维引导到难以接近的部位进行焊接，也可以通过透明材料的壁(如玻璃)进行焊接。激光焊缺点是设备复杂、投资大、功率较小，可焊接的厚度有一定的限制。激光焊主要在微电子工业与仪器仪表工业等领域应用较为广泛。

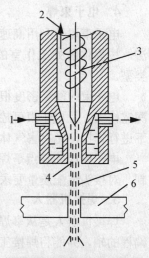

图 5-28　等离子切割示意图

1-冷却水；2-等离子气；3-电极；
4-喷嘴；5-等离子弧；6-工件

激光切割是利用激光束的热能实现切割的一种热切割方法。激光切割具有速度快、割缝窄、热影响区小、切割表面光洁等优点。激光切割可以切割金属、陶瓷、塑料等多种材料。

3. 水射流切割

水射流切割是利用高压水喷射工件进行切割的工艺方法，如图 5-29 所示。为了提高切削效率，常在水中加入金刚砂、陶粒等作为磨料。

水射流切割由于是冷切割，对材料无热损伤，也无热变形，具有其他加工方法如火焰、激光、等离子等无可比拟的优点。水射流切割可以切割金属、玻璃、塑料、陶瓷等几乎所有的材料，可以说对被切材料无选择性。水射流切割无切割方向的限制，可完成各种异形加工，切口质量好。

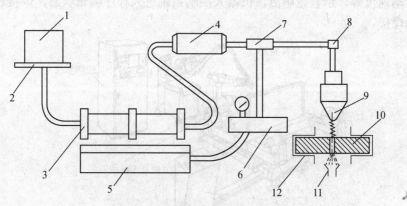

图 5-29　超高压水射流切割原理图

1-水箱；2-过滤器；3-水泵；4-蓄能器；5-液压机构；6-增压器；
7-控制器；8-阀门；9-喷嘴；10-工件；11-水槽；12-夹具

水射流切割在许多工业部门得到了广泛的应用，如在航天工业用于切割高级复合材料、蜂窝状夹层、板钛合金元件等。

4. 电子束焊

电子束焊是利用高速、集中的电子束轰击焊件表面所产生的热量进行焊接的一种熔焊方法。按焊件所处工作室的真空度不同，可分为高真空型、低真空型和非真空型等三种基本类型。

电子束的能量密度很高（为电弧焊的 5000～10000 倍），穿透能力强，焊接速度快，焊缝深宽比大，且电子束可控性好，焊接工艺参数调节范围宽且稳定，适应性强。由于在高真空下进行焊接，无有害气体和金属电极污染，保证了焊缝金属的高纯度，焊接质量很好。

电子束焊的缺点是焊接设备复杂，价格高，使用维护技术要求高，焊件尺寸受真空室限制，对接头装配质量要求严格，并需要注意防护 X 射线。

5. 焊接机器人

焊接机器人是从事焊接（包括切割与喷涂）的工业机器人，是具有三个或三个以上可自由编程的轴，并能将焊接工具按要求送到预定空间位置，按要求轨迹及速度移动焊接工具的机器。

早期的焊接自动化程度低，产品质量不稳定。20 世纪 70 年代，工业机器人技术应用到焊接领域，使焊接自动化程度发生了质的飞跃。焊接机器人突破了传统的焊接刚性自动化方式，开拓了一种柔性自动化新方式。焊接机器人的应用，可以稳定和提高焊接质量，提高劳动生产率，改善工人劳动条件，可实现小批量产品焊接自动化，易于实现数字化制造。

焊接机器人大量应用在汽车制造等领域，适用于弧焊、点焊和切割。常用的焊接机器人有弧焊机器人、激光焊接机器人、点焊机器人等。图 5-30 是一套完整的弧焊机器人系统，其包括机器人机械手、控制系统、焊接装置、焊件夹持装置。夹持装置上有两组可以轮番进入机器人工作范围的旋转工作台。

焊接机器人普遍采用示教方式工作，即通过示教盒的操作键引导到起始点，然后用按键确定位置、运动方式、摆动方式、焊枪姿态以及各种焊接参数，同时还可通过示教盒确定周边设备的运动速度等。示教完毕后，机器人控制系统进入程序编辑状态，焊接程序生成后即可进行实际焊接。

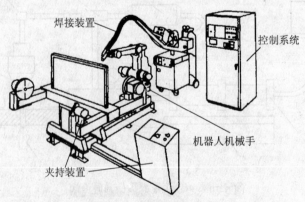

焊接装置　　控制系统　　机器人机械手　　夹持装置

图 5-30　弧焊机器人系统

5.7 焊接实践训练

1. 实践内容

手工电弧焊的操作练习，具体包括以下几方面。

(1) 焊前准备。介绍手工电弧焊所用的工具、设备、焊接线路、示范焊条与工件操作时的夹角 (70°～80°) 及运条速度、电弧的高度、两种引弧方法 (敲击法、摩擦法)、粘条的原因及处理方法。

(2) 分组练习。每位同学分配两根焊条进行练习。每次焊半根，中间要熄弧，重引弧练习接头焊至半根焊条收尾。清渣、观察、弄清产生焊缝缺陷的原因，纠正查看样品对照。

2. 示范重点

(1) 开机操作。调节合适电流、引燃电弧。

(2) 在厚度为 6mm 的低碳钢板上先焊一条弧长不等、速度快慢不匀的焊缝，清渣。

安全操作规范提醒：防止高温熔渣的飞溅、烫伤皮肤眼睛，不能用手直接拿刚焊的工件及焊条残头，不能把焊钳放在回路的工作台上，防止短路。

(3) 规范的焊缝。进行分析比较 (焊缝的宽度为 10mm 左右、厚度为 6mm、表面波纹均匀呈椭圆形焊缝中间衔接合适、收尾饱满合适)。

3. 实践考核

每位学生需要焊一条长 100mm 的对接平焊缝。技能评价要点如下。

(1) 正确使用焊接设备，握持焊钳的动作规范和施焊步骤。

(2) 工件质量，包括：焊缝宽度均匀；焊缝余高的合适、波纹细密；焊缝是否焊透、有无夹渣、气孔烧穿、咬边、焊瘤等缺陷；衔接合适、收尾弧坑是否填满。

第6章 车削加工

★ 实践目标：

车削加工是金属切削加工中最常用的加工方法之一，通过车削加工的实践教学，使学生了解车削加工常见的加工方法和工艺特点，掌握车削加工的基本操作技能，能正确使用常见的工装夹具(如量具、夹具、刀具及辅具等)，独立完成简单车削零件的加工制造。

★ 安全须知：

(1)应安全着装，在指定的车床上操作，不要任意触动手柄，以免发生事故。

(2)卡盘上的扳手夹紧工件后必须取下，以免开车时飞出伤人。

(3)切削时勿将头部靠近工件及刀具。人站立位置应偏离切屑飞出处，切屑用钩子清除。

(4)车削时的切削速度、切削深度、进给量等都应选择适当，不得任意加大。

(5)切削中途欲停车时不要用开倒车来代替刹车，也不能用手压在卡盘上。

(6)车螺纹开倒顺车时，必须等主轴完全停止转动后才能变换方向。

车削加工就是在车床上利用工件的旋转运动和刀具的直线运动(纵向、横向或斜向的进给运动)来改变毛坯的形状和尺寸，把它加工成符合图纸要求的零件。

车削加工的范围很广，如图 6-1 所示，主要加工各种回转表面，其中包括车外圆、车端面、切断和切槽、钻中心孔、车孔、铰孔、车各种螺纹、车圆锥面、车成形面、滚花和盘绕弹簧等。

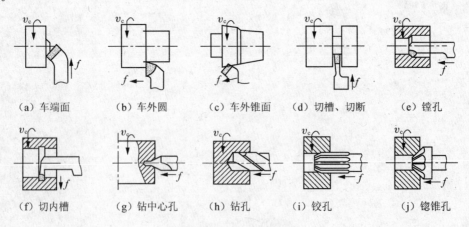

(a) 车端面　　(b) 车外圆　　(c) 车外锥面　　(d) 切槽、切断　　(e) 镗孔

(f) 切内槽　　(g) 钻中心孔　　(h) 钻孔　　(i) 铰孔　　(j) 锪锥孔

图 6-1　车床加工范围

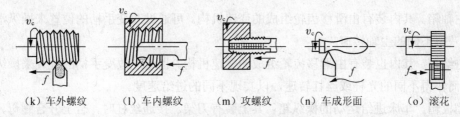

（k）车外螺纹　　（l）车内螺纹　　（m）攻螺纹　　（n）车成形面　　（o）滚花

图 6-1　车床加工范围（续）

在车床上如果装上一些附件和夹具，还可以进行镗削、磨削、研磨、抛光等。因此，车削加工在制造工业中应用非常普通，因而它的地位也十分重要。

6.1　普通卧式车床

普通车床种类很多，除卧式车床外，常用的还有六角车床、立式车床、自动车床等，下面主要介绍实习中最常用的 C6132 卧式车床。

6.1.1　C6132 卧式车床的组成

编号 C6132 中，C 表示车床类，61 表示普通卧式车床，32 表示床身上最大工件回转直径的 1/10，即 C6132 车床的最大工件回转直径为 320mm。C6132 车床的最大加工长度为 750mm。

图 6-2 为 C6132 普通卧式车床，其主要由床身、变速器、主轴箱、进给箱、溜板箱、光杆、丝杠、刀架、尾座和床腿组成。

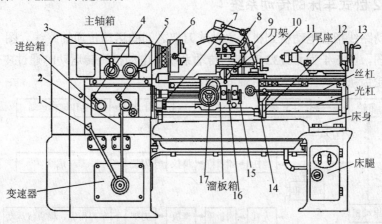

图 6-2　C6132 普通卧式车床

1-主轴变速短手柄；2-主轴变速长手柄；3-换向手柄；4、5-进给量调整手柄；6-主轴变速手柄；7-离合手柄；
8-方刀架紧手柄；9-横向手动手柄；10-小滑板手柄；11-尾座套筒锁紧手柄；12-主轴启闭和变向手柄；
13-尾座手枪；14-对开螺母手柄；15-横向自动手柄；16-纵向自动手柄；17-纵向手动手轮

（1）床身。用来支承车床的基础部分，并连接各主要部件。床身上面有两条互相平行的导轨，以确定刀架和尾座的移动方向。床身由床脚支承并固定在地基上。

（2）变速器。其内装车床主轴的变速齿轮，电机的转速通过变速器可得到 6 种转速。变速器远离车床主轴，可减小变速器中传动件产生的振动和热量对主轴的影响。

(3) 主轴箱。其内装有由滑移齿轮组成的变速机构。可通过改变手柄的位置来操纵滑移齿轮，从而获得不同的主轴转速。

(4) 进给箱。其内也装有由滑移齿轮组成的变速机构。也通过改变手柄的位置来操纵滑移齿轮，从而获得不同的光杆或丝杠转速，以实现不同的进给速度。

(5) 溜板箱。车床进给运动的操纵箱，其上装有刀架。接通丝杠时，合上开合螺母，可车削螺纹。接通光杆时，可使刀架作纵向移动或横向移动，用来车削圆柱面或断面。

(6) 光杆、丝杠。将进给箱的运动传动给溜板箱。光杆用于自动走刀时车削除螺纹以外的表面，丝杠只用于车削螺纹。

(7) 刀架。用来夹持车刀，在水平面内可作纵向移动、横向移动和斜向移动。它主要包括以下部分。

① 大拖板（大刀架）。其与溜板箱相连，可带动整个刀架沿床身导轨纵向移动。

② 中拖板（横刀架）。可带动小拖板沿大拖板上的导轨作横向移动。

③ 转盘。转盘与中拖板用螺钉紧固。松开螺钉，在水平面可内扳转任意角度。

④ 小拖板（小刀架）。可沿转盘上面的导轨作短距离移动。转动转盘后小刀架的移动用于车削圆锥面。

⑤ 方刀架。固定在小拖板上，可安装四把车刀，绕垂直轴转换刀架位置，即可快速换刀。

(8) 尾座。可安装顶尖，用来支承长轴的加工。也可安装钻头、扩孔钻或铰刀，用来加工孔。

6.1.2　C6132 卧式车床的传动系统

车床的传动路线指从电动机到机床主轴或刀架之间的运动传递的路线。图 6-3 为车床传动路线示意框图。图 6-4 为 C6132 车床的传动系统，电动机旋转运动时通过皮带轮、齿轮、丝杠螺母或齿轮齿条等传至机床的主轴或刀架。

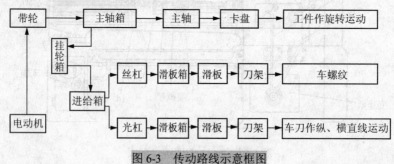

图 6-3　传动路线示意框图

6.1.3　车刀及安装

车刀的安装如图 6-5 所示。车刀安装在方刀架上，刀尖一般应与车床主轴中心等高。此外，车刀在方刀架上伸出的长度要合适，一般以刀体高度的 1.5～2 倍为宜。垫刀片要放得平整，车刀与方刀架均要锁紧。

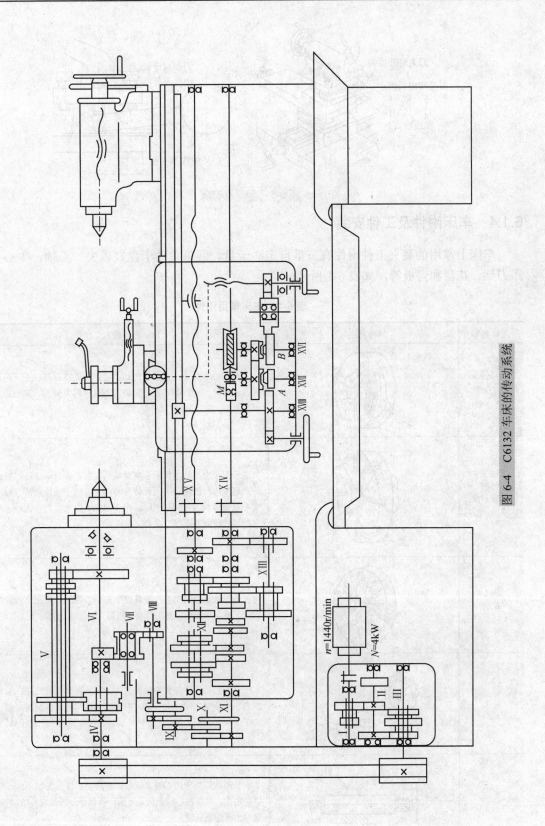

图 6-4 C6132 车床的传动系统

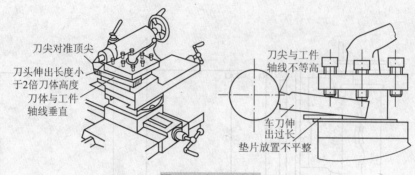

刀尖对准顶尖

刀头伸出长度小于2倍刀体高度

刀体与工件轴线垂直

刀尖与工件轴线不等高

车刀伸出过长

垫片放置不平整

图 6-5　车刀及安装

6.1.4　车床附件及工件安装

车床上常用的装夹工件附件有三爪自定心卡盘、四爪单动卡盘、顶尖、心轴、中心架、跟刀架、花盘和弯板等，如表 6-1 所示。

表 6-1　车床常用附件

附件名称	结构简图	结构特点
三爪卡盘		为自定心卡盘，用锥齿轮传动；适用于夹持圆形、正三角形或正六边形等工件；其重复定位精度高、夹持范围大、夹紧力大、调整方便，应用比较广泛
四爪卡盘		由于四个卡爪是用扳手分别调整的，故不能自动定心，需在工件上划线进行找正，装夹比较费时；主要用于夹持方形、椭圆形或不规则形状的工件；同时，由于四爪卡盘夹紧力较大，也用于夹持尺寸较大的圆形工件
花盘		安装形状复杂的工件，在花盘上安装工件时，找正比较费时；同时，要用平衡铁平衡工件和弯板等，以防止旋转时发生振动
顶尖		较长或加工工序较多的轴类工件，常采用两顶尖安装；工件装在前、后顶尖之间，由卡箍、拨盘或卡盘带动工件旋转，前顶尖装在主轴上，和工件一起旋转，后顶尖装在尾座上固定不转
心轴	心轴　工件	安装形状复杂和同心要求较高的套筒类零件；先加工孔，然后以孔定位，安装在心轴上加工外圆，以保证外圈和内孔的同轴度，端面和孔的垂直度

附件名称	结构简图	结构特点
中心架		中心架是固定在床身导轨上的，用于车削有台阶或需要掉头车削的细长轴，以增加轴的刚度，避免加工时由于刚度不够而产生形状误差
跟刀架		跟刀架装在车床刀架的大拖板上，与整个刀架一起移动，用来车削细长的光轴，以增加轴的刚度，避免加工时由于刚度不够而产生形状误差

安装工件应使被加工表面的回转中心与车床主轴的轴线重合，以保证工件位置准确，同时还要把工件夹紧，以承受切削力，保证切削时安全。车床上加工多为轴类零件和盘套类零件，有时也可能在不规则零件上进行外圆、内孔或端面的加工，根据工件的结构特点采用不同的工件安装方法。

1. 三爪自定心卡盘装夹

车床上最通常的一种装夹方法，套盘类工件和正六边形截面工件都适用此法装夹，而且装夹迅速，但定心精度不高，一般为 0.05～0.15mm。

2. 四爪单动卡盘及花盘装夹

四爪卡盘上的四个爪分别通过转动螺杆而实现单动。它可用于装夹方形、椭圆形或不规则形状工件，根据加工要求利用划线找正把工件调整至所需位置。此法调整费时费工，但夹紧力大。

花盘装夹是利用螺钉、压板、角铁等把工件夹紧在所需的位置上，适用于工件不规则情况。

3. 顶尖装夹

为了减少工件变形和振动可用双顶尖装夹工件。常用跟刀架或中心架作辅助支承，以增加工件的刚性。跟刀架跟着刀架移动，用于光轴外圆加工。

当加工细长阶梯轴时，则使用中心架。中心架固定在床身导轨上，不随刀架移动。

4. 心轴装夹

心轴主要用于带孔盘、套类零件的装夹，以保证孔和外圆的同轴度及端面和孔的垂直度。当工件长径比小时，应采用螺母压紧的心轴；当工件长度大于孔径时，可采用带有锥度（1：1000～1：5000）的心轴，靠配合面的摩擦力传递运动，故此法切削用量不能太大。

6.2　车削运动与切削用量

1. 车削运动

在车床上，切削运动是由刀具和工件作相对运动而实现的。按其所起的作用，通常可分为以下两种。

(1)主运动。切除工件上多余金属，形成工件新表面必不可少的基本运动。其特征是速度最高，消耗功率最多。车削时，工件的旋转为主运动；切削加工时，主运动只能有一个。

(2)进给运动。使切削层间断或连续投入切削的一种附加运动。其特征是速度小，消耗功率少。车削时刀具的纵、横向移动为进给运动。切削加工时进给运动可能不止一个。

2．车削用量

在车削时，车削用量是切削速度(v_c)、进给量(f)和背吃刀量(a_p)三个切削要素的总称。它们对加工质量、生产率及加工成本有很大影响。

(1)切削速度(v_c)：车削时的切削速度是指车刀刀刃与工件接触点上主运动的最大线速度(m/s 或 m/min)。

(2)进给量(f)：车削时，进给量是指工件一转时刀具沿进给方向的位移量，又称走刀量(mm/r)。

(3)背吃刀量(a_p)：车削时，背吃刀量是指待加工表面与已加工表面之间的垂直距离，单位为 mm。其又称切削深度(mm)。

3．车削用量的选择

车削用量三要素中影响刀具耐用度最大的是切削速度，其次是进给量，最小是背吃刀量。所以在粗加工时应优先考虑用大的背吃刀量，其次考虑用大的进给量，最后选定合理的切削速度。半精加工和粗加工时首先要保证加工精度和表面质量，同时要兼顾必要的耐用度和生产效率，一般多选用较小的背吃刀量和进给量，在保证合理刀具耐用度前提下确定合理的切削速度。

(1)背吃刀量的选择：背吃刀量(a_p)的选择按零件的加工余量而定，在中等功率车床上，粗加工时可达 8～10mm，在保留后续加工余量的前提下，尽可能一次走刀切完。当采用不重磨刀具时，背吃刀量所形成的实际切削刃长度不宜超过总切削刃长度的三分之二。

(2)进给量的选择：粗加工时 f 的选择按刀杆强度和刚度、刀片强度、机床功率和转矩许可的条件，选一个最大的值；精加工时，则在获得满意的表面粗糙度值的前提下选一个较大值。

(3)切削速度的选择：在 a_p 和 f 已定的基础上，再按选定的耐用度值确定切削速度，一般通过查手册决定。

6.3　车床操作要点

6.3.1　刻度盘及刻度盘手柄的使用

在车削工件时，要准确、迅速地控制背吃刀量，必须熟练地使用中滑板和小滑板的刻度盘。

中滑板的刻度盘装在横向丝杠头上，中滑板与丝杠上的螺母紧固在一起。当中滑板手柄带着刻度盘转一周时，丝杠也转一周，这时螺母带着中滑板移动一个螺距，所以中滑板移动的距离可根据刻度盘上的格数来计算：

刻度盘每转一格，中滑板移动的距离=丝杠螺距/刻度盘格数(mm)

例如，C6132 卧式车床中滑板丝杠螺距为 4mm，中滑板刻度盘一周等分 200 格，故刻度盘每转一格，中滑板移动的距离为 4/200=0.02(mm)。

刻度盘转一格，中滑板带着车刀移动 0.02mm，在工件半径方向上切下的材料厚度为 0.02mm。由于车刀在旋转的工件上切削，所以工件直径改变 0.04mm。回转表面的加工余量都是对直径而言的，测量工件尺寸也是看其直径的变化，所以用中滑板刻度盘进行切削时，为简化计算，通常将每格读作 0.04mm。

加工外圆时，车刀向工件中心移动为进刀，远离中心为退刀；加工内孔时，则刚好相反。

进刻度时，如果刻度盘手柄摇过了头，或试切后发现尺寸不对而需将车刀退回，刻度盘不能直接退回到所要求的刻度，应按图 6-6 所示的方法纠正。这样才能消除丝杠与螺母间存在的间隙。

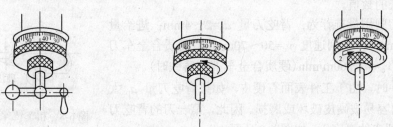

(a) 要求手柄转至 30 但摇过头变成 40　　　(b) 错误：直接退至 30　　　(c) 正确：反转约一圈后再转至所需位置 30

图 6-6　刻度盘手柄摇过了头的纠正方法

小滑板刻度盘的原理及其使用与中滑板相同，其刻度盘主要用于控制工件长度方向上的尺寸。与加工圆柱面不同的是小滑板移动多少，工件的长度尺寸就改变多少。

6.3.2　试切的方法与步骤

工件安装在车床上以后，要根据加工余量决定走刀次数和每次走刀的背吃刀量 a_p。半精车和精车时，为了准确确定背吃刀量 a_p，保证工件的尺寸精度，完全靠刻度盘来进刀是不够的。因为刻度盘和丝杠都有误差，往往不能满足半精车和精车的要求，这就需要采用试切的方法。

试切的方法与步骤如图 6-7 所示，其中图 6-7(a)～(e)是试切的一个循环。如果尺寸合格，就按这个背吃刀量 a_p 将整个表面车削完毕；如果尺寸还大，就要从图 6-7(f)开始重新进行试切，直到尺寸合格后才能继续车削下去。

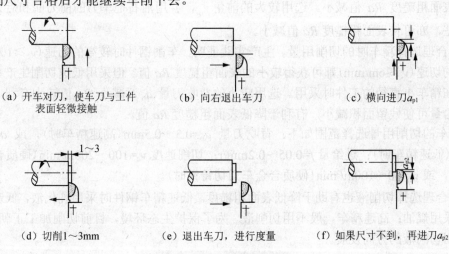

（a）开车对刀，使车刀与工件　　　（b）向右退出车刀　　　（c）横向进刀a_{p1}
　　　表面轻微接触

（d）切削1～3mm　　　（e）退出车刀，进行度量　　　（f）如果尺寸不到，再进刀a_{p2}

图 6-7　试切的方法与步骤

6.3.3　车削加工的步骤

为了提高生产效率和保证加工精度，车削加工一般分为粗车、半精车和精车三个阶段。

1. 粗车

粗车的目的是尽快从工件上切去大部分加工余量，使工件接近最后的形状和尺寸。粗车要给精车留有合适的加工余量，而精度和表面质量要求都很低。在生产中，加大背吃刀量 a_p 对提高生产率最为有利，而对车刀寿命的影响又最小。因此，粗车时应优先选用较大的背吃刀量 a_p；其次根据可能，适当加大进给量 f；最后确定切削速度 v_c。切削速度 v_c 一般采用中等或中等偏低的数值。

粗车的切削用量推荐为：背吃刀量 a_p=2～4mm；进给量 f=0.15～0.40mm/r；切削速度 v_c=50～70m/min（硬质合金车刀切钢时），或 v_c=40～60m/min（硬质合金车刀切铸铁时）。

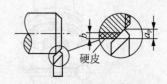

粗车铸件时，由于工件表面有硬皮，如果背吃刀量 a_p 太小，刀尖反而容易被硬皮破坏或磨损。因此，第一刀的背吃刀量 a_p 应大于硬皮的厚度 b，如图 6-8 所示。

图 6-8　粗车铸件的背吃刀量 a_p

选择切削用量时，还要看加工时的具体情况，如驱动机床主轴转动的电机功率是否足够，工件安装是否牢靠。若工件的夹持部分长度较短或表面凹凸不平，切削用量也不宜过大。粗车给半精车的加工余量一般为 2～4mm。

2. 半精车

半精车的目的是：①给精车、精磨留余量；②给淬火工序留有足够的变形量。半精车的加工余量一般为 0.3～0.5mm，表面粗糙度 Ra 值为 6.3～3.2μm。

3. 精车

精车的目的是要保证零件的尺寸精度和表面粗糙度要求。

精车的尺寸公差等级一般为 IT8～IT7，其尺寸精度主要是依靠准确地试切和度量来保证的，因此操作时务必认真和仔细。

精车的表面粗糙度 Ra 值一般为 3.2～1.6μm，其主要保证措施如下。

（1）选择几何形状合适的车刀。选用较小的副偏角 K_r'，或刀尖磨出小圆弧以减小残留面积，使表面粗糙度 Ra 值减小。选用较大的前角 γ_o，并用油石把车刀的前刀面和后刀面打磨得光一些，亦可使表面粗糙度 Ra 值减小。

（2）合理选择精车时的切削用量。生产实践证明，车削钢件时较高的切速（$v_c \geq$100m/min）或较低的切速（$v_c \leq$6m/min）都可获得较小的表面粗糙度 Ra 值。但采用低速切削生产率低，一般只有在精车小直径的工件时采用。选用较小的背吃刀量 a_p 对减小 Ra 值较为有利。采用较小的进给量可使残留面积减小，有利于降低表面粗糙度 Ra 值。

精车的切削用量选择范围如下：背吃刀量 a_p=0.3～0.5mm（高速精车时），或 a_p=0.05～0.10mm（低速精车时）；进给量 f=0.05～0.2mm/r；切削速度 v_c=100～200m/min（硬质合金车刀切钢时），或 v_c=60～100m/ min（硬质合金车刀切铸铁时）。

（3）合理选择切削液也有助于降低表面粗糙度。低速精车钢件时采用乳化液，低速精车铸铁件时采用煤油；高速精车一般不用切削液。为了保护生态环境，目前切削加工正朝着少用，甚至不用切削液的方向发展。

6.4 基本车削工作

外圆车削、端面车削、外圆台阶、车内孔、车螺纹、车锥面、车槽与切断、车成形面以及滚花等都是车削加工中最基本、最常见的工作。

6.4.1 车外圆

常见的外圆车削主要用尖刀、弯头刀和偏刀进行，如图 6-9 所示。

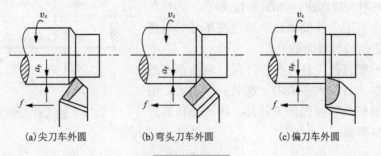

(a)尖刀车外圆　　　　(b)弯头刀车外圆　　　　(c)偏刀车外圆

图 6-9　车外圆

车外圆的步骤如下。

(1)正确安装工件和车刀。

(2)机床调整。用变速手柄调整主轴转速和进给量。

(3)试切。通过试切来确定背吃刀量，以准确控制尺寸。

(4)车削外圆。按照外圆的加工精度和表面粗糙度要求不同，分粗车、半精车和精车。粗车是尽快从工件上切去大部分加工余量，对尺寸精度和表面粗糙度无严格要求，一般精度为 IT12～IT11，表面粗糙度 Ra 值为 50～12.5μm。半精车作为精车和磨削前的预加工，精度一般为 IT10～IT9，表面粗糙度 Ra 值为 6.3～3.2μm。精车是获得所要的尺寸精度和表面粗糙度，精度一般为 IT8～IT7，表面粗糙度 Ra 值为 1.6μm。

6.4.2 车端面

图 6-10 所示为几种常用车刀车端面。车端面时刀具作横向进给，越向中心车削速度越小，当刀尖达到工件中心时，车削速度为零，故切削条件比车外圆要差。

1-工件；2-刀尖

(a)右偏刀车端面　　　　(b)45°弯头刀车端面　　　　(c)右偏刀车端面

图 6-10　车端面

需要注意的是，车刀安装时，刀尖严格对准工件旋转中心，否则工件中心凸台难以切除；并尽量从中心向外走刀，必要时锁住大拖板。

6.4.3 车外圆台阶

外圆柱面零件有轴类与盘类两大类。前者一般直径较小，后者一般直径较大。当零件长径比较大时，可分别采用双顶尖、跟刀架和中心架装夹加工。

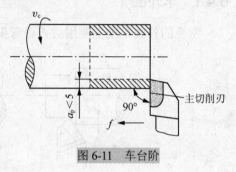

车削高度大于 5mm 的台阶轴时，外圆应分层切除，再对台阶面进行精车。车削高度在 5mm 以下的低台阶时，可在车外圆时同时车出，如图 6-11 所示。为使车刀的主切削刃垂直于工件的轴线，可先在车号的端面上对刀，使主切削刃与端面贴平。

图 6-11　车台阶

盘类零件一般有孔，且内孔、外圆、端面都有形位精度要求，加工方法大多采用一次装夹下加工，俗称一刀落。要求较高时可先加工好孔，再用心轴装夹车削有关外圆与端面。

6.4.4 车内孔

常用的内孔车削为钻孔和镗孔。在实体材料上进行孔加工时，先要钻孔，钻孔时刀具为麻花钻，装在尾架套筒内由手动进给。

在已有孔（钻孔、铸孔、铰孔）的工件上如需对孔作进一步扩径加工称镗孔，镗孔有加工通孔、盲孔、内环形槽三种情况，如图 6-12 所示。

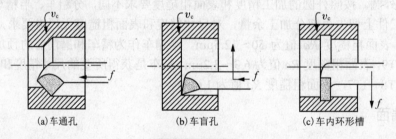

(a) 车通孔　　　　　　(b) 车盲孔　　　　　　(c) 车内环形槽

图 6-12　车内孔

粗车孔精度可达 IT11～IT10，表面粗糙度 Ra 值为 12.5～6.3μm；半精车孔精度为 IT10～IT9，表面粗糙度 Ra 值为 6.3～3.2μm；精车孔精度为 IT8～IT7，表面粗糙度 Ra 值为 1.6～0.8μm。对于孔径小于 10mm 的孔，在车床上一般采用钻孔后直接铰孔。

6.4.5 车锥面

锥面有配合紧密、传递扭矩大、定心准确、同轴度高、拆装方便等优点，故锥面使用广泛。锥面是车床上除内外圆柱面外最常加工的表面之一。

最常用的锥体车削方法有以下几种。

（1）转动小刀架法（图 6-13(a)）：此法调整方便，由于小刀架（上滑板）行程较短，只能加工短锥面且为手动进给，故车削时进给量不均匀、表面质量较差，但锥角大小不受限制，因此获得广泛使用。

(2) 偏移尾架法(图6-13(b))：一般用于车削小锥度的长锥面。

(3) 靠模法(图 6-13(c))：利用此方法加工时，车床上要安装靠模附件，同时横向进给丝杠与螺母要脱开，小刀架要转过 90° 以作吃刀调节之用。它的优点是可在自动进给条件下车削锥面，且一批工件能获得稳定一致的合格锥度，但目前已逐渐被数控车床所代替。

(4) 宽刀法(图6-13(d))：此法要求切削刃与工件轴线的夹角等于 $\alpha/2$，切削刃必须磨直，工件加工锥面必须很短，否则容易引起振动而破坏工件的表面粗糙度。此法既适于车短锥面，也可车短锥孔。

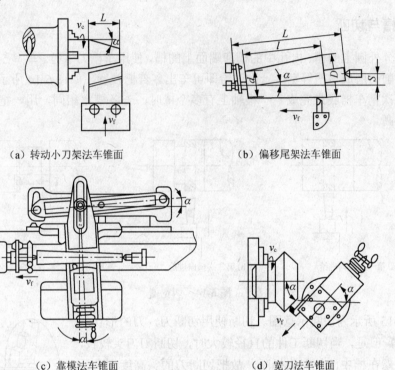

（a）转动小刀架法车锥面　　　　　　　　（b）偏移尾架法车锥面

（c）靠模法车锥面　　　　　　　　（d）宽刀法车锥面

图 6-13　锥面的车削方法

6.4.6　车螺纹

螺纹种类很多，按牙形分为三角形螺纹、梯形螺纹和方牙螺纹等。按标准分有公制螺纹和英制螺纹两种，公制螺纹中三角螺纹的牙形角为 60°，用螺距或导程来表示其主要规格。各种螺纹都有左旋、右旋、单线、多线之分，其中以公制三角螺纹应用最广，称为普通螺纹。

1. 螺纹车刀及其安装

螺纹牙形角 α 要靠螺纹车刀的正确形状来保证，因此三角螺纹车刀刀尖及刀刃的交角应为 60°，而且粗车时车刀的前角 γ_o 应等于 0°，刀具用样板安装，应保证刀尖分角线与工件轴线垂直。

2. 车床运动调整

为了得到正确的螺距 P，应保证工件转一转时，刀具准确地纵向移动一个螺距，即

$$n_{丝} \cdot P_{丝} = n \cdot P$$

通常在具体操作时可按车床进给箱表牌上表示的数值按待加工工件螺距值，调整相应的进给调整手柄即可满足要求。

3. 螺纹车削注意事项

由于螺纹的牙形是经过多次走刀形成的,一般每次走刀都是采用一侧刀刃进行切削的(称斜进刀法),故这种方法适用于较大螺纹的粗加工。有时为了保证螺纹两侧都同样光洁,可采用左右切削法,采用此法加工时可利用小刀架先作左或右的少量进给。

在车削加工件的螺距 P 与车床丝杠螺距 $P_{丝}$ 不是整数倍时,为了保证每次走刀时刀尖都正确落在前次车削好的螺纹槽内,不能在车削过程中提起开合螺母,而应采用反车退刀的方法。

车削螺纹时严格禁止以手触摸工件和以棉纱揩擦转动的螺纹。

6.4.7 车槽与切断

车槽可分外圆上的槽、内孔中的槽和端面上的槽,使用车槽刀进行。车宽 5mm 以下的槽,可以将主切削刃磨成与槽等宽,一次进给即可车出。若槽较宽,如图 6-14 所示,可用多次横车,最后一次精车槽底来完成。一根轴上有多个槽时,若各槽宽相同,用一把车槽刀即可完成,效率较高。

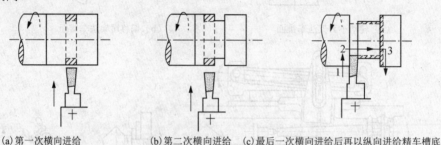

(a)第一次横向进给　　　(b)第二次横向进给　(c)最后一次横向进给后再以纵向进给精车槽底

图 6-14　切宽槽

如图 6-15 所示为切断示意图。切断使用切断刀,刀的形状与车槽刀类似,但是,当切断工件的直径较大时,切断刀刀头较长,切屑容易堵塞在槽中而使刀头折断,故把切断刀的头高度加大。切断刀的主切削刃必须调整到与机床旋转中心等高,较高或较低都会使切至靠近工件中心部分时形成小凸台,易使刀头损坏。切断时进给必须均匀。当接近切断时需放慢进给速度,否则易使刀头折断。

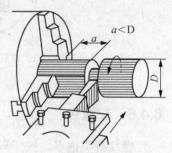

图 6-15　在卡盘上切断

6.4.8 车成形表面

手柄或圆球等零件上的曲线回转表面称为成形表面。

1. 双向车削法

如图 6-16 所示,先用普通尖刀按成形表面的大致形状粗车许多台阶,然后用两手分别操纵作纵向和横向同时进给,用圆弧车刀车去台阶峰部并使之基本成形,用样板检验后需再经过多次车削修整和检验,形状合格后还需用砂纸和纱皮适当打磨修光。此法适用于单件小批生产,虽操作技术要求高,但不需要特殊的设备和刀具。

2. 靠模法

它与用靠模法车锥面类似,只要将模尺改为成形面靠模尺即可。如图 6-17 所示,此法操作简单、生产效率高，但需要制造专用靠模，故只适用于在大批大量生产中车削长度较大、形状较简单的成形面。

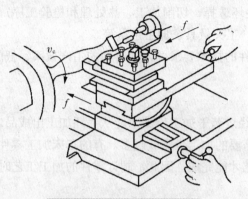

图 6-16　双手控制法车成形面

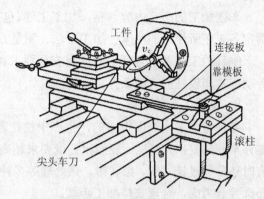

图 6-17　靠模法车成形面

3. 成形刀法

如图 6-18 所示，成形刀的刀刃形状与成形表面的形状一致，只需用一次横向进给即可车出成形表面，也可先用尖刀按成形表面的大致轮廓粗车出许多台阶，然后再用成形刀精车成形。此法生产效率较高，但刀具刃磨困难，车削时容易振动，故只适用于在批量较大的生产中，车削刚性好、长度短且形状简单的成形面。

6.4.9　滚花

工具和零件的手握部分，为了美观和加大摩擦力，常在表面上滚压出花纹。滚花是在车床上用滚花刀挤压工件，使工件表面产生塑性变形而成花纹，如图 6-19 所示。滚花时，工件低速旋转，滚花刀径向挤压后，再作纵向进给。为避免研坏滚刀和防止细屑滞塞在滚花刀内而产生乱纹，应充分供给冷却润滑液。

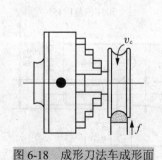

图 6-18　成形刀法车成形面

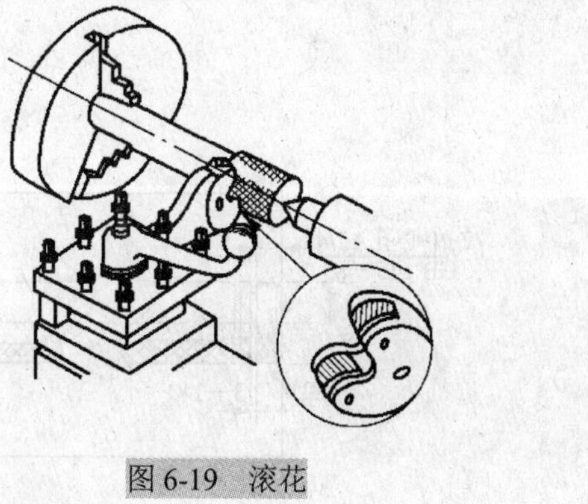

图 6-19　滚花

6.5　车削实践训练

1. 车削加工的工艺内容和要求

在生产过程中，为了进行科学管理，常把零件加工工艺过程中的各项内容，编写成文件来指导生产。这类规定产品或零部件制造工艺过程和操作方法等的工艺文件也称工艺规程。

车削加工的工艺内容包括：加工工序(包括毛坯选择、切削加工、热处理和检验工序)，确定各工序所使用的机床、加工方法、测量方法、工夹量具、加工余量等。

制订的工艺要求包括：除满足安全要求和零件的技术要求外，要有高的生产效率、低的劳动成本和较好的劳动条件。

2. 加工工艺的步骤

零件是由多个表面组成的，生产中往往需要经过若干加工步骤才能从毛坯加工出成品。零件形状越复杂，精度、表面粗糙度要求越高，需要的加工步骤就越多。有的车床加工零件，有时还要经过铣、刨、磨、钳、热处理等多种工艺才能完成。因此，制订零件的加工工艺时，必须综合考虑，合理安排加工步骤。

(1)分析零件图纸，了解全部技术要求，如零件的材料、形状、尺寸、尺寸精度、表面粗糙度、热处理和加工数量等。

(2)确定毛坯种类，如棒料、锻件或铸件。

(3)确定零件的加工顺序，包括热处理方法的确定及安排。

(4)确定每一个加工步骤所用的机床及零件的安装方法、加工方法、测量方法、加工尺寸和加工余量。

(5)成批生产的零件还需要确定每一步加工所用的切削用量。

具体制作工艺时，还要结合实际生产条件，有时需要综合考虑技术与经济两方面。

3. 实践内容

对于轴类和盘套类零件，其车削工艺是整个工艺过程的重要组成部分，学生可以图 6-20 所示的榔头柄零件图样为例，掌握外圆、端面、切槽、滚花、圆锥及外螺纹的加工操作方法，能按实习件图纸的技术要求正确合理地选择工、夹、量具，制订简单的车削加工工序。

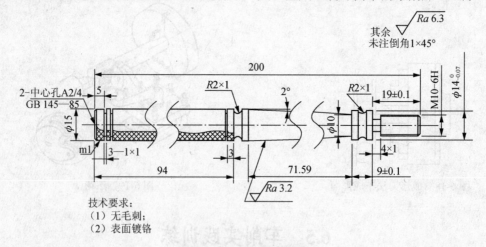

图 6-20　榔头柄零件图样

榔头柄的车削工艺过程如表 6-2 所示，以供参考。

表 6-2 榔头柄工艺过程

加工顺序	加工简图	加工内容	安装方法	主轴转速/(r/min)	进给量/(mm/r)
1	$\phi 15$ 202	下料 $\phi 16 \times 202$	三爪卡盘		
2		车端面		350	0.12
3	v_c f	钻中心孔		800	手动
4	标记线 $\phi 16$ $\phi 15$ 160 202	车削 $\phi 15 \times 160$，并在长度 94 处标记		350	0.12
5		滚花 $\phi 15 \times 94$	三爪卡盘，顶尖	200	0.24
6	2-中心孔A2/4 GB 145—85 $\phi 15$ $R2 \times 1$ m1 3-1×1 94 3	切槽 1×1，共 3 个；$R2 \times 1$，共 1 个		200	手动
7	$1 \times 45°$	倒角 $1 \times 45°$		200	手动
8		掉头，工件伸出长度 45	三爪卡盘		
9	200	车总长 200		350	0.12
10	$R2 \times 1$ 19 ± 0.1 M10-6H $\phi 14_{-0.27}^{0}$ $\phi 10$ 4×1 9 ± 0.1	车 $\phi 14 \times 40$（注意公差）		350	0.12
11		车 $\phi 10 \times 19$（注意公差）		350	0.12
12		切槽 4×1，1 个，$R2 \times 1$，1 个		200	手动
13		倒角后，车 M10		45	$T=1.5$ T 为螺距

续表

加工顺序	加工简图	加工内容	安装方法	主轴转速/(r/min)	进给量/(mm/r)
14		掉头 (铜皮包住螺纹处)	三爪卡盘，顶尖		
15	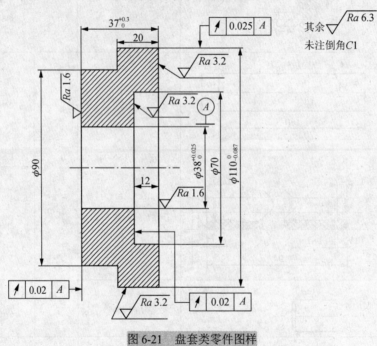	车锥度2°	三爪卡盘，顶尖	350	手动
16		倒角			
17		检验			

对于盘套类零件(图6-21)，可以手工编制工艺流程。

图6-21　盘套类零件图样

第 7 章 铣 削 加 工

铣削加工是在铣床上利用铣刀的旋转运动和工件的连续移动来加工工件的一种机械加工方式。铣削时，刀具的旋转运动为主运动，工件的直线移动为进给运动。

铣床除了能加工一些平面、沟槽、轮齿、螺纹和花键轴外，还能加工比较复杂的型面(图 7-1)，效率比刨床高，在机械制造业得到广泛应用。

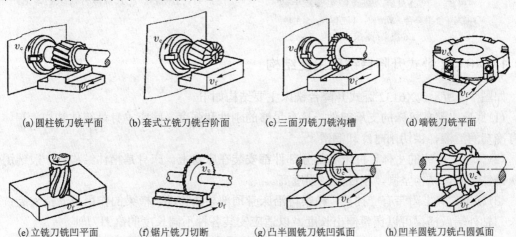

(a) 圆柱铣刀铣平面　　(b) 套式立铣刀铣台阶面　　(c) 三面刃铣刀铣沟槽　　(d) 端铣刀铣平面

(e) 立铣刀铣凹平面　　(f) 锯片铣刀切断　　(g) 凸半圆铣刀铣凹弧面　　(h) 凹半圆铣刀铣凸圆弧面

图 7-1 铣削加工范围

  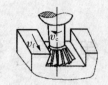

(i)齿轮铣刀铣齿形　　(j)角度铣刀铣 V 形槽　　(k)燕尾槽铣刀铣燕尾槽　　(l)T 形铣刀铣 T 型槽

图 7-1　铣削加工范围(续)

7.1　普通铣床及其附件

常用的铣床为升降台铣床，其可分为卧式升降台铣床(图 7-2)和立式升降台铣床(图 7-3)。卧式铣床的主要特点是主轴轴线与工作台面平行，而立式铣床的主轴轴线与工作台面垂直。本书以卧式升降台铣床为例进行介绍。

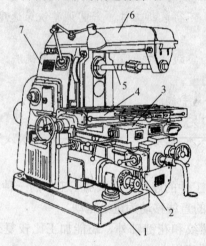 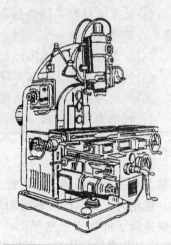

图 7-2　卧式升降台铣床的组成和运动

图 7-3　立式升降台铣床的外形图

1-底座；2-升降台；3-滑座；4-工作台；5-主轴；
6-横梁；7-床身

7.1.1　X6132 卧式升降台铣床主要结构

如图 7-2 所示，X6132 卧式升降台铣床主要结构如下。

(1)底座。整部机床的支承部件，具有足够的刚性和强度。底座本身是箱体结构，箱体内盛有冷却润滑液，供切削时冷却润滑。

(2)床身。机床的主体，机床大部分部件都安装在床身上。床身是箱体结构，一般选用优质灰铸铁铸成，结构坚固，刚性好，强度高。

(3)横梁。其上附带有一挂架，横梁可沿床身顶部导轨移动。横梁的作用是支持安装铣刀的长刀轴外端。横梁可以调整伸出长度，以适应安装各种不同长度的铣刀刀轴。

(4)主轴。前端带锥孔的空心轴，从铣床外部能看到主轴锥孔和前端。锥孔锥度一般为 7∶24，可安装刀轴。铣削时，要求主轴旋转平稳，无跳动，在主轴外圆两端均有轴承支持，中部一般还装有飞轮，以使铣削平稳。

(5)主轴变速机构。它的作用是将主电动机的固定转速通过齿轮变速，变换成 18 种不同转速，传递给主轴，适应铣削的需要。从机床外部能看到转速盘和变速手柄。

(6)纵向工作台。用于安装工件和带动工件作纵向移动。

(7)横向工作台。在纵向工作台和升降台之间，用于带动纵向工作台作横向移动。

(8)升降台。安装在床身前侧垂直导轨上，中部有丝杠与底座螺母相连接，其主要作用是带动工作台沿床身前侧垂直导轨作上下移动。

(9)进给变速机构。将进给电动机的固定转速通过齿轮变速，变换成 18 种不同转速传递给进给机构，实现工作台移动的各种不同速度，以适应铣削的需要。进给变速机构位于升降台侧面，备有麻菇形手柄和进给量数码盘，改变进给量时，只需操纵麻菇手柄，转动数码盘，即可达到所需要的自动进给量。

7.1.2　铣床的主要附件

1. 万能铣头

在卧式铣床上安装万能铣头(图 7-4)，不仅能完成立铣的工作，还可以根据铣削的需要，把铣头主轴板扮成任意角度，使加工范围得以扩大。

万能铣头的底座用螺栓固定在铣床的垂直导轨上。铣床主轴的运动通过铣头内的两对锥齿轮传到铣头主轴上。铣头的壳体可绕铣床主轴轴线偏转任意角度。铣头主轴的壳体还能在铣头壳体上偏转任意角度。因此，铣头主轴就能在空间偏转成所需要的任意角度。

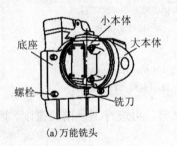
(a)万能铣头

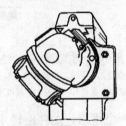
(b)大本体偏转一定角度

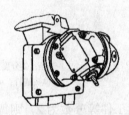
(c)小本体偏转一定角度

图 7-4　万能铣头

2. 回转工作台

回转工作台(图 7-5)通过蜗杆蜗轮传动使工作台作旋转运动，用于铣削圆弧形或曲线形沟槽及外形。

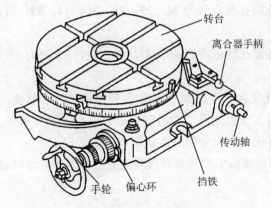

图 7-5　回转工作台

工作时，转动手轮，转盘四周有刻度，可以用于确定转台位置。转盘中心有一孔，可以方便地确定工件的回转中心。铣圆弧槽时，工件安装在转盘上。铣刀旋转，用手均匀缓慢地摇动手柄，使转盘回转作圆周进给从而铣出圆弧槽。

3. 分度头

分度头是铣床的主要附件之一，用于安装进行分度的工件如齿轮、多边形零件等，还可与铣床工作台的纵向进行配合，铣削螺旋槽。

分度头结构如图 7-6 所示，它的传动系统为蜗轮蜗杆结构，其中蜗杆与蜗轮的传动比为 1∶40，即手柄转一圈，主轴转 1/40 转。

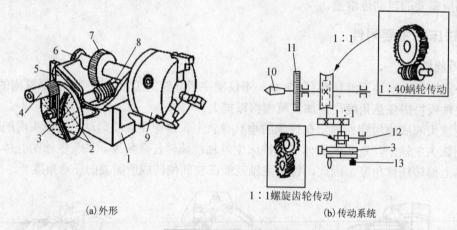

(a) 外形　　　　　　　　　　　　　　　　(b) 传动系统

图 7-6　万能分度头的结构

1-基座；2-分度叉；3-分度盘；4-手柄；5-回转体；6-分度头主轴；7-40 齿蜗轮；
8-单头蜗杆；9-三爪自定心卡盘；10-主轴；11-刻度环；12-挂轮轴；13-定位销

设工件等分数为 Z，则每铣完一个槽后，工件应转 1/Z 转，再进行下一槽的铣削。因此手柄转数 n 为

$$n = 40 \times \frac{1}{Z} = \frac{40}{Z}$$

手柄的准确转数要利用分度盘才能确定。国产分度头共备有两块分度盘，分度盘两面钻有许多圈孔，各圈孔数均不等，但每圈上的孔距都是相等的。

第一块分度盘正面各圈孔数依次为 24，25，28，30，34，37；反面依次为 38，39，41，42，43。

第二块分度盘正面各圈孔数依次为 46，47，49，51，53，54；反面依次为 57，58，59，62，66。

当 n=1 时，可选择分度盘上孔数 24 的孔圈，使手柄转过一整圈，再转过 8 个孔距即 1/3 转。为了避免手柄转动时发生差错及节省时间，在分度盘上装有扇形叉，其角度大小可按所需的孔数任意调节，这样依次进行分度时，就可以准确无误。

分度时，也可以利用分度头上的直接分度盘进行直接分度，这时直接分度用定位销定位。

7.2 铣刀安装及工件装夹

7.2.1 铣刀的安装

1. 铣刀的种类

铣刀实质上是一种由几把单刀刃刀具组成的多刃刀具，每个刀齿都可看成一把车刀，其刀齿分布在圆柱铣刀的外回转表面或端铣刀的端面上。常用的铣刀材料有高速钢和硬质合金两种。

铣刀的种类很多，按其安装方式可分为带孔铣刀和带柄铣刀两大类。

1) 带孔铣刀

带孔铣刀(图 7-7)一般用于卧式铣床，常用的有圆柱铣刀、圆盘铣刀、角度铣刀、成形铣刀等。带孔铣刀的刀齿形状和尺寸可以适应所加工的零件形状和尺寸。

(1)圆柱铣刀。其刀齿分布在圆柱表面上，通常分为直齿和斜齿两种，主要用圆周刃铣削中小型平面。

(2)圆盘铣刀。如三面刃铣刀、锯片铣刀等，主要用于加工不同宽度的沟槽及小平面、小台阶面等；锯片铣刀用于铣窄槽或切断材料。

(3)角度铣刀。具有各种不同的角度，用于加工各种角度槽及斜面等。

(4)成形铣刀。切削刃呈圆弧、齿槽形等形状，主要用于加工与切削刃形状相对立的成形面。

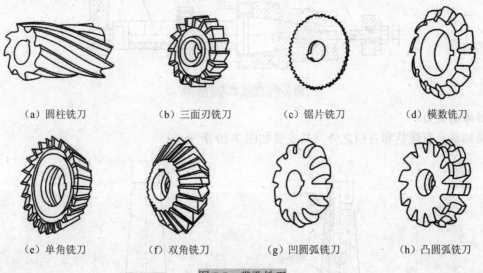

（a）圆柱铣刀	（b）三面刃铣刀	（c）锯片铣刀	（d）模数铣刀
（e）单角铣刀	（f）双角铣刀	（g）凹圆弧铣刀	（h）凸圆弧铣刀

图 7-7 带孔铣刀

2) 带柄铣刀

带柄铣刀(图 7-8)多用于立式铣床。常用的带柄铣刀有立铣刀、键槽铣刀、T 形槽铣刀和镶齿端铣刀等。

(1)立铣刀。多用于加工沟槽、小平面、台阶面等。

(2)键槽铣刀。用于加工键槽。

(3)T 形槽铣刀。用于加工 T 形槽。

(4)镶齿端铣刀。用于加工较大的平面。

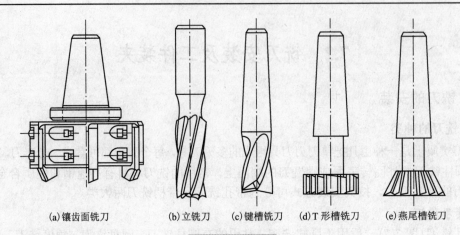

(a)镶齿面铣刀　(b)立铣刀　(c)键槽铣刀　(d)T形槽铣刀　(e)燕尾槽铣刀

图 7-8　带柄铣刀

2. 铣刀的安装

1) 带孔铣刀

带孔铣刀安装在刀杆上，如图 7-9 所示，在不影响加工情况的条件下，应尽可能使铣刀靠近铣床主轴，并使吊架尽量靠近铣刀，以增加刚性。铣刀的距离可用套筒垫圈调整。铣刀装在刀杆上后，应先把吊架轴承装好，再拧紧锁紧螺母。一般铣刀可以用平键传动，直径不大的铣刀或锯片铣刀，靠套筒垫圈端面摩擦力传递扭矩。

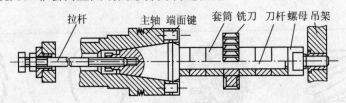

拉杆　　主轴 端面键　　套筒 铣刀　刀杆 螺母 吊架

图 7-9　带孔铣刀的安装

2) 带柄铣刀

带柄铣刀有锥柄和直柄之分，其安装如图 7-10 所示。

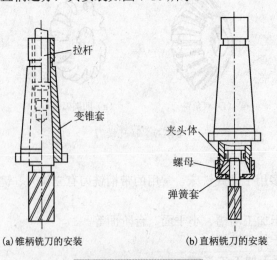

拉杆

变锥套

夹头体

螺母

弹簧套

(a)锥柄铣刀的安装　　　　(b)直柄铣刀的安装

图 7-10　带柄铣刀的安装

图 7-10（a）为锥柄铣刀的安装，根据铣刀锥柄尺寸，选择合适的变锥套，将各配合表面擦净，然后用拉杆将铣刀及变锥套一起拉紧在主轴锥孔内。大直径的端铣刀直接安装在主轴上，铣刀体上的定位基面与主轴的安装基面配合定位，用安装螺钉将铣刀体固紧于主轴端，键用于驱动铣刀回转。

图 7-10（b）为直柄铣刀的安装，这类铣刀直径一般不大于 20mm，多用于弹簧夹头进行安装。铣刀的柱柄插入弹簧孔内，由于弹簧套上面有三个不同的开口，所以用螺母压弹簧套的端面，致使其外锥面受压而孔径缩小，从而将铣刀夹紧。弹簧套有多种孔径，以适应不同尺寸的直柄铣刀。

7.2.2　工件装夹

1．机用平口钳

机用平口钳又称机用虎钳，是配合机床加工时用于夹紧加工工件的一种机床附件，如图 7-11 所示。

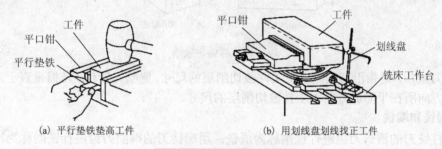

(a) 平行垫铁垫高工件　　　　(b) 用划线盘划线找正工件

图 7-11　用平口钳安装工件

用平口钳安装工件时应注意以下事项。

（1）工件的被加工面必须高出钳口，否则就要用平行垫铁垫高工件，如图 7-11（a）所示。

（2）为了使工件安装牢固，防止铣削时松动，必须把比较平整的平面贴紧垫铁和钳口上。为使工件紧贴垫铁，应一面夹紧，一面用手锤轻击工件的上平面，如图 7-11（a）所示。

（3）为了保护钳口和工件已加工表面，往往安装工件时在钳口处要垫上铜皮。

（4）用手挪动垫铁检查贴紧程度，若有松动，则说明工件与垫铁之间贴合不好，应松开平口钳重新夹紧。

（5）如果工件需要按划线找正，可用划线盘进行，如图 7-11（b）所示。

（6）对于刚度不足的工件，安装时应增加支承，以免夹紧力使工件变形，如图 7-12 所示的框形工件的安装。

2．压板螺栓

对于大型工件或平口钳难以安装的其他工件，可用压板螺栓直接将其装夹在工作台上，如图 7-13 所示。压板的位置要安排得当，压紧螺栓应靠近切削面，以便将工件压紧，压力大小要合适。

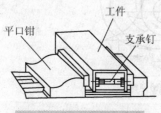

图 7-12　框形工件的安装

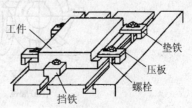

图 7-13　压板螺栓

7.3　基本铣削加工方法

7.3.1　铣削方式与铣削用量

1. 铣削用量

铣削时的铣削用量由铣削速度 v_c、进给量 f、铣削深度（又称背吃刀量）a_p 和铣削宽度（又称侧吃刀量）a_e 四要素组成，如图 7-14 所示。

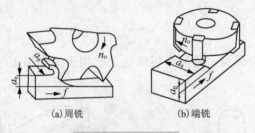

(a)周铣　　　　　　　　(b)端铣

图 7-14　周铣和端铣

背吃刀量（a_p）是指沿刀轴方向上工件被切削层的尺寸。侧吃刀量（a_e）是指垂直于刀轴方向上和进给方向所在平面的方向上工件被切削层的尺寸。

2. 周铣和端铣

用圆柱铣刀的圆周刀齿进行铣削称为周铣；用端铣刀的端面刀齿进行铣削称为端铣。端铣的加工质量好于周铣，而周铣的应用范围比端铣大，周铣和端铣的比较如表 7-1 所示。

表 7-1　周铣和端铣的比较

比较内容	周铣	端铣
修光刃/工件表面质量	无/差	有/好
刀杆刚度/切削振动	小/大	大/小
同时参加切削的刀齿/切削平稳性	少/差	多/好
易否镶嵌硬质合金刀片/刀具耐用度	难/低	易/高
生产率/加工范围	低/广	高/较小

3. 顺铣和逆铣

用圆柱铣刀铣削时，其铣削方式可分为顺铣和逆铣两种，如图 7-15 所示。当工件的进给方向与圆柱铣刀刀尖圆已加工平面的切点 A 处的切削速度（v_A）的方向相反为逆铣，反之为顺铣。顺铣和逆铣的比较如表 7-2 所示。

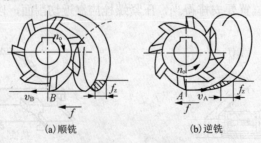

(a)顺铣　　　　　　　　(b)逆铣

图 7-15　顺铣和逆铣

表 7-2 顺铣和逆铣的比较

比较内容	顺铣	逆铣
切削过程稳定性	好	差
刀具磨损	小	大
工作台丝杠和螺母有无间隙	有	无
由工作台窜动引起的质量事故	多	少
加工对象	精加工	粗加工

顺铣有利于提高道具的耐用度和工件装夹的稳定性，但容易引起工作台窜动，甚至造成事故，因此顺铣时机床应具有消除丝杠与螺母之间间隙的装置。顺铣的加工范围应限于无硬皮的工件。精加工时，铣削力小，不易引起工作台的窜动，应多采用顺铣。因为顺铣无滑移现象，加工后的表面质量较好。逆铣多用于粗加工，如加工有硬皮的铸件、锻件毛坯时应采用逆铣。使用无丝杠螺母间隙调整机构的铣床加工时，也应采用逆铣。

4. 对称铣和不对称铣

用端铣刀加工平面时，按工件对铣刀的位置是否对称，分为对称铣和不对称铣，如图 7-16 所示。采用不对称铣削，可以调节切入和切出时的切削厚度。不对称顺铣和不对称逆铣的特点和应用，如表 7-3 所示。采用不对称逆铣，切削平稳；采用不对称顺铣，减少黏刀，刀具耐用度提高。

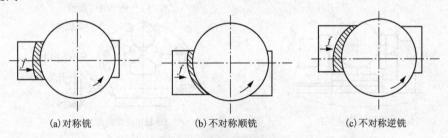

(a) 对称铣　　　　　　　(b) 不对称顺铣　　　　　　　(c) 不对称逆铣

图 7-16　对称铣与不对称铣

表 7-3　不对称顺铣和不对称逆铣比较

比较内容	不对称顺铣	不对称逆铣
特征	以大的切削厚度切入，较小的切削厚度切出	以小的切削厚度切入，较大的切削厚度切出
切削优点	切出时切削厚度减小，粘着在硬质合金刀片上的切削材料较少，减轻再次切入时刀具表面的剥落现象	切削平稳，减少冲击，使加工表面粗糙度改善，刀具耐用度提高
适用场合	适用于加工不锈钢和耐热钢如 2Cr13，1Cr18Ni9Ti，4Cr14Ni14W2Mo 等	适用于加工低合金钢和高强度低合金钢如 9Cr2 等

7.3.2　基本铣削工作

1. 铣平面

在铣床上铣削平面时可以采用圆柱铣刀上的圆周刃，也可以用端面铣刀上的端面刃进行铣削，分别如图 7-17(a)、(b) 所示。前者称周铣（水平铣或滚铣），后者称端铣（垂直铣或立铣）。周铣时，铣刀轴线与加工平面平行；端铣时，铣刀轴线与加工平面垂直。

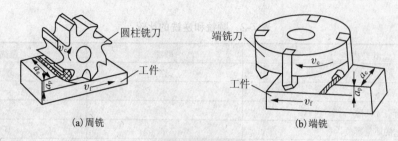

(a)周铣　　　　　　　　　　　　　　(b)端铣

图 7-17　铣平面

2. 铣沟槽

在铣床上可以加工的沟槽有直角槽、V 形槽、燕尾槽、T 形槽、键槽和圆弧槽。下面重点介绍铣键槽、T 形槽和螺旋槽的铣削方法。

1) 铣键槽

常见的键槽有封闭式和敞开式两种。对于封闭式键槽，单件生产一般在立铣上加工，采用机用平口虎钳装夹工件，如图 7-18(a)所示。由于机用平口虎钳不能自动对中，工件需要找正。当批量较大时，常在键槽铣床上加工，工件多采用轴用虎钳(又称抱钳)装夹，如图 7-18(b)所示。轴用虎钳的优点是自动对中，工件不需要找正。利用轴用虎钳把工件夹紧后，再用键槽铣刀一薄层一薄层地铣削，直到符合要求。

对于敞开式键槽，可在卧铣上进行，一般采用三面刃铣刀加工即可。

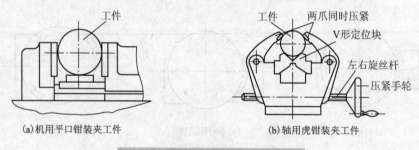

(a)机用平口钳装夹工件　　　　　　　(b)轴用虎钳装夹工件

图 7-18　铣轴上键槽工件的装夹方法

2) 铣 T 形槽

T 形槽应用很多，例如，铣床工作台上装夹工件、分度头或夹具时所用的紧固螺栓就是安装在 T 形槽内。

铣 T 形槽需要分两个步骤完成(图 7-19)。

第一步，先用三面刃铣刀或立铣刀铣出垂直槽，如图 7-19(a)所示。加工时，应根据槽的宽度和深度并考虑铣刀的摆差对宽度的影响来选择三面刃铣刀。从排屑和散热的难易以及铣刀本身的折断的可能性来看，三面刃铣刀都比立铣刀好，所以应用较多。

第二步，在立式铣床上用 T 形铣刀铣削 T 形槽，如图 7-19(b)所示。T 形槽铣刀工作时，三个面的刀刃都进行铣削，摩擦力较大，同时排屑困难，工作条件差，所以切削量应选得小些，铣削时应多用冷却液，在进刀或退刀时，最好采用手动进给。最后，再用角度铣刀铣出倒角，如图 7-19(c)所示。

3) 铣螺旋槽

铣削麻花钻和螺旋铣刀上的螺旋沟是在卧式万能铣床上进行的。铣刀是专门设计的，工件用分度头安装，如图 7-20 所示。为获得正确的槽形，圆盘成形铣刀旋转平面必须与工件螺旋槽切线方向一致，所以必须将工作台转过一个工件的螺旋角(图 7-21)，计算为

$$\tan\beta = \frac{\pi d}{L}$$

式中，d 为工件外径，mm；L 为工件螺旋槽导程，mm。

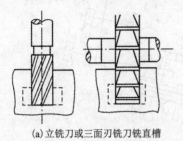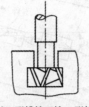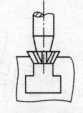

(a)立铣刀或三面刃铣刀铣直槽　　　　　(b)T 形槽铣刀铣 T 形槽　　　　(c)角度铣刀铣倒角

图 7-19　T 形槽的铣削加工

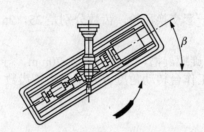

图 7-20　铣螺旋槽工作台旋转 β 角

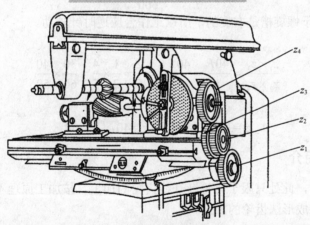

图 7-21　铣螺旋槽

　　铣削加工时，要保证工件沿轴线移动一个螺旋导程的同时，绕轴自转一周的运动关系。这种运动关系是通过纵向进给丝杠经交换齿轮 z_1，z_2，z_3，z_4 将运动传至分度头后面的挂轮轴，再传到主轴和工件。从图 7-22 所示的传动系统图看，交换齿轮的选择应满足如下关系：

$$\frac{L}{P} \times \frac{z_1 \times z_3}{z_2 \times z_4} \times \frac{b}{a} \times \frac{d}{c} \times \frac{1}{40} = 1$$

因式中 $a=b=c=d=1$，故上式经整理得

$$\frac{z_1 \times z_3}{z_2 \times z_4} = \frac{40P}{L}$$

式中，z_1，z_3 为主动齿轮的齿数；z_2，z_4 为从动齿轮的齿数；P 为铣床工作台丝杆螺距；L 为工件螺旋槽导程。

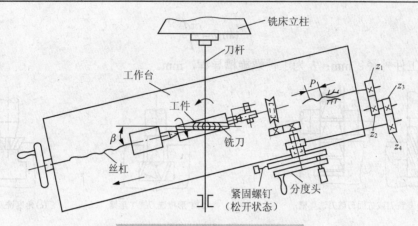

图 7-22　铣右螺旋槽传动系统俯视图

国产分度头均备有 12 个一套交换齿轮，齿数分别是 25，25，30，35，40，50，55，60，70，80，90，100。

计算举例：现要加工一右旋螺旋槽，工件直径 d=70mm，导程 L=600mm。铣床纵向工作台进给丝杆螺距 P=6mm。求工作台转动角度 β 及交换齿轮齿数。

解：①计算螺旋角。

因为

$$\tan\beta = \frac{\pi d}{L} = \frac{3.14 \times 70}{600} = 0.3665$$

所以 $\beta = 20°10'$。由于螺旋槽是右旋的，所以工作台应逆时针转动。

②计算交换齿轮。

$$\frac{z_1 \times z_3}{z_2 \times z_4} = \frac{40P}{L} = \frac{40 \times 6}{600} = \frac{2}{5} = \frac{1}{2} \times \frac{4}{5} = \frac{30}{60} \times \frac{40}{50}$$

选择挂轮为

$$z_1=30, \quad z_2=60, \quad z_3=40, \quad z_4=50$$

7.3.3　齿轮加工简介

齿轮的种类很多，此处只限于讨论渐开线齿轮的加工。按加工原理不同可分为成形法和展成法。这里只介绍成形法齿轮的加工。

成形法是采用与被动齿轮的齿槽形状相似的成形铣刀在铣床上利用分度头逐槽加工而成。图 7-23 为在卧铣上用成形法加工齿轮的情况。

由于渐开线形状与齿轮的模数 m、齿数 Z 和压力角 α 有关，常数 α =20° 为标准值，因此，从理论上讲每一种模数和齿数的渐开线形状都是不一样的，故在加工某一种模数和齿数的齿形时，都需要一把相应的成形模数铣刀。

生产中若每个齿数和模数都用一把专业铣刀加工齿形是非常不经济的，所以齿轮铣刀在同一模数中分成 n 个号数，每号铣刀允许加工一定范围齿数的齿形，铣刀的形状是按该号范围中最小齿数的形状来制造的。最常见的是一组八把的模数铣刀，表 7-4 是一组八把铣刀号数及适用的齿数范围。选刀时，先选择与工件模数相同的一组铣刀，再按欲铣齿轮齿数从表 7-4 中查得铣刀号数即可。

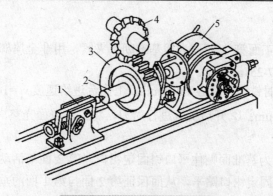

图 7-23 在卧式铣床上铣齿轮

1-尾座；2-心轴；3-工件；4-盘状模数铣刀；5-分度头

表 7-4 模数铣刀刀号及其加工齿数的范围

模数铣刀刀号	1	2	3	4	5	6	7	8
加工齿数范围	12~13	14~16	17~20	21~25	26~34	35~54	55~134	135 以上

成形法的特点是：①设备简单，刀具成本低；②生产率低，适用于小批生产；③一般情况下加工精度低，只能达到 IT11~IT9 级。

7.4 铣削实践训练

对图 7-24 所示的含直角面和沟槽的零件进行工艺分析和介绍加工过程，使学生能对典型铣削加工零件进行工艺分析，对定位基准的选择、工艺路线的拟订有所理解，并在实际操作过程中学会如何控制工件加工质量，包括尺寸精度、位置精度和表面粗糙度。

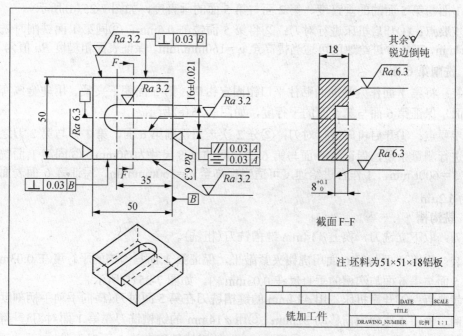

图 7-24 铣削加工件零件图

1. 铣削第 1 面

安装：将工件不加工面第 3 面作为粗基准朝下夹紧，用非金属榔头敲平工件表面，铣第 1 面作为精基准，如图 7-25(a)所示。

工步要点：①铣削时铣刀转速 S=600r/min，工作台进给速度 v_f =100mm/min，保证第 1 面表面粗糙度 Ra 值为 6.3μm；②开启机床进行对刀，将工件表面光整。

2. 铣削第 2 面

安装：将第 1 面作为基准面贴住平口钳固定钳口，第 3 面与活动钳工中间放一圆柱形棒料再夹紧，使第 1 面与固定钳口贴平，从而保证第 2 面与第 1 面的垂直度。用非金属榔头敲平工件表面铣第 2 面，如图 7-25(b)所示。

工步要点：①开启机床进行对刀；②将第 2 面铣削 0.5mm；③铣刀转速及工作台进给速度同铣削第 1 面，保证第 2 面表面粗糙度 Ra 值为 6.3μm。

3. 铣削第 4 面

安装：将第 1 面、第 2 面作为基准面，将第 1 面贴住固定钳口，第 2 面朝下，第 3 面与活动钳工中间放一圆柱形棒料再夹紧，使第 1 面与固定钳口贴平，从而保证第 4 面与第 1 面的垂直度。用非金属榔头敲平工件表面，保证第 2 面与第 4 面的平行度，如图 7-25(c)所示。

工步要点：①开启机床进行对刀；②分 2 次走刀，铣削第 4 面，第 1 刀与第 2 刀之间用游标卡尺进行测量余量，保证第 2 面与第 4 面之间的宽度尺寸为 50mm；③铣刀转速及工作台进给速度同铣削第 1 面，保证第 4 面表面粗糙度 Ra 值为 6.3μm。

4. 铣削第 5 面

安装：将第 1 面作为基准面贴住平口钳固定钳口，第 2 面靠右安装轻轻夹紧，用直角尺长的直角边贴住第 2 面，直至长直角边与第 2 面之间的间隙基本不透光线，完全夹紧工件，保证第 1 面与第 5 面的的垂直度、第 2 面与第 5 面的垂直度，如图 7-25(d)所示。

工步要点：①开启机床进行对刀；②将第 5 面铣削 0.5mm；③同第 1 面铣削时铣刀转速 S=600r/min，工作台进给速度可适当提高至 v_f =160mm/min，保证表面粗糙度 Ra 值为 3.2μm。

5. 铣削第 6 面

安装：将第 1 面作为基准面贴住平口钳固定钳口，第 5 面朝下夹紧，用非金属榔头敲平工件表面，保证第 6 面与第 5 面的平行度，如图 7-25(e)所示。

工步要点：①开启机床进行对刀；②分 2 次走刀铣削第 6 面，第 1 刀与第 2 刀之间用游标卡尺进行测量余量，保证第 5 面与第 6 面之间的长度尺寸为 50mm；③同第 1 面铣削时铣刀转速 S=600r/min，工作台进给速度可适当提高至 v_f =160mm/min，保证第 6 面表面粗糙度 Ra 值为 3.2μm。

6. 铣沟槽

换刀：取下立铣刀，换上 ϕ14mm 键槽铣刀(粗铣)。

安装：将第 5 面与第 6 面用虎钳夹紧敲平，保证第 1 面与沟槽的平行度在 0.03mm 内，保证第 5 面与第 6 面与沟槽的垂直度在 0.03mm 内，如图 7-25(f)所示。

工步要点：①开启机床，用 ϕ14mm 的键槽铣刀在第 5 面对刀(横向手动手柄刻度回零)；②用横向手柄将工作台向前移动 32mm；③用 ϕ14mm 的键槽铣刀在第 1 面对刀(升降手动手柄刻度回零)将升降台上升 7mm；④用 ϕ14mm 的键槽铣刀在第 2 面对刀(纵向手动手柄刻度回零)；⑤加工键槽长度为 42mm。退刀。

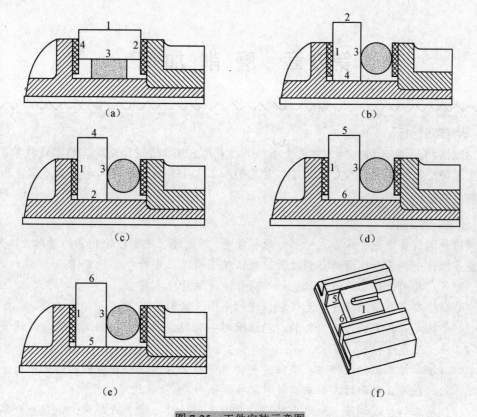

（a）　　　　　　　　　　　　　（b）

（c）　　　　　　　　　　　　　（d）

（e）　　　　　　　　　　　　　（f）

图 7-25　工件安装示意图

换刀：取下 ϕ14mm 键槽铣刀换上 ϕ16mm 键槽铣刀（精铣）。

工步要点：①用公法线千分尺测量第 5 面与第 6 面与沟槽的对称度（用横向手动手柄微调保证对称度）；②用 ϕ16mm 的键槽铣刀在第 1 面对刀（升降手动手柄刻度回零）将升降台上升（8+0.1）mm（保证槽深）；③用 ϕ16mm 的键槽铣刀在第 2 面对刀（纵向手动手柄刻度回零）；④加工键槽长度为 43mm。退刀，取工件；⑤同第 1 面铣削时铣刀转速 S=600r/min，工作台进给速度 v_{f}=100mm/min，保证槽两侧表面粗糙度 Ra 值为 3.2μm，槽表面粗糙度 Ra 值为 6.3μm。

第8章 磨削加工

★ 实践目标：

磨削加工是金属切削加工中用于精加工的常用方法。通过磨削加工的实践教学，使学生了解磨削加工的基本知识，掌握常见的加工方法和工艺特点，学会示范零件的磨削加工过程。

★ 安全须知：

(1) 开车前要检查磨床各运动部分保护装置，不允许在没有砂轮护罩的磨床上工作。检查各操作手柄是否已退到空挡位置。确认机床情况正常后再进行工作。

(2) 多人共用一台磨床时，只能一人操作，并注意他人安全。

(3) 砂轮安装前必须检查有无裂缝，进行平衡，紧固要可靠。

(4) 砂轮是在高速旋转下工作的，禁止面对砂轮站立。砂轮引向工件时，必须慢慢引向工件，避免冲撞。

(5) 拆装工件或搬动附件时，要注意勿使物件敲击台面或碰撞砂轮，防止手或手臂触摸砂轮。在校正台面后、拆装工件时，要退出砂轮(注意进退的方向)。

(6) 摇动工作台或调节行程时要特别注意避免砂轮撞上磨头或尾架。做完一个零件必须把刻度盘逆时针退到安全刻度。

磨削加工是指在磨床上用砂轮或其他磨具对工件表面进行切削加工的方法，它是零件的主要精加工方法之一。

磨削的实质是一种多刃微刃的超高速切削过程。磨削速度快、温度高，其瞬间温度可达1000℃以上，同时剧热的磨屑在空气中发生氧化作用产生火花。为减少摩擦和散热，降低切削温度，及时冲走屑末，保证工件的加工质量，磨削时需要喷射大量的切削液。

磨削加工能够获得较高的加工精度和较低的表面粗糙度。通常能满足的加工精度为IT7～IT5级，表面粗糙度 $Ra=0.8～0.1\mu m$。磨削能够加工高硬度材料，可以磨削硬度很高的淬火钢、各种切削刀具及硬质合金等，这些材料用普通刀具很难加工或根本不能加工。

8.1 磨 床

8.1.1 磨床种类及加工范围

磨床的种类很多，专用性较强，常用的有平面磨床、外圆磨床和内圆磨床。此外还有专用的螺纹加工磨床、齿形加工磨床和导轨磨床。

常用磨床的加工用途如下。

(1)外圆磨床。主要用于轴、套类零件的外圆柱、外圆锥面，以及台阶轴外圆面的磨削。

(2)内圆磨床。主要用于轴套类零件和盘套类零件内孔表面及端面的磨削。

(3)平面磨床。主要用于各种零件的平面及端面的磨削。

不同类型的磨床可以磨削不同的加工型面，如表 8-1 所示。

表 8-1　磨削加工的范围

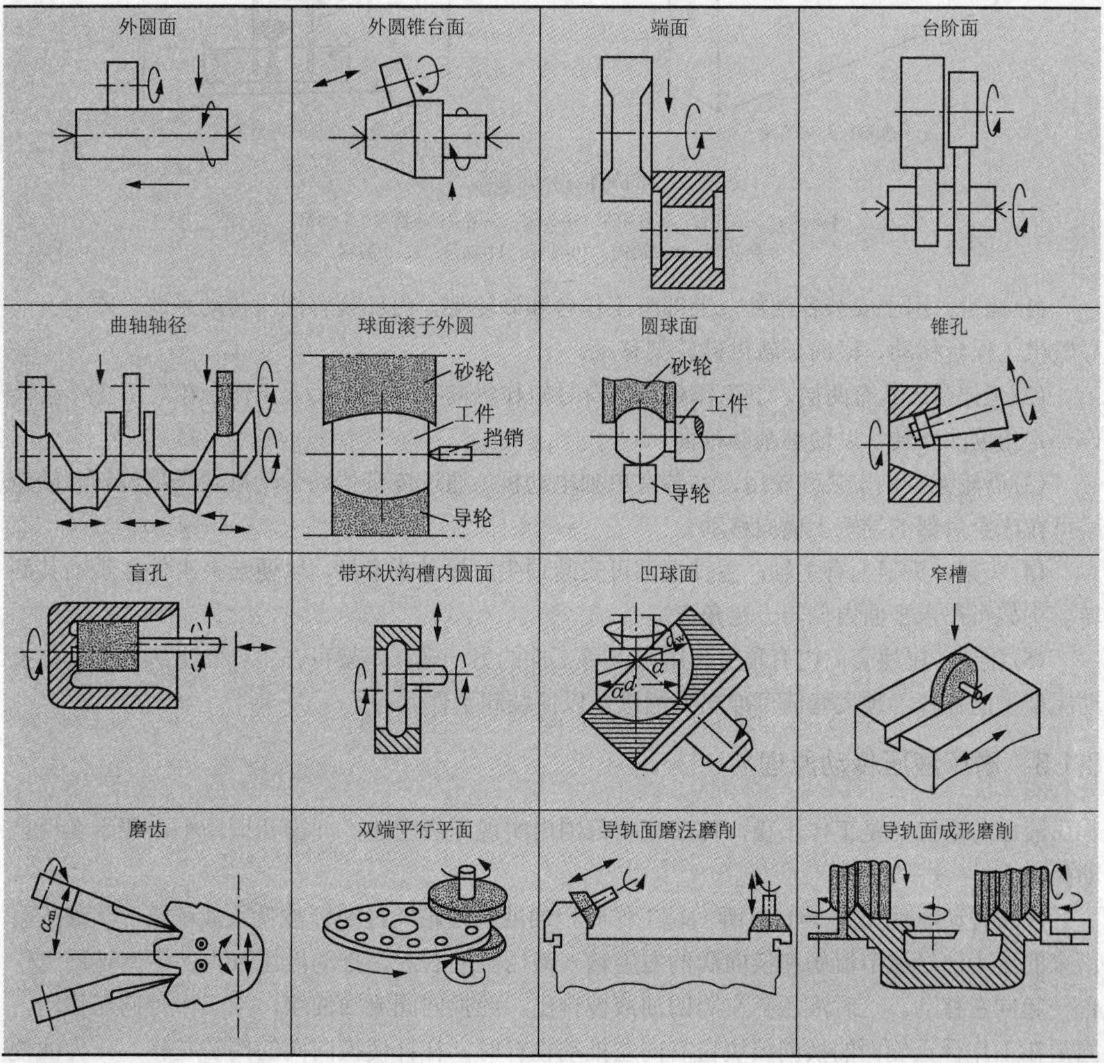

8.1.2　磨床的型号及组成

例如，万能外圆磨床，其型号为 M1432A，其中，M：磨床类；1：外圆磨床组；4：万能外圆磨床型；32：主参数，最大磨削直径的 1/10；A：特性改进型，在性能和结构上做过一次重大改进。

外圆磨床主要由床身、工作台、头架、尾架、砂轮架和电器操纵板等组成，如图 8-1(a)所示。

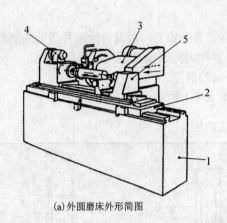
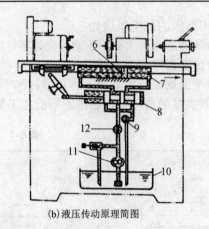

(a)外圆磨床外形简图　　　　　　　　(b)液压传动原理简图

图 8-1　外圆磨床

1-床身；2-工作台；3-砂轮架；4-头架；5-尾架；6-活塞；7-油缸；
8-换向阀；9-节流阀；10-油箱；11-油泵；12-止通阀

(1)床身。用于安装各部件，上部有工作台和砂轮架，内部装有液压传动系统。床身上的导轨供工作台移动，横向导轨供砂轮架移动。

(2)工作台。其有两层，下工作台沿床身导轨作纵向往复运动，上工作台相对下工作台能作一定角度的回转，以便磨削圆锥面。

(3)砂轮架。供安装砂轮用，并装有单独电动机，通过皮带传动带动砂轮高速旋转。砂轮架可在床身后部的导轨上横向移动。

(4)头架。头架上有主轴，主轴端部可安装顶尖、拨盘或卡盘，以便装夹工件并带动其旋转。头架可在水平面内偏转一定角度。

(5)尾架。尾座套筒内有顶尖，用来支承工件的另一端。尾架可在工作台上纵向移动，扳动尾架上的杠杆，顶尖套筒可伸出或缩进，以便装卸工件。

8.1.3　磨床液压传动原理

液压传动优点是工作平稳，可在较大范围内实现无级变速，冲击和振动小，便于实现自动化。

液压传动原理如图 8-1(b)所示。工作时，油液从油箱经过油管被吸入液压泵，从液压泵出来的压力油经过节流阀和换向阀的右腔输入液压缸的右腔，推动液压缸内的活塞连同工作台一起向左移动。这时液压缸左腔的油液被排出，经换向阀流回油箱，当工作台向左移动，固定在工作台正侧面的换向挡块自右向左推动杠杆时，杠杆使换向阀的阀芯左移，压力油便从换向阀的左腔流入液压缸的左腔，推动活塞连同工作台一起右移。从液压缸右腔排出的油液经换向阀流回油箱。工作台右移即将结束时，挡块从左推动杠杆向右移动，迫使换向阀的阀芯移动到开始位置，从而改变压力油流入液压缸的方向，使工作台左移。这样，工作台便实现自动往复运动。

当油液压力过高时，部分油液可通过溢流阀流回油箱。工作台往复运动的快慢通过调节节流阀来实现，工作行程的长短可通过调整两个挡块之间的距离来实现。

8.2 砂 轮

砂轮是磨削的切削工具,是由磨粒用结合剂粘结而成的多孔体,其切削性能与磨料种类、颗粒大小、砂轮硬度(黏结强度)、磨粒间空隙及砂轮形状、尺寸等因素有关。如图 8-2 所示,将砂轮表面放大,可以看到砂轮表面上随机地布满很多尖菱形多角的颗粒——磨粒。磨削就是依靠这些锋利的小磨粒,像刀刃一样在砂轮的高速旋转下切入工件表面,因此磨削的实质是一种多刀多刃微刃的超高速切削过程。

为适应不同表面形状与尺寸的加工,砂轮制成各种形状和尺寸,如图 8-3 所示。

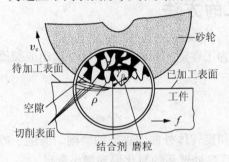

图 8-2 砂轮及砂轮磨削原理示意图

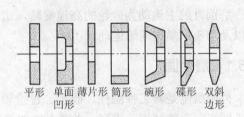

图 8-3 不同形状的砂轮

1. 磨料

磨料具有很高的硬度,起切削作用。常见的磨料如表 8-2 所示。

表 8-2 常用磨料的代号、性能及应用

系列	磨料名称	代号	特性	适用范围
氧化物系 Al_2O_3	棕色刚玉	A	硬度较高、韧性较好	磨削碳钢、合金钢、可锻铸铁、硬青铜
	白色刚玉	WA		磨削淬硬钢、高速钢及成形磨
碳化物系 SiC	黑色碳化硅	C	硬度高、韧性差、导热性较好	磨削铸铁、黄铜、铝及非金属等
	绿色碳化硅	GC		磨削硬质合金、玻璃、玉石、陶瓷等
高硬磨料系 C、BN	人造金刚石	SD	硬度很高	磨削硬质合金、宝石、玻璃、硅片等
	立方氮化硼	CBN		磨削高温合金、不锈钢、高速钢等

2. 砂轮硬度

砂轮硬度指砂轮工作表面的磨粒在外力作用下脱落的难易程度。表 8-3 列出砂轮的硬度等级。

表 8-3 砂轮的硬度等级与代号

硬度 等级	大级 小级	超软 超软	软			中软		中		中硬			硬		超硬
			软1	软2	软3	中软1	中软1	中1	中1	中硬1	中硬2	中硬3	硬1	硬1	超硬
代号		D、E、F	G	H	J	K	L	M	N	P	Q	R	S	T	Y

砂轮硬度的选用原则:工件材料越硬,应选用越软的砂轮。这是因为硬材料使磨粒磨损,需用较软的砂轮以使磨钝的磨粒及时脱落。工件材料越软,砂轮的硬度应越硬,以使磨粒脱

落慢些，发挥其磨削作用。但在磨削有色金属、橡胶、树脂等软材料时，要用较软的砂轮，以便使堵塞处的磨粒较易脱落，露出锋锐的新磨粒。半精磨与粗磨时，需较软的砂轮，但精磨和成形磨削时，为了较长时间保持砂轮轮廓，需用较硬的砂轮。

3. 砂轮的安装、平衡与修整

砂轮在安装前要用轻轻敲击的声响来检查砂轮是否有裂痕，防止砂轮在高速旋转过程中发生破裂。此外，还要对首次安装的砂轮进行静平衡，以保证砂轮能够平稳工作。砂轮工作一段时间后，表面的磨粒会变钝，工作表面空隙堵塞，需用金刚石进行修整，使钝化的磨粒脱落，从而露出新的磨粒，以恢复砂轮的切削性能和形状精度。

8.3　磨削加工的方法

磨削时的主运动为砂轮的高速旋转，进给运动为工件随工作台作直线往复运动或圆周运动以及磨头作横向间隙运动。

8.3.1　磨外圆

外圆磨削是对工件圆柱、圆锥、台阶轴外表面和旋转体外曲面进行的磨削。磨削一般作为外圆车削后的精加工工序，尤其是能够消除淬火等热处理后的氧化层和微小变形。

1. 纵磨法

如图 8-4(a) 所示，磨削时工件转动(圆周进给)并由工作台带动作直线往复运动(纵向进给)，砂轮在纵向行程终了时作小量的横向进给。

纵向磨削法磨削质量好，通用性好，生产中应用最广，但效率低。

2. 横磨法

如图 8-4(b) 所示，磨削时工件无纵向进给运动，砂轮连续地或断续地向工件作横向进给运动。

横向磨削法生产效率高，但精度及表面质量都比较低，适于磨削短外圆表面及两侧都有轴肩的轴颈。

3. 综合磨法

综合磨法是纵磨法和横磨法的综合运用。如图 8-4(c)所示，先用横磨法将工件分段粗磨，各段留精磨余量，相邻两段有一定量的重叠(5~10mm)，最后再用纵磨法进行精磨。

综合磨法兼有横磨法效率高和纵磨法质量好的优点。

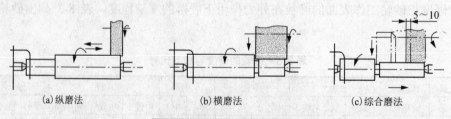

(a)纵磨法　　　　　　　　(b)横磨法　　　　　　　　(c)综合磨法

图 8-4　在外圆磨床上磨外圆

8.3.2 磨平面

平面磨削主要有两种方法，如图 8-5 所示。

1. 圆周磨

如图 8-5(a) 所示，以砂轮的圆周面进行磨削，工件与砂轮的接触面积小，磨削热少，排屑容易，冷却与散热条件好，砂轮磨损均匀，磨削精度高，表面粗糙度低，但生产效率比较低，多用于单件小批量生产，大批大量生产亦可采用。

2. 端磨

如图 8-5(b) 所示，利用砂轮的端面进行磨削。砂轮轴立式安装，刚度好，可采用较大的磨削用量，且工件与砂轮的接触面积大，生产率明显高于圆周磨。但磨削热多，冷却与散热条件差，工件变形大，精度比圆周磨低，多用于大批大量生产中磨削要求不太高的平面，或作为精磨的前工序——粗磨。

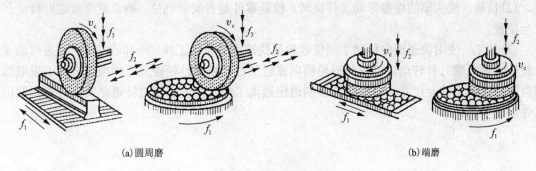

(a) 圆周磨   (b) 端磨

图 8-5　磨平面的方法

8.3.3 磨内圆

内圆磨削是用直径较小的砂轮加工圆柱通孔、圆锥孔、成形内孔、盲孔等。磨削方式有两种：一种是工件和砂轮均作回转运动，如图 8-6(a) 所示；另一种是工件不回转，砂轮作行星运动，适用于加工较大的孔，如图 8-6(b) 所示。内圆磨削和外圆磨削基本相同，也有纵磨法和横磨法之分，前者应用比较广泛。

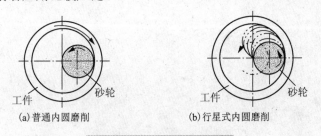

(a) 普通内圆磨削   (b) 行星式内圆磨削

图 8-6　内圆磨削的两种方法

内圆磨削时，工件常用三爪卡盘或四爪卡盘安装，长工件则用卡盘与中心架配合安装。磨削运动与外圆磨削基本相同，只是砂轮旋转方向与工件旋转方向相反。

8.4　磨削加工实践训练

学生的磨削加工训练内容如下。

(1) 外圆磨床以齿条套筒或主轴为例进行演示。

(2) 平面磨床主要以磨削钻床的工作台面为例。

(3) 半自动内圆磨床主要以磨削齿条套筒或轴承套为例。

(4) 万能工具磨床主要以插刀为例进行演示。

下面以实训中主轴的磨削加工为例，介绍其基本操作过程。

(1) 安装。先在工件的左端装上陶瓷夹头，装上夹头的一端中心孔靠住左边的顶尖，然后安装右端，保证两头顶尖均装在中心孔内。

(2) 检验。使头架的拨盘带动工件旋转，检验零件是否安装到位，确认刻度盘逆时针退到安全位置。

(3) 加工。使用快速横向移动手柄使砂轮架快速引进靠近工件，冷却液喷出，拨盘带动工件旋转。慢慢顺时针转动刻度盘使砂轮横向靠近工件，直至砂轮碰到工件擦出火花。采取纵向磨削法磨削工件至尺寸，砂轮快速横向退出远离工件，刻度盘逆时针退至安全位置，取出工件。

第9章 钳 工

钳工是主要利用虎钳、各种手工工具和一些机械工具来完成某些零件的加工、机器或部件的装配和调试以及各类机械的维护和修理的工种。钳工工作劳动强度较大，生产率低，但在机械制造和修配中占据重要的地位，是切削加工中不可缺少的一个组成部分。

钳工的主要工作内容包括划线、锯削、锉削、钻孔、扩孔、铰孔、攻螺纹、套螺纹、刮削、研磨、装配等。钳工使用的工具简单，操作灵活方便，对技术水平要求较高。在机械制造过程中，采用机械加工方法不太适宜或不能解决的工作，都要钳工来完成，如零件加工过程中的划线、精密加工(如配刮、研磨、锉削板和制作模具等)以及机械设备的维护等。随着机械制造工艺的发展，部分生产率低，劳动强度大的钳工操作，如刮削和研磨，常用磨削等机械加工方法替代，仅在装配、机修中少量使用。

钳工大多数操作是在钳工工作台(简称钳工台)和台虎钳上进行的，如图9-1所示。

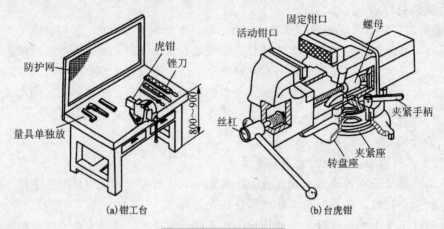

(a)钳工台   (b)台虎钳

图 9-1 钳工台和台虎钳

(1)钳工台：是钳工操作的主要平台，用硬质材料制成，需要坚实平稳，钳工台的高度一般以 800～900mm 为宜，其长度和宽度可随工作需要而定。台面上安装台虎钳，安装的适合高度恰好齐人手肘。为了安全，台面正前方一般装有防护装置。

(2)台虎钳：是用于夹持工件的，它一般固定在钳工台上。台虎钳的规格用钳口宽度表示，常用的是 100mm(4in)、125mm(5in)和 150mm(6in)三种规格。台虎钳有固定式和回转式两种。钳口有斜形齿纹。若夹持精密工件，则钳口要垫上软铁或铜皮，以免工件表面损伤。

9.1　划　　　线

1. 划线的作用与分类

划线是在毛坯或半成品上，根据图纸要求划出加工图形和加工界线的操作，是零件加工的头道工序，对零件的加工质量有密切的关系。

划线的作用是检查毛胚尺寸和校正几何形状，确定工件表面加工余量，确定加工位置。划线分为两种，即平面划线和立体划线，如图9-2所示。

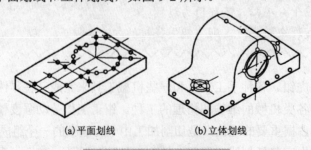

(a)平面划线   (b)立体划线

图 9-2 平面划线和立体划线

(1)平面划线：在工件的一个平面上划线后即能明确表示加工界限，称为平面划线。

(2)立体划线：在工件上几个互成不同角度(通常是互相垂直)的表面上都划线，才能明确表示加工界线，称为立体划线。

对划线的要求是：尺寸准确、位置正确、线条清晰、冲眼均匀。

2．划线的基准

划线基准就是在划线时，选择工件上的某个点、线、面作为依据，用它来确定工件的各部分尺寸、几何形状和相对位置。

(1)平面划线的基准选定：凡工件表面已划好的各种线，如中心线、水平线、垂直线等都可作为基准。工件上已加工的边，也可作为基准。

(2)立体划线的基准选定：若工件上有已加工表面，则应以已加工表面作为基准，这样能保持待加工表面和已加工表面的位置和尺寸精度。若工件为毛坯，则应选重要孔的中心线为基准；若毛坯上没有重要的孔，则应选大的平面作为划线基准。

3．划线的工具及其步骤

划线常用的工具有平板、方箱、V 形架、千斤顶、划针、划卡、划规、样冲、划线盘、高度游标尺等，如图 9-3 所示。划线的步骤如下。

(1)清理毛坯表面疤痕和毛刺。为使划线的线条清晰，必要时可涂上涂料。有孔的毛坯，可用铅或木块堵孔以便定孔的中心位。

(2)划线基准的选择。找基准线(平面划线用)或基准面(立体划线用)，用于确定工件上其他线和面的位置，并由此定各尺寸。如立体划线，先划出基准线，然后再划出其他各水平线，再将工件翻 90°，划出与已划的线互相垂直的其余各直线。

(3)为防止所划的线被擦掉或模糊，可在划出的线上打上样冲眼。

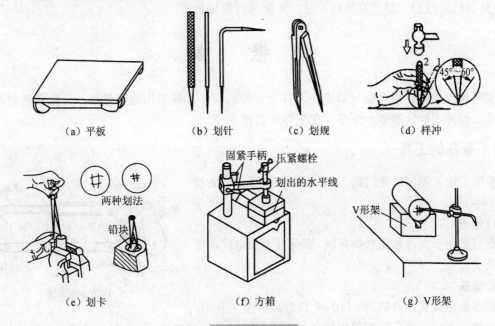

(a) 平板　　　(b) 划针　　　(c) 划规　　　(d) 样冲

两种划法　　铅块

(e) 划卡　　　(f) 方箱　　　(g) V形架

图 9-3　划线工具

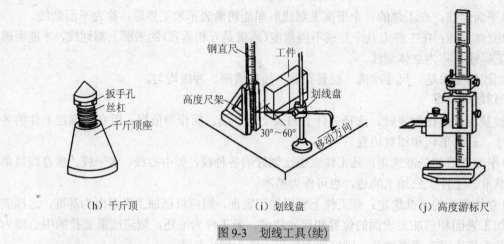

（h）千斤顶　　　　　　　　　（i）划线盘　　　　　　　　（j）高度游标尺

图 9-3　划线工具(续)

4．划线的操作事项

1) 划线前的准备工作

(1)工件准备：包括工件的清理、检查和表面涂色。

(2)工具准备：按工件图样的要求，选择所需工具，并检查和校验工具。

2) 操作时的注意事项

(1)看懂图样，了解零件的作用，分析零件的加工顺序和加工方法。

(2)工件夹持或支承要稳妥，以防滑倒或移动。

(3)在一次支承中应将要划出的平行线全部划全，以免再次支承补划，造成误差。

(4)正确使用划线工具，划出的线条要准确、清晰。

(5)划线完成后，要反复核对尺寸，才能进行机械加工。

9.2　锯　　削

锯削是用手锯锯断金属材料或在工件上切槽的操作，其工作范围包括：分割各种材料或半成品；锯掉工件上的多余部分；在工件上锯槽。

9.2.1　锯削的工具

手锯是钳工锯削时使用的工具，手锯由锯弓和锯条组成(图 9-4)。

1) 锯弓

锯弓是用于夹持和张紧锯条的，锯弓分为固定式和可调式两类。

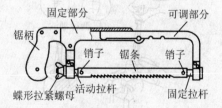

图 9-4　手锯

2) 锯条

锯条是用碳素工具钢(如 T10 或 T12)或合金工具钢，并经热处理制成。锯条的规格以锯条两端安装孔间的距离来表示(长度为 150~400mm)。常用的锯条是长为 399mm、宽为 12mm、厚为 0.8mm。

锯条齿距分为三种：粗齿、中齿、细齿。锯齿的粗细是按锯条上每 25mm 长度内齿数表示的。14~16 齿为粗齿，18~22 齿为中齿，24~32 齿为细齿。粗齿一般用于锯铜、铝等软金属及厚度工件；中齿一般用于锯普通钢、铸铁及中等厚度的工件；细齿则多用于锯硬钢、板料及薄壁管子等。

9.2.2　锯削的操作要求与步骤

1.　锯条的安装要求

(1)必须注意使锯齿朝向前推的方向。装反，则锯齿前角为负值，切削困难，不能正常锯割。

(2)松紧程度要适当，一般以两个手指的力旋紧为止。太松会使锯条在锯割时发生扭曲而折断，而且锯缝也容易歪斜；太紧则因锯条受预拉力太大，在锯割中稍有阻力发生弯曲时，容易折断。

(3)锯条安装后要检查，不能有歪斜和扭曲，应与锯弓保持在同一中心面内，这样容易使锯缝正直。

2.　工件安装

工件的夹持要牢固，不可有抖动，以防锯割时工件移动而使锯条折断。同时也要防止夹坏已加工表面和工件变形。

工件尽可能夹持在虎钳的左面，以方便操作，避免操作过程中碰伤左手；锯割线应与钳口垂直，以防锯斜；工件悬伸长度要短，以增加工件刚度，以防锯割时产生抖动。

3.　起锯方法

锯条开始切入时称为起锯。

起锯的方式有远边起锯和近边起锯两种(图 9-5)，一般情况采用远边起锯。因为此时锯齿是逐步切入材料，不易卡住，起锯比较方便。起锯角以 15° 左右为宜。起锯角太小不易切入，过大容易造成工件棱角卡住并且损坏锯齿。

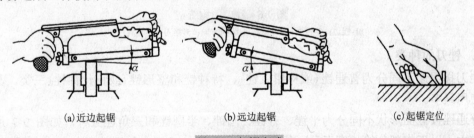

(a)近边起锯　　　　　　(b)远边起锯　　　　　　(c)起锯定位

图 9-5　起锯方式

为了起锯的位置正确和平稳，可用左手大拇指挡住锯条来定位，如图 9-5(c)所示。起锯时压力要小，往返行程要短，速度要慢，这样可使起锯平稳。

4.　锯削方法

锯削时，手握锯弓要舒展自然，右手握住手柄向前施加压力，左手轻扶在弓架前端，稍加压力。

起锯角度要小，通常在 15° 以下，前进切削行程中压力大些，后退返回行程时不加压力，轻轻滑过。锯削速度不宜过快，在每分钟 40 次左右。锯削硬材料适当减慢速度，锯削软材料则可提高速度，用力要均匀。

9.2.3 锯削的注意事项

(1)锯削前要检查锯条的装夹方向和松紧程度。

(2)锯削时压力不可过大，速度不宜过快，以免锯条折断伤人。

(3)锯削将完成时，用力不可太大，并需用左手扶住被锯下的部分，以免该部分落下时砸脚。

9.3 锉 削

锉削是利用锉刀对工件材料表面进行切削加工的操作。用锉刀对工件表面进行加工，提高工件精度减小表面粗糙度，主要用于修整零件的配合尺寸和相互位置，制作模板、模具，修除毛刺和棱边等。

9.3.1 锉削的工具——锉刀

1. 锉刀的结构

锉刀用碳素工具钢 T13 或 T12 制成，经热处理淬硬。锉刀构造如图 9-6 所示。锉刀的齿纹交叉排列，形成许多小齿，便于断屑和排屑，也能使锉削时省力。

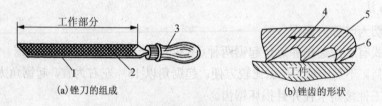

图 9-6　锉刀的构造

1-锉边；2-锉面；3-锉柄；4-切削方向；5-锉刀；6-容屑槽

2. 锉刀的种类

锉刀按用途不同分为普通锉(或称钳工锉)、特种锉和整形锉(或称什锦锉)三类。其中普通锉使用最多。

普通锉按截面形状不同分为平锉、方锉、圆锉、半圆锉和三角锉五种，如图 9-7 所示。锉刀的大小以工作部分的长度表示，有 100mm，200mm，250mm，300mm，350mm 和 400mm等规格。按齿纹可分为单齿纹、双齿纹(大多用双齿纹)；按齿纹疏密可分为粗齿、细齿和油光锉等，锉刀的粗细以每 10mm 长的齿面上锉齿齿数来表示。

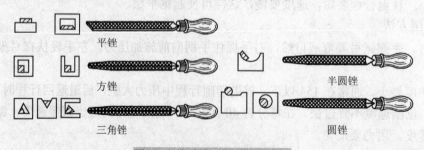

图 9-7　普通锉刀的种类和应用

3. 锉刀的选用

合理选用锉刀，对保证加工质量、提高工作效率和延长锉刀使用寿命有很大影响。一般选择锉刀的原则如下。

(1)根据工件形状和加工面的大小选择锉刀的形状和规格。

(2)根据加工材料软硬、加工余量、精度和表面粗糙度的要求选择锉刀的粗细。粗锉刀的齿距大，不易堵塞，适用于粗加工(即加工余量大、精度等级和表面质量要求低)及铜、铝等软金属的锉削；细锉刀适用于钢、铸铁以及表面质量要求高的工件的锉削；油光锉只用于修光已加工表面，锉刀越细，锉出的工件表面越光，但生产率越低。

9.3.2 锉削的方法

1. 平面锉削

平面锉削是最基本的锉削，常用顺锉法、交叉锉和推锉三种方式锉削。

(1)交叉挫(图 9-8(a))：沿一个方向锉一层，然后再转 90°锉平。加工余量较大时，最好先用交叉锉。

(2)顺锉法(图 9-8(b))：锉刀沿着工件表面横向或纵向移动，锉削平面可得到正直的锉痕，比较美观。适用于工件锉光、锉平或锉顺锉纹。

(3)推锉(图 9-8(c))：锉刀的运动方向与其长度方向垂直，主要用于被锉表面前方有凸台或被锉表面较狭的精锉。

2. 圆弧面的锉削

对于内外圆弧面一般采用滚锉法((图 9-8(d))。

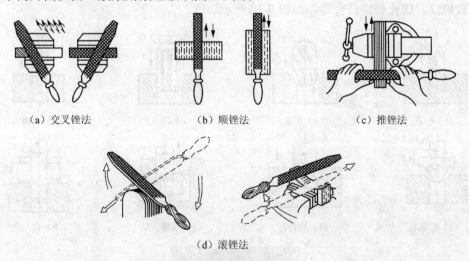

(a) 交叉锉法 (b) 顺锉法 (c) 推锉法

(d) 滚锉法

图 9-8 常用锉削的方法

工件锉平后可用各种量具检查尺寸和形状精度，如图 9-9 所示为直角尺检查工件的平直度和垂直度。

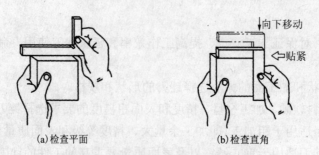

(a)检查平面　　　　　　(b)检查直角

图 9-9　用直角尺检查平直度和直角度

9.3.3　锉削的操作注意事项

(1)锉刀必须装柄使用，以免刺伤手腕。

(2)不准用嘴吹锉屑，要用毛刷清除。

(3)锉屑时不准用手摸锉过的表面，以免粘上汗渍和油脂，造成再锉时打滑。

(4)放置锉刀时，不要使其露出工作台面，以防跌落摔断锉刀或砸伤脚面。

9.4　钻　　削

钻削是指用钻头在实体材料上加工出孔的方法，包括钻孔、扩孔和铰孔，分别对应孔的粗加工、半精加工和精加工。钻孔多用于装配和修理，也是攻螺纹前的准备工作。

钻削一般在钻床上进行，有时也可以使用手电钻钻孔。在钻床上可以完成钻孔、扩孔、铰孔、攻螺纹、锪孔和锪凸台等，如图 9-10 所示。

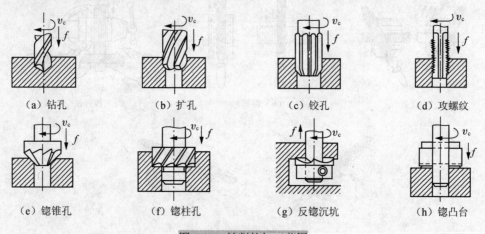

（a）钻孔　　　（b）扩孔　　　（c）铰孔　　　（d）攻螺纹

（e）锪锥孔　　　（f）锪柱孔　　　（g）反锪沉坑　　　（h）锪凸台

图 9-10　钻削的加工范围

钻床有不同类型，如台式钻床、立式钻床和摇臂钻床。台式钻床(简称台钻)，其外形结构如图 9-11 所示，主要用于加工小型工件上的各种孔，钻孔直径一般在 M12 以下。立式钻床常用于加工较大的孔，常用的钻床规格的最大钻孔直径为 25mm，35mm，50mm 等。摇臂钻床适用于加工大中型工件上直径小于 50mm 的孔或多孔工件。

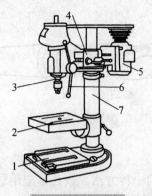

图 9-11　台式钻床

1-机座；2-工作台；3-主轴；4-主轴架；5-电动机；6-进给手柄；7-立柱

9.4.1　钻孔

钻头作回转运动和轴向进给运动(图 9-12)，从工件上切去切屑，加工出孔的工序称为钻孔。

麻花钻头是钻孔的主要工具，其外形如图 9-13 所示。麻花钻的工作部分包括导向和切削两部分。切削部分的两切削刃担负着切削工作，导向部分作为输送切削液和排屑的通道。直径小于 12mm 的一般是直柄钻头，大于 12mm 的为锥柄钻头。

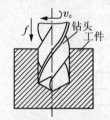

图 9-12　钻孔及钻削运动

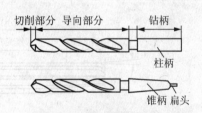

图 9-13　麻花钻头的外形

钻孔的操作过程如下。

(1)划线：先将工件划线定心，用样冲冲出小坑。

(2)钻头的装夹：根据工件孔径大小选择合适的钻头。检查钻头主切削刃是否锋利和对称。装夹时，先轻轻夹住，开车检查是否偏摆，若有摆动，则停车纠正后，用力夹紧。

(3)工件夹持：根据工件大小、形状选择不同的装夹方式，可以用手虎钳、平口钳、台虎钳装夹。

(4)按划线钻孔：对准冲坑进行钻削，进给速度均匀。深孔时，钻头必须经常从孔中退出，以便排屑和冷却。

9.4.2　扩孔

用扩孔钻将已有孔的工件进行扩大的加工方法，如铸出、锻出或钻出的孔扩大至要求的尺寸。扩孔可以校正孔的轴线偏差，并使其获得正确的几何形状和较小的表面粗糙度，其加工精度一般为 IT9～IT10 级，表面粗糙度 Ra=3.2～6.3μm。扩孔的加工余量一般为 0.2～4mm。

扩孔时可用钻头扩孔，但当孔精度要求较高时常用扩孔钻(图 9-14)。扩孔钻的形状与麻花钻相似，不同的是扩孔钻有 3～4 个切削刃，钻芯较粗，无横刃，刚性和导向性较好，切削比较平稳，因而加工质量比钻孔高。

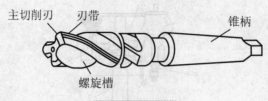

图 9-14　扩孔钻

9.4.3　铰孔

　　铰孔是对孔进行最后精加工的一种方法。铰孔是应用较普遍的孔的精加工方法之一，其加工精度可达 IT6～IT7 级，表面粗糙度 Ra=0.4～0.8μm。

　　铰刀的种类很多，根据使用的方式，分为手用铰刀和机用铰刀两种，如图 9-15 所示。手用铰刀的顶角比机用铰刀小，其柄为直柄，而机用铰刀为锥柄。铰刀的工作部分由切削部分和修光部分组成。

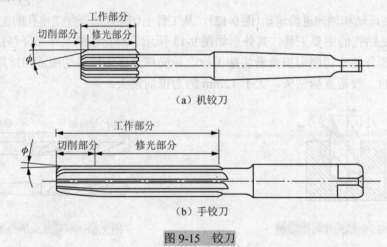

图 9-15　铰刀

　　铰刀是多刃切削刀具，有 6～12 个切削刃和较小顶角，铰孔时导向性好。铰刀刀齿的齿槽很宽，铰刀的横截面大，因此刚性好。铰孔时因为余量很小，每个切削刃上的负荷小于扩孔钻，且切削刃的前角为 0°，所以铰削过程实际上是修刮过程。特别是手工铰孔时，切削速度很低，不会受到切削热和振动的影响，因此使孔加工的质量较高。

　　铰孔时铰刀不能倒转，否则会卡在孔壁和切削刃之间，而使孔壁划伤或切削刃崩裂。铰孔时常用适当的冷却液来降低刀具和工件的温度，防止产生切屑瘤，并减少切屑细末粘附在铰刀和孔壁上，从而提高孔的质量。

9.5　攻螺纹和套螺纹

　　用丝锥在工件的光孔内加工出内螺纹的方法称为攻螺纹。用板牙加工外螺纹的方法称为套螺纹。

9.5.1　攻螺纹

　　丝锥是攻螺纹的专用刀具(图 9-16)，其工作部分包含切削部分和校准部分。切削部分的牙齿不完整，且逐渐升高。校准部分的齿形完整，可校准已切出的螺纹，并起导向作用。

攻螺纹操作如图 9-17 所示，操作步骤如下。

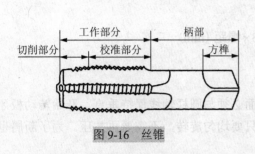

图 9-16　丝锥

图 9-17　攻螺纹
1-正转；2-反转断屑；3-再正转

1. 确定直径，钻螺纹底孔

丝锥在攻螺纹的过程中，切削刃除切削金属外，还有挤压金属的作用，如果工件螺纹底孔直径与螺纹内径相同，那么被挤出的材料将存于丝锥的牙间，甚至咬住丝锥，使丝锥损坏。加工塑性高的材料时，这种现象尤为严重。因此，工件上螺纹底孔直径要比螺纹内径稍大些。

确定底孔直径可用经验公式计算：

钢料及韧性金属：D =螺纹外径 $-1.1×$ 螺距(mm)

铸铁及脆性金属：D =螺纹外径 $-1.2×$ 螺距(mm)

式中，D 为底孔直径，mm。

2. 攻螺纹

攻丝时，先用头攻。先旋入 1～2 圈后，要检查丝锥是否与孔端面垂直。当丝锥轴线与工件轴线校准并一致时，继续转动，直至切削部分全部切入后，可只旋转不加压。为了避免切屑过长而缠住丝锥，每转 1～2 圈后要轻轻倒转 0.5 圈，以断屑。

用二攻或三攻切削时，旋入几扣后，只旋铰杠，不再加压。

在钢、紫铜等工件上攻丝时，需加乳化液润滑冷却，以降低螺纹粗糙度，对一些软材料攻丝时，不必加冷却润滑液。

9.5.2　套螺纹

板牙(图 9-18)是套螺纹的工具，其形状与螺母相似，常用为圆板牙，由切削部分、校准部分和排屑孔组成，它本身像一个圆螺母，只是在它上面钻有 3～5 个排屑孔，并形成切削刃。板牙分为固定式的和开缝式的两种，常用的为固定式，不同规格的板牙配有相应的板牙架。

套螺纹操作如图 9-19 所示，操作步骤如下。

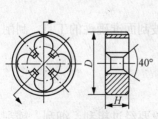

图 9-18　板牙

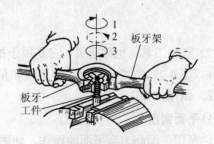

图 9-19　攻螺纹操作

1. 确定圆杆直径

套螺纹前必须检查确定圆杆直径，选用合适钻头钻孔，若直径太大，则会造成套螺纹困难，反之则套出的螺纹牙齿不完整。

确定圆杆直径可用经验公式计算：

$$d = 螺纹外径 - 0.13 \times 螺距 （mm）$$

式中，d 为圆杆直径，mm。

2. 套螺纹

套螺纹前圆杆端部应倒角，套螺纹时板牙端面必须与圆杆轴线保持垂直。开始转动板牙架时，要适当施加压力，当板牙已切入圆杆后，只要均匀旋转，不需要再加压。为了断屑也需要常倒转。套螺纹可以加机油润滑。

9.6　刮削和研磨

9.6.1　刮削

刮削是用刮刀从工件表面上刮去一层很薄的金属的方法。刮削时刮刀对工件既有切削作用，又有压光作用。刮削是精加工的一种方法。刮削每次的刮削量很少，因此要求机械加工后留下的刮削余量不宜很大，刮削前的余量一般为 0.05～0.4mm，具体数值根据工件刮削面积大小而定。

1. 刮削工具

(1)刮刀：是刮削工作中的重要工具，要求刀头部分有足够的硬度和刃口锋利。刮刀可分为平面刮刀和曲面刮刀两种(图 9-20)。平面刮刀用于刮削平面，可分为粗刮刀、细刮刀和精乱刀三种；曲面刮刀用于刮削曲面，曲面刮刀有多种形状，常用三角刮刀。

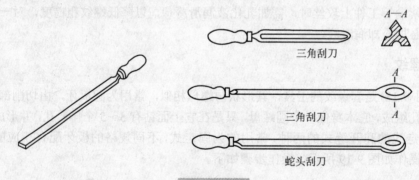

图 9-20　刮刀

(2)校准工具：也称研具，它是用于推磨研点及检查被刮面准确性的工具。刮削平面的校准工具(图 9-21)有校准平板、校正尺和角度直尺三种。

2. 刮削方法

1)平面刮削

它是用平面刮刀刮平面的操作，如图 9-22 所示。一般要经过粗刮、细刮、精刮和刮花四个步骤。

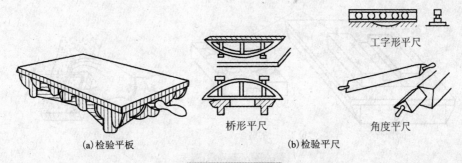

(a)检验平板　　　　　　　　　　　　(b)检验平尺

工字形平尺　桥形平尺　角度平尺

图 9-21　校准工具

(1)粗刮是用粗刮刀在刮削面上均匀地铲去一层较厚的金属,可以采用连续推铲的方法,刀迹要连成长片。25mm×25mm 的方框内有 2～3 个研点。

(2)细刮是用精刮刀在刮削面上刮去稀疏的大块研点(俗称破点),每 25mm×25mm 的方框内有 12～15 个研点。

(3)精刮就是用精刮刀更仔细地刮削研点(俗称摘点),每 25mm×25mm 的方框内有 20 个以上研点。

(4)刮花是在刮削面或机器外观表面上用刮刀刮出装饰性花纹。

2) 曲面刮削

常用于刮削内曲面,如某些要求较高的滑动轴承的轴瓦、衬套等为了得到良好的配合,也要进行刮削,如图 9-23 所示。内面刮削时,应该根据其不同形状和不同的刮削要求,选择合适的刮刀和显点方法。

图 9-22　平面刮削

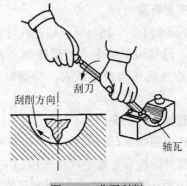

图 9-23　曲面刮削

3. 刮削质量的检验

刮削表面的精度通常是以研点法来检验的,如图 9-24 所示。先将刮削表面擦净,均匀地涂上一层很薄的红丹油,然后与校准工具(如检验平板)相配研。工件表面的高点会磨去红丹油而显出亮点(即研点)。刮削表面质量用边长为 25mm 的正方形方框,罩在被检查面上,根据在方框内的研点数目的多少来表示,点数越多,说明精度越高。

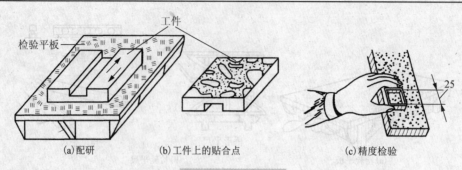

　　(a)配研　　　　　　　(b)工件上的贴合点　　　　　　　(c)精度检验

图 9-24　研点与检验

9.6.2　研磨

　　研磨是使用研具和研磨剂，从工件上除去一层极薄表面层的精密加工方法，使工件达到精确的尺寸、准确的几何形状和很小的表面粗糙度。

1. 研磨工具和研磨剂

　　研磨工具简称研具，它是研磨剂的载体，研具的形状与被研磨表面一样，如平面研磨的研具为一块平块。研具材料的硬度一般都要比被研磨工件材料低，但也不能太低，否则磨料会全部嵌进研具而失去研磨作用。常用铸铁作为研具。

　　研磨剂是由磨料和研磨液调和而成的混合剂。磨料在研磨中起切削作用。研磨工作的效率、精度、表面粗糙度及研磨成本都与磨料有密切的关系。研磨液在研磨中起调和磨料、冷却和润滑作用。

2. 研磨方法

1) 平面研磨

　　平面研磨(图 9-25(a))一般是在非常平整的平板(研具)上进行的。粗研常用平面上制槽的平板，这样可以把多余的研磨剂刮去，保证工件研磨表面与平板的均匀接触；同时可使研磨时的热量从沟槽中散去。精研时，为了获得较小的表面粗糙度，应在光滑的平板上进行。

2) 圆柱面的研磨

　　圆柱面的研磨(图 9-25(b))一般都采用手工和机床互相配合的方式进行研磨。

　　研磨外圆柱面一般是在车床或钻床上用研磨环对工件进行研磨。研磨环的内径应该比工件的外径大 0.025～0.05mm，研磨环的长度一般为其孔径的 1～2 倍。

　　内圆柱面的研磨与外圆柱面的研磨正好相反，是将工件套在研磨棒上进行的。研磨棒的外径应该比工件的内径小 0.01～0.25mm，一般情况下研磨棒的长度是工件长度的 1.5～2 倍。

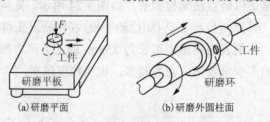

　　(a)研磨平面　　　　　　　(b)研磨外圆柱面

图 9-25　研磨

9.7 装 配

任何一台机器设备都由许多零件所组成，将若干合格的零件按规定的技术要求组合成部件，或将若干个零件和部件组合成机器设备，并经过调整、试验等成为合格产品的工艺过程称为装配。

常用的装配工具有拉出器、拔销器、压力机、铜棒、手锤(铁锤、铜锤)、改锥(一字、十字)、扳手(呆扳手、梅花扳手、套筒扳手、活动扳手、测力扳手)、克丝钳等。

9.7.1 装配的过程

1. 装配前的准备

(1)研究和熟悉装配图的技术条件，了解产品的结构和零件的作用，以及相互连接关系。

(2)确定装配的方法程序和所需工具。

(3)清理和洗涤零件上的毛刺、铁屑、锈蚀、油污等脏物。

2. 装配

装配分为组件装配、部件装配、总装配。

(1)组件装配。将若干个零件安装在一个基础零件上。

(2)部件装配。将若干个零件、组件安装在另一个基础零件上。

(3)总装配。将若干个零件、组件、部件安装在另一个较大、较重的基础零件上构成产品。

按组件装配—部件装配—总装配的次序进行，并经调整、试验、喷漆、装箱等步骤。

3. 装配工作的要求

(1)装配时，应检查零件与装配有关的形状和尺寸精度是否合格，检查有无变形、损坏等，并应注意零件上各种标记，防止错装。

(2)固定连接的零部件，不允许有间隙。活动的零件，能在正常的间隙下，灵活均匀地按规定方向运动，不应有跳动。

(3)各运动部件(或零件)的接触表面，必须保证有足够的润滑，若有油路，则必须畅通。

(4)各种管道和密封部位，装配后不得有渗漏现象。

(5)试车前，应检查各部件连接的可靠性和运动的灵活性，各操纵手柄是否灵活和手柄位置是否在合适的位置。试车应从低速到高速逐步进行。

9.7.2 装配的方法

1. 互换法

(1)完全互换法：在装配时各配合零件不经修配、选择和调整，即可达到装配精度。

(2)不完全互换法：为克服完全互换法中对零件的加工难度和成本要求高的缺点，可以适当降低零件尺寸公差等级，扩大制造公差，使制造方便、成本降低。但装配时要将少量超差的零件剔除，其余零件进入装配线装配，它适用于大批量生产中。

(3)分组互换法：在成批或大量生产中，将产品各配合副的零件按实测尺寸分组，然后按相应的组分别装配，在装配时无须再选择的装配方法。

2. 修配法

在装配过程中，根据装配的实际需要，通过刮削或研磨修去某一个配合件上的少量预留量，以消除其累积误差，达到装配精度的方法。

3. 调整法

与修配法的原理相似，而调整法则用于更换零件，以改变其尺寸大小或改变零件的相应位置，来消除相关零件在装配过程中形成的累积误差，达到装配精度。

9.7.3 典型零件的装配方法

1. 紧固零件装配

紧固连接分为可拆卸与不可拆卸两类。可拆卸连接是指拆开连接时零件不会损坏，重新安装仍可使用的连接方式。生产中常用的有螺纹、键、销等连接，如图 9-26 所示；而不可拆卸连接为铆接、焊接和胶接等。

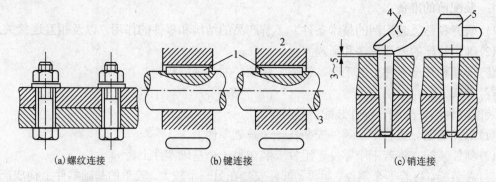

图 9-26 可拆卸连接

1-键；2-毂；3-轴；4-手指；5-铜锤

用螺栓、螺母连接零件时，要求各贴合表面平整光洁，清洗干净，然后选用合适尺寸的螺钉旋具或扳手旋紧。松紧程度必须合适，若用力太大，会出现螺钉拉长或断裂，螺纹面拉坏、滑牙，使机件变形；若用力太小，则不能保证机器工作时的稳定性和可靠性。如果装配成组螺栓、螺母时，应按图 9-27 所示的顺序分 2～3 次旋紧，以保证零件贴合面受力均匀，不至于个别螺栓过载。

用平键连接时，键与轴上键槽的两侧面应留一定的过盈量。装配前，去毛刺、配键，洗净加油，将键轻轻敲入槽内并与底面接触，然后试装轮子。轮毂上的键槽若与键配合过紧，则需修正键槽，但不能松动。键的顶面与槽底间留有间隙。

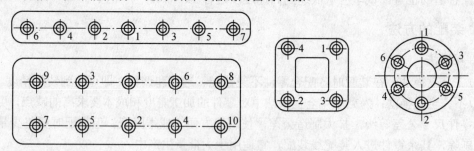

图 9-27 成组螺母旋紧顺序

用铆钉连接零件时，在被连接的零件上钻孔，插入铆钉，用顶模支持铆钉的一端，另一端用锤子敲打，如图 9-28 所示。

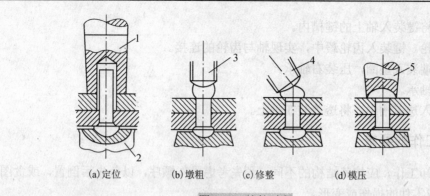

(a)定位　　　(b)墩粗　　　(c)修整　　　(d)模压

图 9-28　铆接过程

1-墩紧工具；2-顶模；3、4-锤子；5-罩模

2. 滚珠轴承装配

滚珠轴承装配是用锤子或压力机压装。但轴承结构不同，安装方法有区别。若将轴承装在轴上，要施力于内圈端面，如图 9-29（a）所示。若压到基座孔中，则要施力于外圈端面，如图 9-29（b）所示。若同时压到轴上和基座孔中，则应施力于内外圈端面，如图 9-29（c）所示。若要求配合很紧，则可把轴承放在 80～90℃的全损耗系统用油中加热然后套入轴中。热套法质量较好，应用较广。

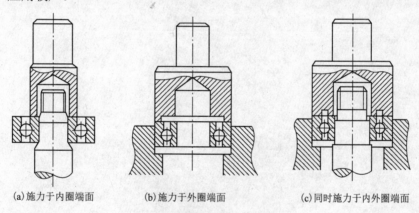

(a)施力于内圈端面　　　(b)施力于外圈端面　　　(c)同时施力于内外圈端面

图 9-29　滚珠轴承装配

3. 装配实例

图 9-30 为减速器组件的装配。减速器装配的顺序如下。

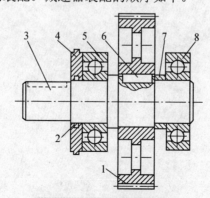

图 9-30　减速器组件的装配

1-齿轮；2-毡圈；3-传动轴；4-透盖；5-左轴承；6-键；7-垫圈；8-右轴承

(1)配键。将键装入轴上的键槽内。

(2)压装齿轮。键装入齿轮毂中，实现轴与齿轮的连接。

(3)大轴右端装入垫圈，压装右轴承。

(4)压装左轴承。

(5)毡圈放入透盖槽中，将透盖装在轴上。

9.7.4　拆卸工作的要求

(1)机器拆卸工作，应按其结构的不同，预先考虑操作顺序，以免先后倒置，或贪图省事猛拆猛敲，造成零件的损伤或变形。

(2)拆卸的顺序，应与装配的顺序相反。

(3)拆卸时，使用的工具必须保证对合格零件不会发生损伤，严禁用手锤直接在零件的工作表面上敲击。

(4)拆卸时，零件的旋松方向必须辨别清楚。

(5)拆下的零部件必须有次序、有规则地放好，并按原来结构套在一起，配合件上标上记号，以免搞乱。对丝杠、长轴类零件必须将其吊起，防止变形。

第 10 章 数 控 加 工

10.1 数控加工简介

普通机床是以手工操作有关手柄、按钮来控制机床运动的,而数控机床是通过计算机发出指令直接控制机床运转。数控指令以数字和符号编码方式记录在控制介质上,数控装置从介质上获得信息后,经过计算和处理,将结果以脉冲形式送往机床的有关机构,对机床各种动作顺序、位移量以及速度等实现自动控制。改变加工内容时,只需相应改变加工指令,而改变一个新指令程序要比在生产设备上做一番变动容易得多,因此数控技术有很好的柔性。

数控加工主要指在数控机床上进行零件加工的工艺过程。

10.1.1 数控机床的组成及工作原理

数控机床组成如图 10-1 所示。数控机床一般由输入/输出设备、CNC 装置(或称 CNC 单元)、伺服单元、驱动装置(或称执行机构)、可编程控制器(PLC)及电气控制装置、辅助装置、机床本体及测量反馈装置组成。

数控机床工作原理如图 10-2 所示。数控机床加工零件时,首先要根据加工零件的图样与工艺方案,按规定的代码和程序格式编写零件的加工程序单,这是数控机床的工作指令。通过控制介质将加工程序输入数控装置,由数控装置将其译码、寄存和运算之后,向机床各个被控量发出信号,控制机床主运动的变速、起停,进给运动的方向、速度和位移量,以及刀具选择交换,工件夹紧松开和冷却、润滑液的开、关等动作,使刀具与工件及其他辅助装置严格地按照加工程序规定的顺序、轨迹和参数进行工作,从而加工出符合要求的零件。

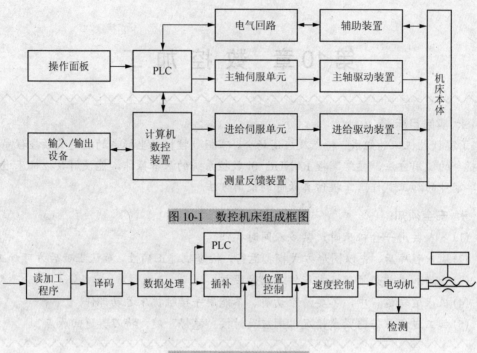

图 10-1　数控机床组成框图

图 10-2　数控机床工作原理

10.1.2　数控机床的分类

随着数控技术的发展，数控机床出现了许多分类方法，但通常按以下最基本的三个方面进行分类。

1. 按加工方式和工艺用途

（1）普通数控机床：一般指在加工工艺过程中的一个工序上实现数字控制的自动化机床，如数控铣床、数控车床、数控钻床、数控磨床与数控齿轮加工机床等。普通数控机床在自动化程度上还不够完善，刀具的更换与零件的装夹仍需人工来完成。

（2）加工中心：它是带有刀库和自动换刀装置的数控机床，它将数控铣床、数控镗床、数控钻床的功能组合在一起，零件在一次装夹后，可以将其大部分加工面进行铣、镗、钻、扩、铰及攻螺纹等多工序加工。由于加工中心能有效地避免由于多次安装造成的定位误差，所以适用于产品更换频繁、零件形状复杂、精度要求高、生产批量不大而生产周期短的产品。

2. 按运动方式

数控机床按其刀具与工件相对运动的方式，可分为点位控制、点位直线控制和轮廓控制，如图 10-3 所示。

（1）点位控制：刀具与工件相对运动时，只控制从一点运动到另一点的准确性，而不考虑两点之间的运动轨迹，因此，点位控制的几个坐标轴之间的运动不需要保持任何联系。这种控制方式多应用于数控钻床、数控冲床、数控坐标镗床和数控点焊机等。图 10-3（a）为典型的点位控制数控钻床加工示意图。

（2）点位直线控制：刀具与工件相对运动时，除控制从起点到终点的准确定位外，还要保证平行坐标轴的直线进给运动或控制两个坐标轴实现斜线的进给运动。由于只作简单的直线运动，因此不能实现任意的轮廓轨迹加工。这种控制方式用于简易数控车床、数控铣床、数控磨床。图 10-3(b)是点位直线控制数控机床加工示意图。

(3)轮廓控制：刀具与工件相对运动时，能对两个或两个以上坐标轴的运动同时进行控制，因此可以加工平面曲线或空间曲面轮廓。轮廓控制要比点位控制更为复杂，需要在加工过程中不断进行多坐标轴之间的插补运算，实现相应的速度和位移控制。采用这类控制方式的数控机床有数控车床、数控铣床、数控磨床、加工中心等。图 10-3(c)是轮廓控制数控机床加工示意图。

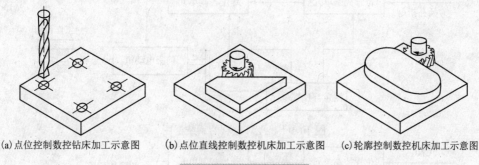

(a)点位控制数控钻床加工示意图　(b)点位直线控制数控机床加工示意图　(c)轮廓控制数控机床加工示意图

图 10-3　按运动方式分类

3. 按伺服系统的控制方式

1)开环控制数控机床

在开环控制中，机床没有检测反馈装置，如图 10-4 所示。数控装置发出信号的流程是单向的，所以不存在系统稳定性问题。由于信号的单向流程，它对机床移动部件的实际位置不进行检验，所以机床加工精度不高，其精度主要取决于伺服系统的性能。工作过程是：输入的数据经过数控装置运算分配出指令脉冲，通过伺服机构(伺服元件常为步进电机)使被控工作台移动。

这种机床工作比较稳定、反应迅速、调试方便、维修简单，但其控制精度受到限制。适用于一般要求的中、小型数控机床。

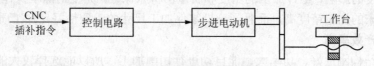

图 10-4　开环控制的系统框图

2)半闭环控制数控机床

半闭环控制数控机床是在伺服电动机的轴或数控机床的传动丝杠上装有角位移电流检测装置(如光电编码器等)，通过检测丝杠的转角间接地检测移动部件的实际位移，然后反馈到数控装置中，并对误差进行修正，如图 10-5 所示。由于工作台没有包括在控制回路中，因而称为半闭环控制数控机床。

半闭环控制数控系统的调试比较方便，并且具有很好的稳定性。目前大多将角度检测装置和伺服电动机设计成一体，使结构更加紧凑。

3)闭环控制数控机床

闭环控制数控机床是在机床移动部件上直接安装直线位移检测装置，直接对工作台的实际位移进行检测，将测量的实际位移值反馈到数控装置中，与输入的指令位移值进行比较，用差值对机床进行控制，使移动部件按照实际需要的位移量运动，最终实现移动部件的精确运动和定位，如图 10-6 所示。从理论上讲，闭环系统的运动精度主要取决于检测装置的检测精度，与传动链的误差无关，因此其控制精度高。这类数控机床，因把机床工作台纳入控制环节，故称为闭环控制数控机床。

闭环控制数控机床的定位精度高，但调试和维修都较困难，系统复杂，成本高。

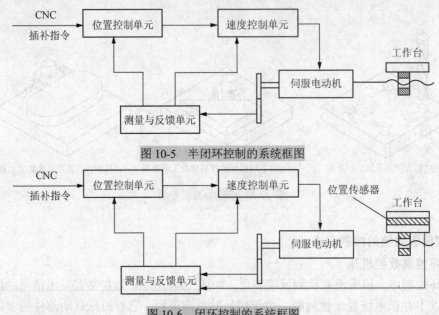

图 10-5 半闭环控制的系统框图

图 10-6 闭环控制的系统框图

10.1.3 数控机床的加工特点

1)加工精度高，质量稳定

数控机床的机械传动系统和结构都有较高的精度、刚性、热稳定性。机床的加工精度不受零件复杂程度的影响，零件加工的精度和质量由机床保证，完全消除了操作者的人为误差，因此，数控机床的加工精度高，而且同一批零件加工尺寸的一致性好，加工质量稳定。

2)加工生产效率高

数控机床结构刚性好、功率大，能自动进行切削加工，所以能选择较大的、合理的切削用量，并自动连续完成整个切削加工过程，能大大缩短机动时间。在数控机床上加工零件，只需使用通用夹具，可免去划线等工作，所以能大大缩短加工准备时间。数控机床定位精度高，可省去加工过程中对零件的中间检测时间，所以数控机床的生产效率高。

3)减轻劳动强度，改善劳动条件

数控机床的加工，除了装卸零件、操作键盘、观察机床运行外，其他的机床动作都是按加工程序要求自动连续地进行切削加工，操纵者不需要进行繁重的重复手工操作。

4)加工适应性强，灵活性好

由于数控机床能实现几个坐标联动，加工程序可按对加工零件的要求而变换，所以它的适应性和灵活性很强，可以加工普通机床无法加工的形状复杂的零件。

5)有利于生产管理

数控机床加工零件能准确计算零件的加工工时，有效地简化刀、夹、量具和半成品的管理工作。加工程序是用数字信息的标准代码输入，有利于计算机连接，构成由计算机控制和管理的生产系统。

10.2 数控加工基础知识

10.2.1 数控机床坐标系

编制数控加工程序有手工编程和自动编程两种方法。无论采用哪种编程方法，首先必须确定坐标系。国际标准化组织 ISO 规定了标准坐标系(ISO841)，我国也制定了《数控机床坐标和运动方向的命名》标准(JB 3051—1982)。

1. 标准坐标系和运动方向

数控加工标准坐标系的确定采用右手直角笛卡儿定则。基本坐标轴为 X，Y，Z 轴，相应的旋转坐标分别为 A，B，C，如图 10-7 所示。

基本坐标轴 X，Y，Z 的关系及其正方向用右手直角定则来判定，围绕 X，Y，Z 各轴的回转运动及其正方向+A，+B，+C 则分别用右手螺旋定则判定。

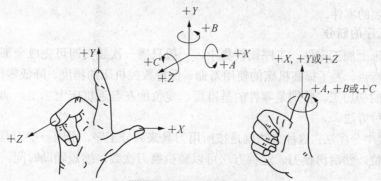

图 10-7 右手直角笛卡儿定则

2. 数控机床坐标轴的规定

标准规定：机床某部件运动的正方向，是增大工件和刀具之间距离的方向。

(1) Z 轴：规定平行于机床主轴轴线的坐标轴为 Z 轴。规定刀具远离工件的方向为其正方向。

(2) X 轴：对于工件旋转的机床，X 轴的方向是在工件的径向上，且平行于横向拖板的运动方向。规定刀具远离工件旋转中心的方向为其正方向。对于刀具旋转的机床，若主轴是垂直的，则面对机床主轴方向，右边为正方向；若主轴是水平的，则从主轴向工件方向看，右边为正方向。

(3) Y 轴：垂直于 X，Z 坐标轴。Y 运动的正方向根据 X 和 Z 坐标的正方向按右手直角笛卡儿定则来确定。

(4) 旋转运动 A，B，C 轴：其轴线相应的平行于 X，Y，Z 坐标轴的旋转运动。

(5) 附件坐标轴：如果在 X，Y，Z 主要轴之外，还有平行于它们的直线运动坐标轴，可分别指定为 U，V，W。若还有第三组运动，则分别指定为 P，Q，R。回转坐标轴在 A，B，C 之外，还可以指定 D，E 轴。

(6) 主轴旋转运动方向：主轴的顺时针旋转方向(正转)是按照右旋螺纹旋入工件的方向。

3. 机床坐标系与工件坐标系

(1)机床坐标系与机床原点：机床坐标系是机床本身固有的，机床坐标系的原点称为机床零点，它有一个固定的点，由机床生产厂家在设计机床时确定。一般数控系统在机床上电后，都应先进行回原点操作以确定机床坐标系。

(2)工件坐标系：用于确定工件几何形体上各要素的位置而设置的坐标系，工件坐标系的原点即工件零点。工件零点的位置是任意的，它由编程人员在编制程序时根据零件的特点选定，以方便操作人员调整机床和计算、编程。编制加工程序时通常按工件坐标系进行。

10.2.2 被加工零件的工艺分析

在编写程序以前，首先要考虑工艺编制的问题。在普通机床上加工零件时，零件的加工工艺，实际上只是一个加工过程卡，在零件加工过程中，切削用量等一些参数都可以由操作人员根据经验自己决定。而数控机床是按照程序来工作的。因此对零件加工中所有的要求，都要体现在程序中，例如，加工顺序、加工路线、切削用量、加工余量、刀具的尺寸、是否需要切削液等都要确定好并编入程序中。作为一名编程人员，不仅要了解数控机床、数控系统的功能，还要掌握零件加工工艺的有关知识，否则，编制出来的程序就不一定能正确、合理地加工出需要的零件。

1. 加工工序的划分

在数控机床上加工零件，工序比较集中，一般只需一次装夹即可完成全部工序的加工。根据数控机床特点，为了提高机床的使用寿命，保持数控机床的精度、降低零件的加工成本，通常是把零件的初加工，特别是零件的基准面、定位面在普通机床上加工。加工工序的划分通常有以下几种方法。

(1)刀具集中分序法：这种方法就是按所用刀具来划分工序，用同一把刀具加工完成所有可以加工的部位，然后再换刀。这种方法可以减少换刀次数，缩短辅助时间，减少不必要的定位误差。

(2)粗、精加工分序法：根据零件的形状、尺寸精度等因素，按粗、精加工分开的原则，先粗加工，再半精加工，最后精加工。

(3)按加工部分分序法：即先加工平面、定位面，再加工孔；先加工形状简单的几何形状，再加工复杂的几何形状；先加工精度比较低的部位，再加工精度比较高的部位。

2. 切削用量的确定

切削用量包括主轴转速(切削速度)、背吃刀量、进给量。对于不同的加工方法，需要选择不同的切削用量，并编入程序单中。

切削用量是加工过程中重要的组成部分，合理地选择切削用量，不但可以提高切削效率，还可以提高零件的表面精度。影响切削用量的因素有机床的刚性、刀具的使用寿命、工件的材料、切削液。

合理选择切削用量的原则是：粗加工时，一般以提高生产效率为主，但也应考虑经济性和加工成本；半精加工和精加工时，应在保证加工质量的前提下，兼顾切削效率、经济性和加工成本。具体数值应根据机床说明书、切削用量手册，并结合经验而定。

(1)被吃刀量 a_p(mm) 主要根据机床、夹具、刀具和工件的刚度来决定。在刚度允许的情况下，应以最少的进给次数切除加工余量，最好一次切净余量，以便提高生产效率。在数控机床上，精加工余量可小于普通机床，一般取 0.2~0.5mm。

(2)主轴转速 n(r/min)主要根据允许的切削速度 v_c(m/min)选取。

$$N = 100v_c / \pi D$$

式中，v_c 为切削速度，由刀具的耐用度决定；D 为工件或刀具直径，mm。

主轴转速 n 要根据计算值在机床说明书中选取标准值，并填入程序单中。

(3)进给量(进给速度)f(mm/min 或 mm/r)是数控机床切削用量中的重要参数，主要根据零件的加工精度和表面粗糙度要求，以及刀具、工件的材料性质选取。当加工精度、表面粗糙度要求高时，进给量数值应选小些。最大进给量则受机床刚性和进给系统的性能限制，并与脉冲当量有关。

10.2.3 手工编程及部分指令介绍

手工编程是由人工完成程序编制的方法，适用于几何形状较为简单的零件。不同的数控系统指令定义大体相同，下面以 FANUC 系统指令为例介绍常用指令。

1. 程序结构

一个完整的程序由程序名、程序内容和程序结束三部分组成。

```
O0001                          程序号(不同数控系统命名规则也不同)
N10 G92 X0 Y0 Z5 M03;          程序内容
N20 G00 X30 Y30;
  …;
N80 M30;                       程序结束
```

每一个程序段由顺序号、准备功能、辅助功能、其他功能及程序段结束符组成。

顺序号是程序段的标号，用地址码"N"和后面所带的若干位数字表示。

每一个程序段结束之后，都应有程序段结束符，它是数控系统编译程序的标志。常用的有"*"";""LF""NL""CR"等，视具体数控系统而定。

程序指令有模态指令与非模态指令。模态指令是指已经在一个程序段中使用，便保持有效到被同组的另一指令取代为止的指令。非模态指令是指仅在所在程序段内有效的指令。

2. 准备功能 G 指令

准备功能 G 指令，用于规定加工的线形、坐标系选择、坐标平面选择、刀具补偿等多种加工操作。不同的数控系统，其 G 指令定义也不尽相同。

1)绝对坐标和相对坐标指令(G90，G91)

这个指令是表示运动轴的移动方式。绝对坐标指令(G90)，表示程序段中的尺寸为绝对坐标值，即从零点开始的坐标值。相对坐标指令(G91)，表示程序段中的尺寸为坐标增量，即刀具运动的终点相对于起点坐标值的增量，增量坐标又称相对坐标。图 10-8 所示为从 A 点到 B 点的移动，用以上两种方式的编程分别如下：

```
G90 G01 X80 Y150 F100
G91 G01 X-120 Y90 F100
```

2)坐标系设定指令(G92，G54 ~ G59)

编程时，必须先建立工件坐标系。工件坐标系可用下述两种方法设定。

(1)用 G92 指令设定工件坐标系。格式为

$$G92 \ X\_Y\_Z\_;$$

式中，X_Y_Z_是指刀具的基准点在新坐标系中的坐标值，因而是绝对值指令。

如图 10-9 所示，指令：G92 X150 Y300 Z200；工件坐标系原点被设在距刀具基准点 X 轴：150，Y 轴：300，Z 轴：200 的位置上。该坐标系在机床重开机时消失。

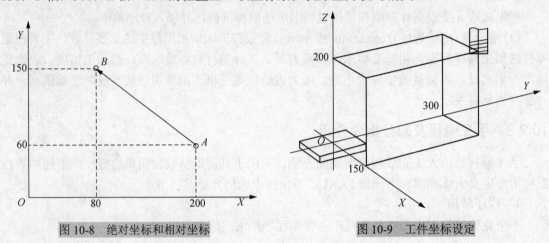

图 10-8　绝对坐标和相对坐标　　　　　　　图 10-9　工件坐标设定

(2) 用 G54～G59 选择工件坐标系。

加工时首先测量出对应工件原点与机床原点的偏置量，即 G54(X1，Y1，Z1)，然后在相应的工件坐标系选择画面上填入相应值，就完成 G54 工件坐标系的设定。当程序中出现 G54 指令时，则直接调用机床中所预设的工件坐标系。G54～G59 中的坐标值在机床重开机时不会消失。

(3) 坐标平面选择指令(G17，G18，G19)。

在三坐标机床上加工时，若进行圆弧插补，要规定加工所在平面，用 G 代码可以进行平面选择。

① G17——XY 平面；

② G18——ZX 平面；

③ G19——YZ 平面。

(4) 快速点定位指令(G00)。

刀具以点位控制的方式快速移动到指令所给出的目标位置。格式为

$$G00\ X\_Y\_Z\_;$$

式中，X，Y，Z 为目标点坐标。

G00 的移动速度由机床参数所决定，编程时无法改变。

G00 的移动轨迹根据控制系统的不同，也是不同的。如图 10-10 所示，一般有 a，b，c，d 四种方式。

(5) 直线插补指令(G01)。

指令两个坐标(或三个坐标)以联动的方式，按指定的进给速度 F，插补加工出任意斜率的平面(或空间)直线。格式为

$$G01\ X\_Y\_Z\_F\_;$$

式中，X，Y，Z 为目标点坐标；F 为刀具移动的速度，mm/min。

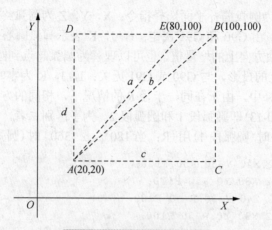

图 10-10　快速点定位的路径

如图 10-11 所示,加工一条直线从 A 点加工到 B 点,加工深度为 1mm,刀具起点在 (0,0,5),程序为

```
N10 G92 X0 Y0 Z5;
N20 G00 X1 Y2 Z5;
N30 G01 X1 Y2 Z-1 F150;
N40 G01 X4 Y5 Z-1 F150;
N50 G00 X4 Y5 Z5;
```

(6)圆弧插补指令(G02,G03)。

G02 为顺时针加工,G03 为逆时针加工。圆弧的顺逆时针方向如图 10-12 所示,判断方法是:沿圆弧所在平面(如 XY 平面)的另一坐标轴(Z 轴),从其正方向往负方向(-Z)看去,顺时针方向为 G02,逆时针方向为 G03。

格式为

$$G17 \begin{Bmatrix} G02 \\ G03 \end{Bmatrix} X-Y- \begin{Bmatrix} R_- \\ I\_J\_ \end{Bmatrix} F-$$

$$G18 \begin{Bmatrix} G02 \\ G03 \end{Bmatrix} X-Z- \begin{Bmatrix} R_- \\ I\_K\_ \end{Bmatrix} F-$$

$$G19 \begin{Bmatrix} G02 \\ G03 \end{Bmatrix} Y-Z- \begin{Bmatrix} R_- \\ J\_K\_ \end{Bmatrix} F-$$

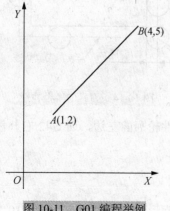

图 10-11　G01 编程举例

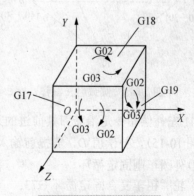

图 10-12　圆弧顺逆方向

式中，G17，G18，G19 为圆弧插补平面选择指令；X，Y，Z 为圆弧终点坐标，可以用绝对坐标，也可以用增量坐标，由 G90 和 G91 决定；I，J，K 表示圆弧圆心的坐标，它是圆心相对于圆弧起点在 X，Y，Z 轴方向上的增量值，也可以理解为圆弧起点到圆心的矢量(矢量方向指向圆心)在 X，Y，Z 轴上的投影，与 G90 或 G91 无关；I，J，K 为零时可以省略。

在使用 R 的圆弧插补中，由于在同一半径 R 的情况下，相同的方向，从起点 A 到终点 B 的圆弧可能有两个(图 10-13)即圆弧段 1 和圆弧段 2。为了区别二者，特规定圆弧所对应的圆心角 α，当 $0<\alpha\leqslant180°$ 时(圆弧段 1)用+R；当 $180°<\alpha<360°$ 时(圆弧段 2)用-R。其程序为

```
圆弧段 1：G90 G02 X40 Y-30 R50 F100；
     或   G91 G02 X80 Y0 R50 F100；
圆弧段 2：G90 G02 X40 Y-30 R-50 F100；
     或   G91 G02 X80 Y0 R-50 F100；
```

(7)刀具半径补偿指令(G41，G42，G40)。

在编制轮廓切削加工时，一般以工件的轮廓尺寸为刀具轨迹编程，这样编制加工程序简单，即假设刀具中心运动轨迹是沿工件轮廓运动的，而实际的刀具轨迹要与工件轮廓有一个偏移量(即刀具半径)(图 10-14)。利用刀具半径补偿功能可以方便地实现这一改变，简化程序编制，机床可以自动判断补偿的方向和补偿值大小，自动计算出刀具中心轨迹，并按刀心轨迹运动。

① G40——刀具补偿取消；

② G41——刀具左补偿；

③ G42——刀具右补偿。

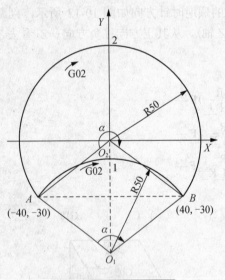 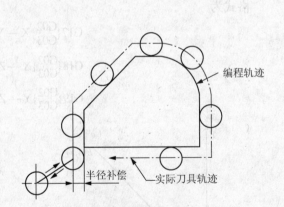

图 10-13　圆弧用 R 编程　　　　　　图 10-14　刀具的半径补偿

G41 左补偿指令是沿着刀具前进的方向，刀具在工件轮廓的左边，而 G42 右补偿则偏在右边(图 10-15)，补偿值 D，需提前输入机床内部。

(8)外圆车削固定循环。

① 轮廓粗车复合固定循环 G73：

轮廓粗车复合固定循环适用于铸、锻毛坯按工件轮廓形状分层粗加工，如图 10-16 所示。格式为

$$G73 \ U\Delta i \quad W\Delta k \quad R\Delta d$$
$$G73 \ P\underline{ns} \quad Q\underline{nf} \quad U\Delta u \quad W\Delta w \quad F(f);$$

式中，U 为 X 轴方向退刀距离及方向（半径值）；W 为 Z 轴方向退刀距离及方向；R 为粗车循环次数；P 为循环路线的第一个程序段的程序段号；Q 为循环路线中最后一个程序段的程序段号；第 2 行 G73 中，Δu 为 X 方向的精加工余量（直径值）；Δw 为 Z 方向的精加工余量；F 为粗车进给速度，mm/r。

② 精车循环 G70：

$$G70 \quad P(ns) \ Q(nf)$$

式中，P 为指定精加工路线的第一个程序段的程序段号；Q 为指定精加工路线的最后一个程序段的程序段号。

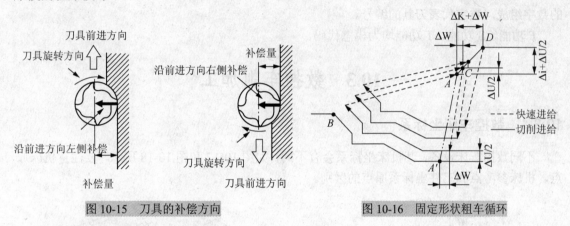

图 10-15　刀具的补偿方向 　　　　 图 10-16　固定形状粗车循环

3. 常用的辅助功能和其他功能

1) 常用的辅助功能

常用的辅助功能，国家已经制定 JB 3208—83 标准。下面对常用的辅助功能作简要说明。

(1) M00——程序停止。执行完含有该指令的程序段后，主轴的转动、进给、切削液都将停止，以便进行某一手动操作，如换刀、工件掉头、测量工件的尺寸等。重新启动机床后，继续执行后面的程序。

(2) M01——选择停止。M01 和 M00 的功能基本相似，不同的是，只有在按下"选择停止"键后，M01 才有效，否则机床继续执行后面的程序段。该指令一般用于抽查关键尺寸等情况，检查完后，按动"启动"键，继续执行后面的程序。

(3) M02——程序结束。该指令编在最后一条程序中，它表示执行完程序内所有指令后主轴停止、进给停止、切削液关闭，机床处于复位状态。

(4) M30——程序结束。使用 M30 时除表示 M02 的内容外，并返回到程序的第一条语句，准备下一个工件的加工。

(5) M03——主轴顺时针方向旋转（正转）。开动主轴时，按右旋螺纹进入工件的方向旋转。

(6) M04——主轴逆时针方向旋转（反转）。开动主轴时，按右旋螺纹离开工件的方向旋转。

(7) M05——主轴停止运转。

(8) M07——2 号切削液开。

(9) M08——1 号切削液开。

(10) M09——切削液关。

2) 其他功能

(1) 进给功能: 也称 F 功能, F 功能以每分钟进给距离或每转进给距离的方式指定进给速度。它由地址码 F 及后面的数字组成。数控铣床一般采用每分钟进给的方式, 如 F150 表示每分钟刀具移动 150mm; 数控车床则一般采用每转进给的方式, 如 F0.2 表示主轴转一圈, 刀具移动 0.2mm。

(2) 主轴功能: 也称主轴转速功能或 S 功能, 它是定义主轴转速的功能。主轴功能由地址码 S 及后面的数字组成, 单位为 r/min, 如 S1000 表示主轴转速为 1000r/min。

编程时除了用 S 功能指定转速外, 还要用 M 功能指定主轴的转向, 即 M03 主轴正转, M04 主轴反转。

(3) 刀具功能: 也称 T 功能。它是用于进行选择刀具的功能。刀具功能由地址码 T 及后面的数字组成, 数字代表刀具的编号。

F 功能、S 功能、T 功能均为模态代码。

10.3　数控车削加工

10.3.1　数控车床坐标系

不同数控车床设备, 其机床坐标系会有不同, 如图 10-17 和图 10-18 所示, 要注意机床原点、机床参考点和工件坐标系原点的区别。

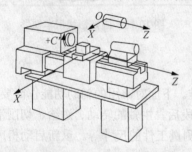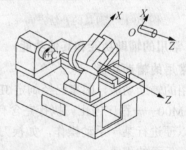

图 10-17　水平床身前置刀架式数控车床的坐标系　　　图 10-18　倾斜床身后置刀架式数控车床的坐标系

10.3.2　数控车床加工工艺安排

无论是手工编程还是自动编程, 在编程前都要对所加工的零件进行工艺分析, 拟订加工方案, 选择合适的刀具, 确定切削用量。在编程中, 对一些工艺问题(如对刀点、加工路线等)也需进行一些处理, 因此程序编制中的工艺分析是一项十分重要的工作。加工工艺的主要内容如下。

(1) 分析被加工零件样图, 明确加工内容和技术要求。

(2) 确定工件坐标系原点位置, 一般情况下, Z 坐标轴选择在工件回转中心, X 坐标轴选择在工件右端面上。

(3) 确定加工工艺路线。

(4) 确定刀具起始点位置, 起始点一般也作为加工结束的终点。起始点应便于检查和零件上下料。

(5)确定粗、精车路线，考虑走刀路线的原则是：①尽量减少换刀次数；②在保证零件加工精度和表面粗糙度的前提下，尽可能以最短的加工路线完成零件加工；③尽可能减少空行程，以缩短零件加工时间。

(6)确定换刀点位置，换刀点是加工过程中刀架进行自动换刀的位置，必须确保换刀过程中不发生干涉。

10.3.3　数控车床编程举例及编程要点

1．数控车床编程的要点

(1)可灵活运用绝对坐标值、相对坐标值或二者混合使用。

(2)X 坐标值采用图样上的直径值的编程方式，与设计、标注一致、减少换算。

(3)当 X、Z、F、S、T 程序字的内容不变时，下一个程序段中可省略不写。

(4)可通过循环功能指令简化编程。

(5)利用刀具磨损补偿和刀尖圆弧半径补偿功能以减少加工误差。

(6)可适当地利用子程序减少语句的重复。

(7)空行程时快速进退刀以提高加工效率。

(8)根据工件毛坯余量确定切削起点，并以刀具快速走到该点时刀尖不与工件发生碰撞为原则。

(9)进刀时采用快速走刀接近工件切削起点附近的某个点，再改用切削进给，以减少空走刀的时间，提高加工效率。

(10)退刀时，沿轮廓延长线以切削进给速度退出至工件附近，再快速退刀。一般先退 X 轴，后退 Z 轴。

2．编程实例

以图 10-19 所示的零件图为例，介绍其编程。

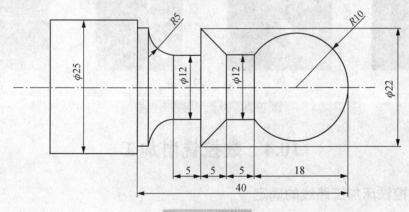

图 10-19　零件图

程序	说明
O1234	程序号为 1234
S600 M04;	工件每分钟 600 转，反转
T0202;	调用 2 号车刀
G00 X30 Z5;	快速定位至循环起始点
G73 U10.5 W0 R10;	外圆粗加工循环
G73 P1 Q2 U0.2 W0 F0.25;	

```
N1 G00 X0 Z2;                   快速定位至起始点右侧 2mm 处
   G01 Z0;                       直线插补至端面
   G03 X12 Z-18 R10;             车圆弧
   G01 Z-23;                     车 ϕ 12 外圆，长度 5mm
   G01 X22 Z-28;                 车圆台面至 ϕ 22，长度 5mm
   G01 Z-30.5;                   让刀，刀宽 2.5mm
   G01 X12;                      进刀至 X12
   G01 Z-33;                     车 ϕ 12 外圆，长度 5mm
   G02 X22 Z-38 R5;             车圆弧
   G01 Z-40;                     车 ϕ 22 外圆，长度 2mm
   G00 X30;                      快速退刀至 X30 处
N2 G00 Z5;                       快速退刀至 Z5 处
   G70 P1 Q2;                    精加工
   G00 X80 Z80;                  换刀以前退到安全处
   T0404;                        换 4 号切断刀
   G00 X30 Z-43;                 切断刀定位至 X30，Z-43　（刀宽 3mm）
   G01 X0 F0.15;                 切断
   G00 X80;                      快速退刀至 X80 处
   G00 Z80;                      快速退刀至 Z80 处
   M02;                          程序结束
```

10.3.4　创新实践

在数控车床实践中，以 3～4 名学生为一组，综合利用所学知识，自行设计制作一个由 4～5 个零件组成的作品，构思设计作品的结构、确定配合尺寸和零件的连接方式，分析加工工艺、编写加工程序、加工制作零件、最后组装成品。图 10-20 为部分学生实践作品。

　　　(a)　　　　　　　　　(b)　　　　　　　　　(c)　　　　　　　　　(d)

图 10-20　数控车削学生作品

10.4　数控铣削加工

10.4.1　数控铣床加工路线的确定

对于数控铣床，加工路线是指刀具中心的运动轨迹和方向。合理地选择加工路线不但可以提高切削效率，还可以提高零件的加工精度，确定加工路线时应考虑以下几个方面。

（1）加工路线应保证被加工零件的精度和表面质量。

（2）使数值计算简单，减少编程工作量。

（3）使加工路线最短，减少空刀时间。

（4）应使加工后工件变形最小。例如，对细长件或薄板零件，应分几次走刀加工到尺寸或对称或从中间向外去除余量。

(5)应根据工件、机床和刀具等组成的工艺系统刚度，确定走刀次数，另外，在铣削中应根据毛坯情况选用逆铣还是顺铣。

(6)在铣削加工过程中，刀具不要在工件表面上停顿，以免留下刀痕。在轮廓铣削时，应避免刀具在轮廓的法向方向上切入切出，避免因弹性变形而留下刀痕，也要避免在轮廓表面上垂直上下刀而划伤工件。

在铣削外轮廓时，铣刀应从轮廓的延长线上切入切出，或从轮廓的切向切入切出。在铣削内轮廓时，应从轮廓的切向切入切出，如图 10-21 所示。

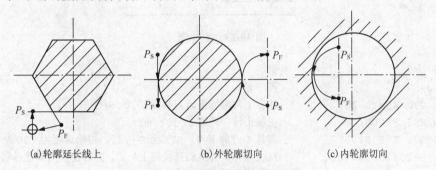

(a)轮廓延长线上　　　　　(b)外轮廓切向　　　　　(c)内轮廓切向

图 10-21　轮廓的切入切出形式

P_S-开始点；P_F-结束点

(7)在确定轴向移动尺寸时，对孔加工刀具应考虑刀具的引入距离和超越距离，表 10-1 中的数据供参考。

表 10-1　刀具的引入距离和超越距离

工序名称		钻孔	镗孔	铰孔	攻螺纹
引入距离	光面	2～3	3～5	3～5	5～10
	毛面	5～8	5～8	5～8	5～10
超越距离		d/3+(3～8)	5～10	10～15	根据丝锥定

(8)在镗孔加工中，若孔的位置精度要求较高，加工路线的定位方向应保持一致。

如图 10-22 所示的 4 个孔，若按路线最短，加工顺序为 1→2→3→4。若按定位方向一致，加工顺序为 1→2→4→3。

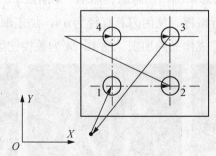

图 10-22　单向定位的加工路线图

10.4.2　数控铣床编程举例及编程要点

如图 10-23 所示的零件，用直径为 10mm 的立铣刀，精铣外形，加工深度为 5mm。程序如下。

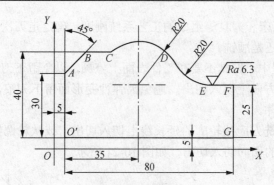

图 10-23　零件图

程序	说明
O1234;	程序名
N10 G92 X0 Y0 Z5;	建立工件坐标系，刀具在(0,0,5)处
N20 M03 S1000;	主轴正转，转速 1000r/min
N30 G01 Z-5 F100;	刀具 Z 方向下刀，加工至 Z-5 处，进给速度为 100mm/min
N40 G01G41D01X5Y0;	直线插补至 AO'的延长线上一点，同时建立刀具左补偿 D01=5mm
N50 G01Y35;	直线插补至 A 点
N60 G01X15Y45;	直线插补至 B 点
N70 G01X26.771Y45;	直线插补至 C 点
N80 G02X57.321Y40R20;	顺时针圆弧插补至 D 点
N90 G03X74.641Y30R20;	逆时针圆弧插补至 E 点
N100 G01X85Y30;	直线插补至 F 点
N110 G01Y5;	直线插补至 G 点
N120 G01X0;	直线插补至 GO'的延长线上一点
N130 G01G40X0Y0;	回到原点，同时取消刀补
N140 G00Z50;	抬刀
N150 M05;	主轴停
N160 M30;	程序结束

10.4.3　创新实践

在数控铣削实践中，每位学生利用所学编程知识，在图形大小为100mm×80mm 的矩形范围内，自行设计一个图形进行编程。使用刀具直径为 $\phi4$，加工深度不大于 1mm。利用 DNC软件将程序传输到机床上，完成作品的加工。图 10-24 为数控铣削加工的部分学生作品。

图 10-24　数控铣削学生作品

10.5 FANUC 0i Mate-MD 数控系统面板操作

10.5.1 FANUC 0i Mate-MD 数控系统面板组成

FANUC 0i Mate-MD 数控系统面板主要由三部分组成，即 CRT 显示屏、编辑面板及操作面板。

1. FANUC 0i Mate-MD 数控系统 CRT 显示屏及按键

FANUC 0i Mate-MD 数控系统 CRT 显示屏及按键分布如图 10-25 所示。

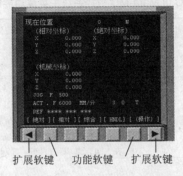

图 10-25 FANUC 0i Mate-MD 数控系统 CRT 显示屏及按键分布

CRT 显示屏下方的软键，其功能是可变的。在不同的方式下，软键功能依据 CRT 画面最下方显示的软键功能提示，如图 10-26 所示。

(a) 程序画面　　　　　(b) 刀偏/设定画面　　　　　(c) 位置画面

图 10-26 数控系统 CRT 显示屏画面

2. FANUC 0i Mate-MD 数控系统编辑面板按键

FANUC 0i Mate-MD 数控系统编辑面板按键如图 10-27 所示，其中各按键名称及用途如表 10-2 和表 10-3 所示。

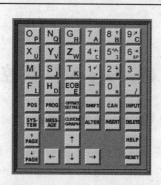

图 10-27　FANUC 0i Mate-MD 数控系统编辑面板按键

表 10-2　FANUC 0i Mate-MD 数控系统主菜单功能键的符号和用途

序号	键符号	按键名称	用　途
1	POS	位置键	荧屏显示当前位置画面，包括绝对坐标、相对坐标、综合坐标(显示绝对、相对坐标和余移量、运行时间、实际速度等)
2	PROG	程序键	荧屏显示程序画面，显示的内容由系统的操作方式决定。 a. 在 AUTO(自动执行)或 MDI(manual data input 手动数据输入)方式下，显示程序内容、当前正在执行的程序段和模态代码、当前正在执行的程序段和下一个将要执行的程序段、检视程序执行或 MDI 程序； b. 在 EDIT(编辑)方式下，显示程序编辑内容、程序目录
3	OFFSET SETTING	刀偏设定键	荧屏显示刀具偏移值、工件坐标系等
4	SYSTEM	系统键	荧屏显示参数画面、系统画面
5	MESSAGE	信息键	荧屏显示报警信息、操作信息和软件操作面板
6	CUSTOM GRAPH	图形显示键	辅助图形画面，CNC 描述程序轨迹

表 10-3　FANUC 0i Mate-MD 数控系统功能键的符号和用途

序号	键符号	按键名称	用　途
1	Op ... 9C 等 23 个键	数字和字符键	每个键都至少包含字母、数字键各一个。在系统键入时会根据需要自行选择字母或数字
2	RESET	复位键	用于 CNC 复位或取消报警等
3	HELP	帮助键	按此键用于显示如何操作机床，如 MDI 键的操作。可在 CNC 发生报警时提供报警的详细信息、帮助功能
4	SHIFT	换挡键	在有些键顶部有两个字符。按住此键来选择字符，当一个特殊字符∧在屏幕上显示时，表示键面右下角的字符可以输入
5	INPUT	输入键	用于对参数键入、偏置量设定与显示页面内的数值输入
6	CAN	取消键	按此键可删除已输入到键的输入缓冲器的最后一个字符或符号

续表

序号	键符号	按键名称	用途
7	ALTER	替换键	替换光标所在的字
	INSERT	插入键	在光标所在字后插入
	DELETE	删除键	删除光标所在字,如光标为一程序段首的字,则删除该段程序。此外,还可删除若干段程序、一个程序或所有程序
8	↑ ← ↓ →	光标移动键	向程序的指定方向逐字移动光标
9	↑PAGE 、 ↓PAGE	翻页键	向屏幕显示的页面向上、向下翻页
10	EOB E	分段键	该键是段结束符

3. FANUC 0i Mate-MD 数控系统操作面板按键及旋钮

FANUC 0i Mate-MD 数控系统操作面板如图 10-28 所示,其各按键或旋钮名称及用途如表 10-4 所示。

图 10-28　FANUC 0i Mate-MD 数控系统操作面板

表 10-4　FANUC 0i Mate-MD 系统 VMC650 及 VMC850B 机床控制面板各键和旋钮的功能

序号	键、旋钮符号	键、旋钮名称	功能说明
1	EMERGENCY STOP	急停按钮	紧急情况下按下此按钮,机床停止一切运动
2	◇	编辑模式	用于直接通过操作面板输入数控程序和编辑程序
3	→	自动模式	可自动执行存储在 NC 中的加工程序

序号	键、旋钮符号	键、旋钮名称	功能说明
4		MDI 模式	可输入一个程序段后立即执行，不需要完整的程序格式。用于完成简单的工作
5		手动方式	按相应的坐标轴按钮来移动坐标轴，其移动速度取决于"进给倍率修调"值的大小
6		手轮移动方式	选择相应的轴向及手轮进给倍率，实现旋动手轮来移动坐标轴
7		回零模式	使各坐标轴返回参考点位置并建立机床坐标系
8		DNC 模式	用于机床在线加工
9		进给倍率旋钮	按百分率强制调整进给的速度； 外圈为修调分度率(%)：在 0%～150%，以每 10% 的增量，修调坐标轴移动速度； 内圈为进给率分度：在点动模式下，在 0～1260mm/min 调整坐标轴移动速度
10		快速倍率旋钮	用于在 0%～100%，以每次 25% 的增量按百分率强制调整快速移动的速度
11		主轴旋转倍率旋钮	可在 50%～120%，以每次 10% 的增量调整主轴旋转倍率
12		轴选择键及快速进给键	在 JOG 模式下按下某轴方向键即向指定的轴方向移动。每次只能按下一个按钮，且按下时，坐标就移动，松手即停止移动； 在按下轴进给键的同时按下快速进给键，可向指定的轴方向快速移动(G00 进给)即通常所说的"快速叠加"
13		单段执行键	在 AUTO，MDI 模式下，选择该按键，启动单段执行程序功能。即运行完一个程序段后，机床进给暂停，再按下循环启动键，机床再执行下一个程序段
14		选择停止键	在 AUTO 模式下，选择该按键，结合程序中的 M01 指令，程序执行将暂停，直到按下循环启动键才恢复自动执行程序
15		空运行键	在 AUTO 模式下，选择该按键，CNC 系统将按参数设定的速度快速执行程序。除 F 指令不执行外，程序中的所有指令都被执行
16		跳段执行键	在 AUTO 模式下，选择该按键，结合程序中的跳段符 "/"，可越过所有含有 "/" 的程序段，执行后续的程序段
17		Z 轴锁键	在 AUTO 模式下，选择该按键，CNC 系统将执行加工程序而不输出 Z 轴控制信息，即 Z 轴的伺服元件无动作。该方式只能检查程序的语法错误，检查不出 NC 数据的错误
18		辅助功能锁键	在 AUTO 模式下，选择该按键将使辅助功能指令无效

序号	键、旋钮符号	键、旋钮名称	功能说明
19		机床照明键	按此键使其指示灯亮为开机床照明灯，按此键使其指示灯灭为关机床照明灯
20	CYCLE START	循环启动键	伺服在 AUTO，MDI 模式下，若按该按键，选定的程序、MDI 键入的程序段将自动执行
21	FEED HOLD	进给保持键	在程序执行过程中，若按该按键，进给和程序执行立即停止，直到启用循环启动键
22		主轴正转键	在 JOG 模式或手轮模式且主轴已经赋值过转速的情况下，启用该键，主轴正转。应该避免主轴直接从反转启动到正转，中间应该经过主轴停止转换
23		主轴停转键	在 JOG 模式或手轮模式下，启用该键，主轴将停止。手工更换刀具时，这个按键必须被启用
24		主轴反转键	在 JOG 模式或手轮模式且主轴已经赋值过转速的情况下，启用该键，主轴反转。应该避免主轴直接从正转启动到反转，中间应该经过主轴停止转换
25		刀库正转键	按一下使刀库顺时针转动一个刀位（逆着 Z 轴正向看）。不要随意操作，如过刀库手动转动后使刀库实际到位与主轴当前刀位不一致，容易发生严重的撞刀事故
26		机床润滑键	给机床加润滑油
27		自动冷却键	在自动模式下，当程序中有 M08 给冷却液指令运行，则该键指示灯亮，若没有冷却液指令运行该指示灯保持熄灭状态
28		手动冷却键	在 JOG 模式、手轮模式或自动模式下，按此键使指示灯亮，则冷却液打开，按此键使指示灯灭，则冷却液关闭
29		程序保护锁	只有在关闭程序保护锁状态下，才可以进行程序的编辑、登录。图示为保护开状态
30		系统电源开关键	左边绿色按钮用于启动 NC 单元。右边红色按键用于关闭 NC 系统电源

10.5.2 FANUC 0i Mate-MD 数控系统基本操作

1. 开机操作

打开机床总电源，按系统电源开键，直至 CRT 显示屏出现"NOT READY"提示后，旋开急停旋钮，当"NOT READY"提示消失后，开机成功。

注意：开机前，应先检查机床润滑油是否充足，电源柜门是否关好，操作面板各按键是否处于正常位置，否则将可能影响机床正常开机。

2. 机床回零操作

将操作模式选择为回零模式，依次按+Z，+X，+Y轴进给方向键（必须先按+Z，确保回零时不会使刀具撞上工件），待CRT显示屏中各轴机械坐标值均为零时，如图10-29(a)的机械坐标变为图10-29(b)所示，回零操作成功。

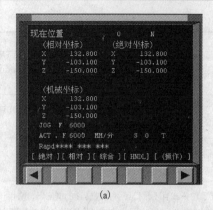 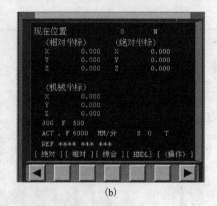

(a)　　　　　　　　　　　　　　　(b)

图 10-29　FANUC 0i Mate-MD 数控系统回零操作

机床回零操作应注意以下几点。

(1) 当机床工作台或主轴当前位置接近机床零点或处于超程状态时，此时应采用手动模式，将机床工作台或主轴移至各轴行程中间位置，否则无法完成回零操作。

(2) 机床正在执行回零动作时，不允许改变操作模式，否则回零操作失败。

(3) 回零操作做完后将操作模式旋钮旋至手动模式——依次按住各轴选择键 –X、– Y、– Z，给机床回退一段 100mm 左右的距离。

3. 关机操作

按下急停旋钮→按系统电源关键→关闭机床总电源，关机成功。

4. 手动模式操作

操作模式选择为手动模式后，分别按住各轴选择键 +Z，+ X，+ Y，– X，– Y，– Z 即可使

轴向选择旋钮

脉动量选择旋钮　　手轮脉冲器

图 10-30　手轮构造示意图

机床向"键名"的轴和方向连续进给，若同时按快速移动键，可快速进给。通过调节进给倍率旋钮、快速倍率旋钮，可控制进给、快速进给移动的快慢。

5. 手轮模式操作

手轮构造如图 10-30 所示。操作模式选择为手轮模式，通过手轮上的轴向选择旋钮可选择轴向运动，顺时针转动手轮脉冲器，轴正移；反之，轴负移，通过选择脉动量×1，×10，×100（分别是 0.001 毫米/格，0.01 毫米/格，0.1 毫米/格）来确定进给快慢。

6. MDI 模式

将操作模式选择为 MDI 模式，按编辑面板上的程序键，选择程序屏幕，按下对应 CRT 显示区的软键【MDI】，系统会自动加入程序号 O0000。用通常的程序编辑操作编制一个要执行的程序，在程序段的结尾不能加 M30（在程序执行完毕后，光标将停留在最后一个程序段）。如图 10-31 (a) 所示的输入若干段程序，将光标移到程序首句，按循环启动键即可运行。

若只需在 MDI 输入运行主轴转动等单段程序，只需在程序号 O0000 后输入所需运行的单段程序光标位置停在末尾，如图 10-31 (b) 所示，按循环启动键即可运行。

要删除在 MDI 方式中编制的程序可输入地址 O0000，然后按下 MDI 面板上的删除键或直接按复位键。

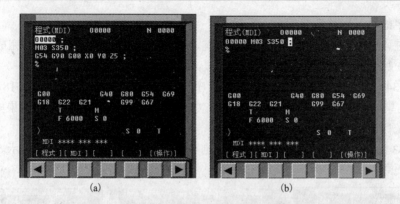

图 10-31　FANUC 0i Mate-MD 数控系统 MDI 操作

7. 程序编辑操作

1) 创建新程序

将程序保护锁调到开启状态，将操作模式选择为编辑模式，按程序键，按下软键【LIB】进入列表页面，按地址键【O】，输入一个系统中尚未建立的程序号，如图 10-32(a)所示。按插入键，创建完成，如图 10-32(b)所示的窗口。

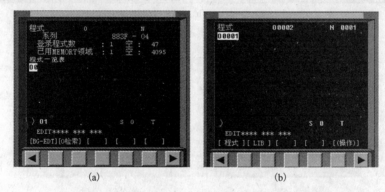

图 10-32　FANUC 0i Mate-MD 数控系统创建新程序操作

2) 打开程序

将程序保护锁调到开启状态，将操作模式选择为编辑模式。按程序键，按下软键【LIB】，如图 10-33(a)所示的 CRT 显示区即将所有建立过的程序列出。按地址键【O】，输入程序号 2(必须是系统已经建立过的程序号)，按向下方向键，打开完成，如图 10-33(b)所示。

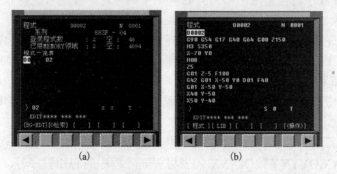

图 10-33　FANUC 0i Mate-MD 数控系统进入程序操作

3) 程序字的录入和修改

创建或进入一个新的程序——应用替换键、删除键、插入键、取消键等完成对程序的录入和修改，在每个程序段尾按分段键完成一段。

如图 10-34(a) 所示在程序编辑模式编辑程序 O2，将光标在 G17 处，输入 G18，按下替换键则程序编辑结果如图 10-34(b) 所示，此时光标在 G18 处。按删除键则程序编辑结果如图 10-34(c) 所示，此时光标在 G40 处。

如图 10-34(d) 所示输入 G17，按插入键则程序编辑结果如图 10-34(e) 所示。取消键的功能是取消前面录入的一个字符。

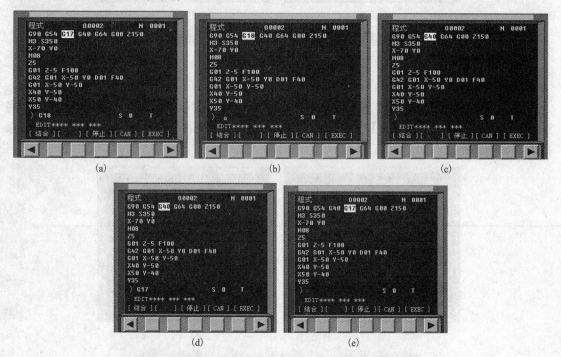

图 10-34　FANUC 0i Mate-MD 数控系统程序的编辑操作

4) 程序编辑的字检索

在编辑模式中打开某个程序，输入要检索的字，例如，X37，向上检索按"↑"方向键，向下检索按"↓"方向键，光标即停在字符 X37 位置。

注意：在检索程序的检索方向必须存在所检索的字符，否则系统将报警。

5) 程序的删除

(1) 删除一个完整的程序。将操作模式选择为编辑模式，按下软键【LIB】，如图 10-35(a) 所示。按程序键，键入地址键【O】，键入要删除的程序号，如图 10-35(a) 中键入 O1，按删除键，删除完成，结果如图 10-35(b) 所示。

(2) 删除内存中的所有程序。将操作模式选择为编辑模式，按下软键【LIB】，按程序键，键入地址键【O】，键入"–9999"，按删除键，删除完成。

(3) 删除指定范围内的多个程序。将操作模式选择为编辑模式，按下软键【LIB】，按程序键，输入"OXXXX,OYYYY"(XXXX 代表将要删除程序的起始程序号，YYYY 代表将要删除程序的终止程序号)，按删除键即删除从 No XXXX～No YYYY 之间的程序。

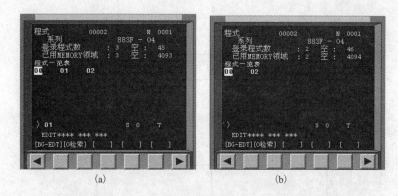

图 10-35 FANUC 0i Mate-MD 数控系统程序删除操作

8. 刀具补偿的设定操作

按刀偏设定键，按软键【补正】，出现如图 10-36 所示的画面。按光标移动键，将光标移至需要设定刀补的相应位置，如图 10-36(a)所示光标停在 D001 位置，输入补偿量 6.1，按输入键，结果如图 10-36(b)所示。

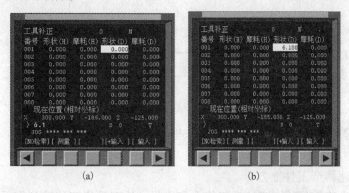

图 10-36 FANUC 0i Mate-MD 数控系统刀补设定操作

9. 常用对刀方法

试切对刀法是常用的对刀方法。这种方法简单方便，但会在工件表面留下切削痕迹，且对刀精度较低。如图 10-37 所示，以对刀点在工件表面中心位置为例，采用双边对刀方式。

1) X，Y 向对刀

(1)将工件通过夹具装在工作台上，装夹时，工件的四个侧面都应留出对刀的位置。

(2)起动主轴中速旋转，快速移动工作台和主轴，让刀具快速移动到靠近工件左侧有一定安全距离的位置，然后降低速度移动至接近工件左侧。

(3)靠近工件时改用微调操作(一般用 0.01mm 来靠近)，让刀具慢慢接近工件左侧，使刀具恰好接触到工件左侧表面。仔细观察，听切削声音、看切痕、看切屑，只要出现其中一种情况即表示刀具接触到工件，然后再回退 0.01mm。记下此时机床坐标系中显示的 X 坐标值，如 -240.500 等。

(4)沿 Z 正方向退刀，至工件表面以上，用同样方法接近工件右侧，记下此时机床坐标系中显示的 X 坐标值，如 -340.500 等。

(5)据此可得工件坐标系原点在机床坐标系中 X 坐标值为

$$[-240.500 + (-340.500)] / 2 = -290.500$$

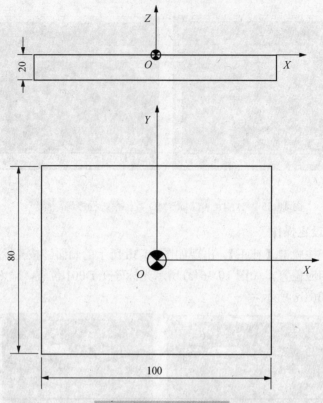

图 10-37　双边对刀示意图

(6) 同理可测得工件坐标系原点 W 在机床坐标系中的 Y 坐标值。

2) Z 向对刀

(1) 将刀具快速移至工件上方。

(2) 起动主轴中速旋转，快速移动工作台和主轴，让刀具快速移动到靠近工件上表面有一定安全距离的位置，然后降低速度移动让刀具端面接近工件上表面。

(3) 靠近工件时改用微调操作(一般用 0.01mm 来靠近)，让刀具端面慢慢接近工件表面(注意刀具特别是立铣刀时最好在工件边缘下刀，刀的端面接触工件表面的面积小于半圆，尽量不要使立铣刀的中心孔在工件表面下刀)，使刀具端面恰好碰到工件上表面，再将 Z 轴抬高 0.01mm，记下此时机床坐标系中的 Z 值，如 –140.400 等，则工件坐标系原点 W 在机床坐标系中的 Z 坐标值为 –140.400 。

数据存储将测得的 X, Y, Z 值输入机床工件坐标系存储地址 G5*中。一般使用 G54～G59 代码存储对刀参数。

10. 自动运行操作

打开内存中的某个程序，确认光标在程序首的位置，将操作模式选择为自动模式，按软键【检视】，按下循环启动键(在自动运行前按下单段执行按键，选择停止键、跳段执行键等可在自动运行过程中实现相应的功能)。

程序运行过程中将主轴倍率旋钮和进给倍率旋钮调至适当值，保证加工正常(在程序第一次运行时，Z 轴的进给一定要逐步减慢，确保发现下刀不对时可及时停止)。

在加工中若遇突发事件，应立即按下急停按钮。

10.6 数控编程助手

"编程助手"软件是为数控机床编程人员提供的,用于手工数控编程的工具。它一方面能让编程人员在计算机上方便地进行手工代码编制,另一方面也能让编程人员很直观地看到所编制代码的轨迹。

1. 文件的新建、打开与保存

1)创建新的程序代码

建立一个新程序后,用户就可以在代码显示窗口进行程序的录入编辑,在图形显示窗口则可以同步看到代码的加工轨迹,并在提示信息窗口中看到程序的切削时间和切削长度以及刀具信息和加工范围等信息。

2)打开一个已有的程序代码

在编程助手中可以读入 CAXA 制造工程师后置程序 cut,MastCAM 或 UG 或 Pro/E 的后置程序 NC,通用后置 ISO,SIEMENS 的后置程序 MPF,海德汉的后置程序 H,纯文本的加工程序 TXT 等多种后置程序。

单击【文件】下拉菜单中【打开】,或直接单击 [打开文件],弹出打开文件对话框。选中要打开的程序代码的文件名,单击【打开】按钮。

3)将当前编辑的程序以文件形式存储到磁盘上

单击【文件】下拉菜单中的【保存】,或直接单击【保存】按钮。如果当前没有文件名,系统弹出一个存储文件对话框。在对话框的文件名输入框内输入一个文件名(文件类型可以自定义),单击【保存】,系统即按所给文件名存盘。将当前编辑的程序也可以另取一个文件名存储到磁盘上。单击【文件】下拉菜单中的【另存为】。

2. 行号设置

1)添加行号

在程序代码中添加行号,以方便识别和打印。

首先打开需要添加行号的程序,然后单击【代码编辑】菜单下的【添加行号】下拉菜单,或单击 [添加行号] 按钮,就可以完成添加行号。

单击【设置】菜单下的【设置】下拉菜单,弹出"设置"对话框,选择【行号设置】项,如图 10-38 所示。

在【行号地址】栏中可以填入行号的标示符(如 N),在【行号增量】中可以设置增量值,在上面的例子中可以看到行号的增量是 5,添加的行号分别是 N0,N5,N10,N15 等,如果增量值改为 2,起始行号为 0,那么添加的行号分别是 N0,N2,N4,N6 等。在程序内容中如果某些行不需要添加行号,则在【不加行号】中设置。图 10-38 中%0 表示含有%和( )的行不添加行号。

2)删除行号

删除程序代码中的行号,以方便传输,或进行行行重新排列。打开需要删除行号的程序,单击【代码编辑】菜单下的【删除行号】下拉菜单,或单击 [删除行号]。

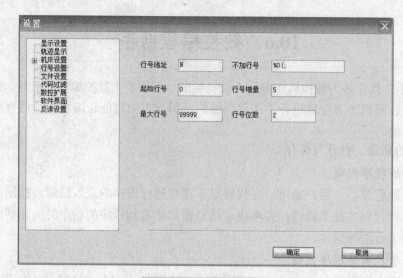

图 10-38　行号设置操作

3)重置行号

将程序代码中的混乱行号进行重新排列。如果程序代码是由几个不带行号的程序和几个带有行号的小程序拼合而成的，同一行号可能会出现多次，个别行却没有行号需要添加行号，这时选择【代码编辑】菜单中的【重置行号】下拉菜单，或单击 █ 按钮，就可以实现行号的自动重新排列。

3. 加工仿真

模拟刀具沿轨迹走刀，实现对代码的切削动态图像的显示过程，刀路轨迹将在图形显示窗口显示。单击【仿真】菜单下的【加工仿真】下拉菜单，或单击 █ ，弹出仿真对话框，单击【开始】按钮进行仿真。

仿真过程中可以看到刀具的运动轨迹，仿真除支持标准 G 代码外，还支持海德汉专用代码，SIEMENS 专用代码，并提供对宏程序仿真。若在仿真过程中要体现刀具直径效果，需在【设置】菜单中的【轨迹显示】项，设置为仿真时显示刀柄图。

同时需在刀具库中设置加工时需要的刀具，软件自带少量刀具信息，使用时可以单击【添加】按钮，进行刀具的添加。添加时注意填写正确的刀具信息，右侧刀具图形中有刀具参数的具体说明。

4. 程序传输

1)机床上进行接收准备

"EDIT"方式→"PRGRM"→"程序"→"操作"→ ▶ 两次→"输入出"→"F 输入"→输入程序名 OXXXX→"执行"→屏幕显示"输入"。

2)软件操作(CAXADNC2011)

(1)参数设置。右键所用机床，在弹出菜单中单击【修改参数】，在弹出对话框中将"基本信息"下的"IP" <u>IP: 192.168.4.233</u> 改为和所用机床 IP 一致。

(2)发送文件。单击 █ ，然后弹出"打开"对话框，找到所需发送的程序文件，单击【打开】即可。

第11章 特种加工

★ 实践目标：

通过特种加工（电火花加工或激光加工或快速原型加工）的实践训练，掌握其加工方法和原理，能根据加工材料及设计要求选择特种加工方法，制定相应的工艺过程，并使用特种加工机床完成加工。

★ 安全须知：

(1)电火花及线切割机床附近不得放置易燃、易爆物品，防止因工作液供应不足引起放电火花事故。

(2)激光加工设备产生不可见光，且对人体有害。出光时严禁将身体的各个部位探入光路，以免烧伤。加工过程可能产生高温和明火，加工时严禁离开机器，以避免燃烧而导致各种安全事故的发生。

(3)快速原型机或 3D 打印机在制作过程中喷头部位温度很高，严禁用手去触摸喷头部分，不要经常打开成形室的门。

11.1　特种加工简介

特种加工不属于传统制造加工范畴，它将电、磁、声、光等物理能量及化学能量或其组合直接施加在被加工的部位上，从而使材料被去除、变形、改变性能等，如表 11-1 所示。

表 11-1　常用特种加工分类表

特种加工方法		能量来源及形式	作用原理	英文缩写
电火花加工	电火花成形加工	电能、热能	熔化、气化	EDM
	电火花线切割加工	电能、热能	熔化、气化	WEDM
电化学加工	电解加工	电化学能	金属离子阳极溶解	ECM
	电解磨削	电化学、机械能	阳极溶解、磨削	EGM(ECG)
	电解研磨	电化学、机械能	阳极溶解、研磨	ECH
	电铸	电化学能	金属离子阴极沉积	EFM
	涂镀	电化学能	金属离子阴极沉积	EPM
激光加工	激光切割、打孔	光能、热能	熔化、气化	LBM
	激光打标记	光能、热能	熔化、气化	LBM
	激光处理、表面改性	光能、热能	熔化、相变	LBT
电子束加工	切割、打孔、焊接	电能、热能	熔化、气化	EBM
离子束加工	蚀刻、镀覆、注入	电能、动能	原子撞击	IBM
等离子弧加工	切割(喷镀)	电能、热能	熔化、气化(涂覆)	PAM

续表

特种加工方法		能量来源及形式	作用原理	英文缩写
超声加工	切割、打孔、雕刻	声能、机械能	磨料高频撞击	USM
化学加工	化学铣削	化学能	腐蚀	CHM
	化学抛光	化学能	腐蚀	CHP
	光刻	光、化学能	光化学腐蚀	PCM
快速成形	液相固化法	光、化学能	增材法加工	SL
	粉末烧结法	光、热能		SLS
	纸片叠层法	光、机械能		LOM
	熔丝堆积法	电、热、机械能		FDM

上述特种加工工艺的特点以及逐步广泛的应用，引起机械制造工艺技术领域内许多变革，如对材料的可加工性、工艺路线的安排、新产品的试制过程、产品零件设计的结构、零件结构工艺性好坏的衡量标准等产生一系列的影响。归纳起来主要有以下六个方面。

1）提高材料的可加工性

以往认为金刚石、硬质合金、淬火钢、石英、玻璃、陶瓷等是很难加工的，现可用电火花、电解、激光等多种方法来加工它们。材料的可加工性不再与硬度、强度、韧性、脆性等呈直接或比例关系。对电火花、线切割加工而言，淬火钢比未淬火钢更易加工。特种加工方法使材料的可加工范围从普通材料发展到硬质合金、超硬材料和特殊材料。

2）改变零件的典型工艺路线

以往除磨削外，其他切削加工、成形加工等都必须安排在淬火热处理工序之前，这是工艺人员决不可违反的工艺准则。特种加工的出现，改变了这种一成不变的程序格式。由于它基本上不受工件硬度的影响，而且为了免除加工后再引起淬火热处理变形，一般都先淬火后加工。最为典型的是电火花线切割加工、电火花成形加工和电解加工等，都应该先淬火后加工。

3）特种加工改变试制新产品的模式

以往试制新产品的关键零部件时，必须先设计、制造相应的刀、夹、量具和模具，以及二次工装，现在采用数控电火花线切割，可以直接加工出各种标准和非标准直齿轮（包括非圆齿轮、非渐开线齿轮），微型电动机定子、转子硅钢片，各种变压器铁芯，各种特殊、复杂的二次曲面体零件。这样可以省去设计和制造相应的刀、夹、量具和模具及二次工具，大大缩短了试制周期。快速成形技术更是试制新产品的必要手段，改变了过去传统的产品试制模式。

4）特种加工对产品零件的结构设计带来很大的影响

零件上尖角与圆角、零件与部件拼镶结构或整体结构，例如，花键孔、轴、枪炮膛线的齿根部分，从设计观点为了减少应力集中，最好做成小圆角，但拉削加工时刀齿做成圆角对排屑不利，容易磨损，刀齿只能设计与制造成清棱清角的齿根，而用电解加工时由于存在尖角变圆现象，非采用小圆角的齿根不可。又如，各种变压器的山形硅钢片硬质合金冲模，过去由于不易制造，往往采用拼镶结构，而采用电火花、线切割加工后，可做成整体结构。喷气发动涡轮机也由于电加工而采用扭曲叶片带冠整体结构，大大提高了发动机性能。特种加工使产品零件可以更多地采用整体性结构。

5）对传统结构工艺性的好与坏，需要重新衡量

过去将方孔、小孔、深孔、弯孔、窄缝等认为是工艺性很"差"的典型，对工艺、设计人员是非常忌讳的，有的甚至是禁区。特种加工的采用改变了这种现象。对于电火花穿孔、电火花线切割工艺，加工方孔和加工圆孔的难易程度是一样的。喷油嘴小孔、喷丝头小异型孔，涡轮叶片大量的小冷却深孔，窄缝，静压轴承、静压导轨的内油囊型腔，采用电加工后变难为易了。过去淬火前忘了钻定位销孔、铣槽等工艺，淬火后这种工件只能报废，现在则大可不必，可用电火花打孔、切槽进行补救。相反，有时为了避免淬火开裂、变形等影响，特种加工需要把钻孔、开槽等工艺安排在淬火之后。过去很多不可修废品，现在都可用特种加工方法修复。例如，啮合不好的齿轮，可以用电火花跑合；尺寸磨小的轴，磨大的孔，以及工艺中磨损的轴和孔，可以用电刷镀修复。现代产品结构中可以大量采用小孔、小深孔、小斜孔、深槽和窄缝。

6) 特种加工已经成为微细加工和纳米加工的主要手段

近年来出现并快速发展的微细加工和纳米加工技术，主要是电子束、离子束、激光、电火花、电化学等电物理、电化学特种加工技术。学习和掌握特种加工技术，使设计和工艺技术人员能够采用更小的结构，甚至细微结构。

11.2 电火花加工

电火花加工(Electrospark Machining)在日本和欧美又称为放电加工(Electrical Discharge Machining，EDM)，在 20 世纪 40 年代开始研究并逐步应用于生产。它是在加工过程中，使工具和工件之间不断产生脉冲性的火花放电，靠放电时局部、瞬时产生的高温把金属蚀除下来。因放电过程中可见到火花，故在苏联和我国称为电火花加工，现俄罗斯也称为电蚀加工。

11.2.1 电火花加工系统的基本原理、特点及分类

1. 基本原理

电火花加工的原理是基于工具和工件(正、负电极)之间脉冲性火花放电时的电腐蚀现象来蚀除多余的技术，以达到对零件的尺寸、形状及表面质量预定的加工要求。

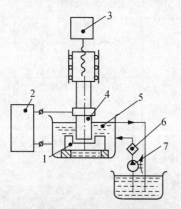

图 11-1 所示为电火花加工系统的原理实现。工件 1 与工具 4 分别与脉冲电源 2 的两输出端相连接。自动进给调节装置 3(此处为电动机及丝杆螺母机构)使工具和工件间经常保持一很小的放电间隙，当脉冲电压加到两极之间时，便在当时条件下工具端面和工件加工表面间某一相对间隙最小处或绝缘强度最低处击穿介质，在该局部产生电火花放电，瞬时高温使工具和工件表面都蚀除掉一小部分金属，各自形成一个小凹坑。随着相当高的频率，连续不断地重复放电，工具电极不断地向工件进给，放电点不断"转移"，就可将工具的形状复制在工件上，加工出所需要的零件，整个加工表面将由无数个小凹坑所组成。

图 11-1 电火花加工原理示意图
1-工件；2-脉冲电源；3-自动进给调节装置；4-工具；
5-工作液；6-过滤器；7-工作液泵

2. 特点

电火花加工有如下优点。

1) 适用于任何难切削导电材料的加工

材料的可加工性取决于材料的导电性及其热学特性，而几乎与其力学性能(硬度、强度)无关。突破传统切削加工对刀具的限制，实现用软的工具加工硬韧的工件。

2）可以加工特殊及复杂形状的表面和零件

由于加工中工具电极和工件不直接接触，没有机械加工宏观的切削力，因此适宜加工低刚度工件及进行微细加工。由于可以简单地将工具电极的形状复制到工件上，因此也特别适用于复杂表面形状工件的加工。

电火花加工也有一定的局限性，如加工材料必须为导电材料（但在一定条件下，也可以加工半导体或非导电材料）。另外，加工速度较慢，通常安排工艺是多采用切削加工来去除大部分余量，再进行电火花加工以求提高生产效率。

3. 分类

按工具电极和工件相对运动的方式和用途的不同，大致可分为电火花穿孔成形加工、电火花线切割、电火花磨削和镗磨、电火花同步共轭回转加工、电火花高速小孔加工、电火花表面强化与刻字六大类。前五类属于电火花成形、尺寸加工，用于改变零件形状或尺寸的加工方法；后者则属于表面加工方法，用于改善或改变零件表面性质。表 11-2 为电火花加工的分类、加工特点和用途。

表 11-2　电火花加工工艺方法分类表

类别	工艺方法	特　点	用　途
I	电火花穿孔成形加工	1. 工具和工件间主要只有一个相对的伺服进给运动； 2. 工具为成形电极，与被加工表面有相同的截面和相反的形状	1. 型腔加工：加工各类型腔模及各种复杂的型腔零件； 2. 穿孔加工：加工各种冲模、挤压模、粉末冶金模、各种异形孔及微孔等
II	电火花线切割加工	1. 工具电极为顺电极丝轴线方向移动着的线状电极； 2. 工具与工件在两个水平方向同时有相对伺服进给运动	1. 切割各种冲模和具有直纹面的零件； 2. 下料、截割和窄缝加工
III	电火花内孔、外圆和成形磨削	1. 工具与工件有相对的旋转运动； 2. 工具与工件间有径向和轴向的进给运动	1. 加工高精度、表面粗糙度小的小孔，如拉丝模、挤压模、微型轴承内环、钻套等； 2. 加工外圆、小模数滚刀等
IV	电火花同步共轭回转加工	1. 成形工具与工件均作旋转运动，但二者角速度相等或成整倍数，相对应接近的放电点可有切向相对运动速度； 2. 工具相对工件可作纵、横向进给运动	以同步回转、展成回转、背角速度回转等不同方式，加工各种复杂型面的零件，如高精度的异形齿轮，精密螺纹环规，高精度、高对称度、表面粗糙度小的内、外回转体表面等
V	电火花高速小孔加工	1. 采用细管（$>\phi0.3$nm）电极，管内冲入高压水基工作液； 2. 成形细管电极旋转； 3. 成形穿孔速度较高（60mm/min）	1. 线切割穿丝预孔； 2. 深径比很大的孔，如喷嘴等
VI	电火花表面强化、刻字	1. 工具在工件表面上振动； 2. 工具相对工件移动	1. 模具刃口，刀、量具刃口表面强化和镀覆； 2. 电火花刻字、打印机

11.2.2　电火花穿孔成形加工

电火花成形加工是电火花加工的一种。一般应用在加工各种高硬度、高强度、高韧性的导电材料，并且常用于模具的制造过程中。电火花加工工艺和机床设备的类型较多，应用最广、数量较多的是电火花穿孔成形加工机床和电火花线切割机床。

1. 电火花穿孔成形加工机床的组成

电火花穿孔成形加工机床的组成包括机床本体、脉冲电源、轴伺服系统(X，Y，Z 轴)、工作液循环过滤系统和基于窗口的对话软件操作系统。

(1)机床本体。如图 11-2 所示，由床身、底座、工作台、滑枕、主轴箱组成。床身用于支承和连接工作台等部分、放置工作液箱等。底座用于支承滑枕作 Y 向往复运动。滑枕用于支承主轴箱，并带动工具电极作 Z 向往复运动。

(2)脉冲电源。其作用是把 50Hz 交流电换成高频率的单项脉冲电流。加工时，工具电极接电源正极，工件电极接负极。

(3)轴向伺服系统。其作用是控制 X，Y，Z 三轴的伺服运动。

(4)工作液循环过滤系统。由工作液、工作液箱、工作液泵、滤芯和导管组成。工作液起绝缘、排屑、冷却和改善加工质量作用。每次脉冲放电后，工件电极与工具电极之间必须迅速恢复绝缘状态，否则脉冲放电就会转变为持续的电弧放电，影响加工质量。在加工过程中，工作液可把加工过程中产生的金属颗粒迅速从电极之间冲走，使加工顺序进行。工作液还可冷却受热的电极和工作，防止工件变形。

(5)基于窗口的对话式软件操作系统。使用软件操作系统，工具电极可以方便地对工件进行感知和对中等操作，可以将工具电极和工件电极的各种参数输入并生成程序，可以动态观察加工过程中加工深度的变化情况，还可以手动操作加工和文件管理等。

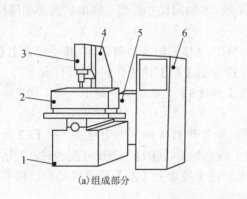
(a)组成部分

(b)机床外形

图 11-2 电火花穿孔成形加工机床
1-床身；2-工作液槽；3-主轴头；4-立柱；5-工作液箱；6-电源箱

2. 电火花穿孔成形加工的放电条件

电火花成形孔加工的放电条件 EDM 自动匹配，分【ON/OFF】两种状态，点【F10】切换两种状态。EDM 自动匹配，ON 状态表示只需要调整 AP(低电压电流)其他放电条件不需要分别调整；OFF 状态表示所有的放电参数都需要分别进行调整。AP(低电压电流)、PA(放电时间)的参考范围如表 11-3 所示。

表 11-3 放电参数设置参考表

	AP(低电压电流)	PA(放电时间)
精加工	0～6	2～60
半精加工	9～15	90～150
粗加工	21～90	200～700

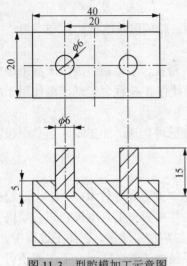

图 11-3　型腔模加工示意图

3. 电火花穿孔成形孔机床的操作实训

以图 11-3 所示的型腔模加工为例,介绍成形孔加工的基本操作。

所用电极材料为紫铜。零件加工技术要求如下:材料为淬火钢,表面粗糙度 Ra 值为 1.6μm,加工深度为 5mm,电极损耗忽略不计,电极缩放量单边 0.1mm,加工坐标如图 11-3 所示。

操作步骤如下。

(1)开机。打开电源开关,待计算机画面出现后,打开紧急开关,否则主轴头会自动上升,可能会撞到光学尺导致尺寸不准。

(2)工件、工具电极安装。找出相应尺寸和形状的电极,用钻钥匙把电极紧固在钻夹头上。通过钻夹头上方的六个螺钉来调整电极垂直。根据要求把工件放在磁性吸盘上或用压板紧固在工作台上。

(3)X,Y 方向位置的设定。按功能键【F6(中心位置)】,使用光标↑、↓移动到 Y 轴,Y 轴向两边的任一边和电极侧面相碰撞后,按【YES】直到归 0。电极侧面和第一边相碰后,按【YES】一次,使尺寸除以 2。摇动手轮使 Y 轴向尺寸到 0。

按功能键【F4(位置归零)】,使用光标移到 X 轴,X 轴向尺寸基准边和电极侧面相碰撞后,按【YES】归零。摇动手轮到需要的尺寸即可。

(4)Z 轴位置设定。按【F4】位置归零,使用游标↓、↑移到归零轴向 Z 轴,按手控盒上【Z+】直到电极与工件相碰后,按【YES】归零。按手控盒上【Z-】使工件和电极分开。

注意:①当电极与工件要相碰时,按手控盒上的【S】灵敏度调整到小一点;②Z 轴归零可重复两次,减少差。

(5)自动放电操作。按【F3】进入程式编辑,参考表 11-4 规划加工程序。按【F2 自动放电】,按手控盒上工作液开关【ON】,按手控盒上放电加工【ON】,当尺寸到达时,Z 轴会自动上升至安全高度后发出鸣声,并自动关闭放电。按手控盒上【Z-】清除蜂鸣声,按手控盒上工作液开关【OFF】。

表 11-4　型腔模加工参数设置

项次	Z轴深度/mm	高压电流 BP	低压电流 AP	放电时间 TA	放电间隙 TB	灵敏度 SP	下去时间 DN	抬刀时间 UP
1	2.5	0	15	500	4	6	6	4
2	3.7	0	9	300	3	5	4	3
3	4.5	0	6	200	3	5	3	4
4	4.9	0	3	120	3	4	2	3
5	5.0	0	1.5	90	3	4	3	2

注:① 使用【F1】插入所需单节,此时系统会将光标所在单节复制到下一单节,使用【F2】删除不要单节;

② 使用↑、↓、←、→上下左右光标键移动光标至编辑栏位;

③ Z 轴深度输入栏用数字键输入相应尺寸,按 Enter 输入;低压电流参数则按【F3】参数减小与按【F4】参数增加;其他参数不需调整,根据低压电流自动匹配;

④ 编辑完成,使用【F8】跳出,系统会自动存档。

11.3 电火花线切割加工

电火花线切割加工(Wire Cut EDM，WEDM)是在电火花加工基础上于20世纪50年代末最早在苏联发展起来的一种工艺形式，是用线状电极(钼丝或铜丝)靠火花放电对工件进行切割，故称为电火花线切割，简称线切割。

11.3.1 电火花线切割加工的原理、特点、范围

1. 线切割加工的原理

线切割加工的原理是利用移动的细金属导线(铜丝或钼丝)作为电极，利用数控技术对工件进行脉冲火花放电，切割成各种二维、三维多维表面。

电火花线切割原理如图11-4所示。加工时，工具电极(钼丝)接电源负极，工件接电源正极，电极和工件之间冲洗具有绝缘性能的工作液。通过脉冲电源的作用，正负极之间很快形成一个被电离的导电通道，导致粒子间发生无数次碰撞，形成一个等离子区，并很快升高到8000～12000℃的高温，在两导体表面瞬间熔化一些材料。同时，由于电极和工作液的气化，形成一个气泡，并且其压力迅速升高，然后电流中断，温度突然降低，引起气泡内向爆炸，产生的动力把溶化的物质抛出，被腐蚀的材料在工作液中重新凝结成小的球体，并被工作液排走。通过计算机或数控装置的控制，伺服机构执行，使这种放电现象均匀一致，从而达到加工出符合要求的尺寸及形状精度的零件。

在实际生产中，电极丝在蚀除工件的同时自身也在被蚀除，因此电极丝在使用过程中会逐渐变细。

2. 加工特点及应用

电火花线切割能切割加工传统方法(车、铣、刨、钳等)难于加工或无法加工的高硬度、高强度、高脆性、高韧性等导电材料及半导体材料，如硬质合金、高速钢、淬火钢等超硬、超强度的特殊性能的金属材料。

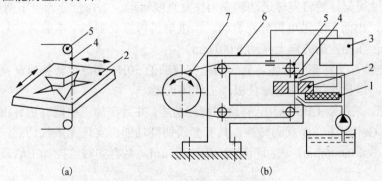

图 11-4 电火花线切割原理

1-绝缘底板；2-工件；3-脉冲电源；4-钼丝；5-导向轮；6-支架；7-储丝筒

线切割加工具有以下优势：①由于电极丝极细(直径为0.04～0.30mm)，可以加工各种形状复杂的异形槽、窄缝和栅网等精密细小零件；②由于工件被加工表面受热影响小，适用于

加工热敏感性材料；③由于脉冲能量集中在很小的范围内，加工精度较高，精度可达 0.02～0.01mm，表面粗糙度可达 $Ra1.6\mu m$；④加工过程中，工具与工件不直接接触，不存在显著的切削力，有利于加工低刚度工件，如普通机床不能加工或难以加工的受力容易变形的各种薄壁、薄片、热敏感度、弹性零件；⑤由于切缝很细，而且只对工件进行轮廓加工，实际金属蚀除量很少，材料利用率高，对于贵重金属加工更具有重要意义。

电火花线切割加工的缺点是生产率低，且不能加工盲孔类零件和阶梯表面。

11.3.2　机床组成

线切割机床通常分为两大类：一类是往复高速走丝（或称快走丝）电火花线切割机床（WEDM-HS），一般走丝速度为 8～10m/s，这是我国生产和使用的主要机种，也是我国独创的电火花线切割加工模式；另一类是单向低速走丝（或称慢走丝）电火花线切割机床（WEDM-LS），一般走丝速度低于 0.2m/s，这是国外生产和使用的主要机种。

数控电火花线切割机床如图 11-5 所示，由机床本体、脉冲电源、控制箱、工作液循环系统组成。

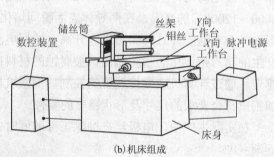

(a)切割机床　　　　　　　　　　　　(b)机床组成

图 11-5　数控电火花线切割机床及组成

（1）机床本体：由床身、运丝机构、工作台等组成。床身用于支承和连接工作台、运丝机构等部件，内部安放机床电器和工作液循环系统。运丝机构是由电动机带动储丝筒交替作正、反向转动，通过线架导轮将旋转运动转变为往复直线运动。工作台分为上下两层，分别与 X，Y 向丝杠相连，由两个步进电机分别驱动。步进电机每接受到一个电脉冲信号，就旋转一步距角，使工作台在相应的方向上移动 0.001mm。

（2）脉冲电源：又称高频电源，其作用是把普通的 50Hz 交流电转换成高频率的单向脉冲电压。加工时，电极丝接脉冲电源负极，工件接正极。

（3）控制箱：采用双 CPU 结构，有绘图编程功能，并且在加工中同时进行编程。具有 USB 接口，可实现 G 代码和 3B 代码转换。具有多次切割功能，实现无条纹切割，进行三次切割后，加工尺寸差≤0.006mm，表面粗糙度 Ra≤1.2μm。具有实时监控加工轨迹和调整脉冲参数等其他功能。

（4）工作液循环系统：包括工作液箱、工作液泵、流量控制阀、进液管、回液管及过滤网罩等。工作液起冷却电极丝和工件、排除电蚀产物、提供一定绝缘性能的工作介质的作用。

11.3.3　手工编程

一条完整的加工程序是由若干程序段组成的。程序段格式是指一条程序段中，有字、字符及数据组成的基本形式。不同的数控系统有截然不同或大同小异的程序格式,其字符及数据表示的具体操作内容也会有所不同,因而在编程时必须首先熟悉机床的原始规定及其程序格式,才能正确编程。

目前广泛应用的程序格式有两种基本格式。一种是字地址程序格式,即 ISO 代码 G 代码格式;另一种是采用分隔符的固定顺序的格式,即 3B 代码程序格式,如我国高速走丝电火花线切割机所用的 3B 代码程序格式。

下面以 3B 代码程序格式进行介绍。

1. 3B 程序格式

3B 代码一般格式为

$$B\ X \qquad B\ Y \qquad B\ J \qquad G\ Z$$

其中,B 为分隔符,分隔 X 值、Y 值、J 值。X,Y,J 值均以 μm 为单位,且均取绝对值。直线时,X,Y 是以直线的起点为坐标原点的直线终点坐标值。圆弧时,X,Y 是以圆弧圆心为坐标原点的圆弧起点坐标值。J 为计数长度,表示在计数方向上的总进给量。G 为计数方向。Z 为加工指令。

2. 计数方向 G

(1)加工直线时,计数方向取直线终点靠近的坐标轴。如图 11-6 所示,加工直线 $\overrightarrow{OA}$,靠近 X 轴,计数方向为 GX;加工直线 $\overrightarrow{OB}$,靠近 Y 轴,计数方向为 GY。如果终点两个坐标值一样时,则两个计数方向均可,如图 11-6 中加工直线 $\overrightarrow{OC}$。

(2)加工圆弧时,当圆弧终点靠近 Y 轴时,计数方向取 X 轴,记作 GX,靠近 X 轴时,计数方向取 Y 轴,记作 GY,即取圆弧终点坐标取绝对值小的为计数方向。如图 11-7 所示,圆弧 $\overset{\frown}{AB}$,其圆弧终点 B 靠近 Y 轴,计数方向记作 GX;圆弧 $\overset{\frown}{MN}$,其圆弧终点 N 靠近 X 轴,其计数方向记作 GY;圆弧 $\overset{\frown}{PQ}$,其圆弧终点 Q 为处于 45°(X、Y 坐标绝对值相等),其计数方向记作 GX 或 GY 均可。

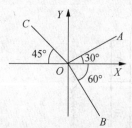

图 11-6　直线计数方向 G 的确定

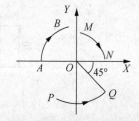

图 11-7　圆弧的计数方向 G 的确定

3. 计数长度 J

计数长度是直线或圆弧在计数方向坐标轴上投影长度(绝对值)总和。如图 11-8 所示,对于直线 $\overrightarrow{OA}$,其计数方向为 X 轴,计数长度为 OB。

计数长度是圆弧,它可能跨越几个象限,如图 11-9 所示,它的计数长度是三段 90° 圆弧在 X 轴的投影之和。

4. 加工指令 Z

Z 是加工指令的总称,它共有 12 种,如图 11-10 和图 11-11 所示。

(1)对于直线加工指令用 L 表示,L 后面的数字表示该线段所在的象限。对于和坐标重合的直线,正 X 轴为 L1,正 Y 轴为 L2,负 X 轴为 L3,负 Y 轴为 L4。

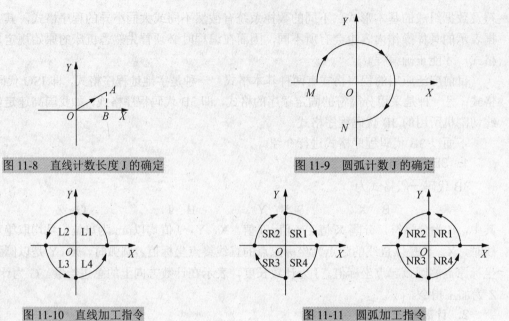

图 11-8　直线计数长度 J 的确定　　　　　图 11-9　圆弧计数 J 的确定

图 11-10　直线加工指令　　　　　　　　图 11-11　圆弧加工指令

（2）圆弧指令有 8 种，SR 表示顺圆，NR 表示逆圆，字母后面的数字表示该圆弧的起点所在象限，如 SR1 表示该圆弧为顺圆，起点在第一象限包括在正 Y 轴上的顺时针方向圆弧。以此类推。

5．3B 编程实例

如图 11-12 所示的加工起点 $O(0, -20)$，按 $OA-AB-BC-CD-DE-EF-FA-AO$ 路线编程如下。

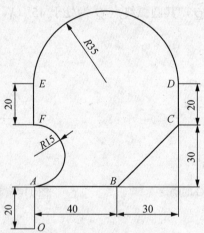

图 11-12　零件加工图纸

加工路线	BX	BY	BJ	G	Z
走直线 OA：	B0	B20000	B20000	GY	L2
走直线 AB：	B40000	B0	B40000	GX	L1
走直线 BC：	B30000	B30000	B30000	GX	L1
走直线 CD：	B0	B20000	B20000	GY	L2
走圆弧 DE：	B35000	B0	B70000	GY	NR1

走直线 EF:	B0	B20000	B20000	GY	L4
走圆弧 FA:	B0	B15000	B30000	GX	SR2
走直线 AO:	B0	B20000	B20000	GY	L4

11.3.4 自动编程

CAXA 线切割 XP 是数控快(中)走丝线切割机床的绘图编程软件,具有易学、易用的特点,采用图标式绘制需要的图形,生成带有复杂形状轮廓的两轴线切割加工轨迹,可以提供计算机与线切割机床通信接口,把计算机与快(中)走丝线切割机床连接起来,直接把生成的3B 代码输入机床。

1. 绘图

单击 CAXA 电子图板 XP 后,进入 CAXA 电子图板的绘图环境,用户界面如图 11-13 所示,主要包括五个部分:绘图区、菜单系统、状态显示或提示、命令操作与数据输入和工具栏。

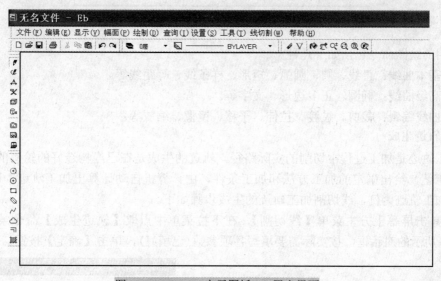

图 11-13 CAXA 电子图板 XP 用户界面

(1)绘图区:用户进行绘图设计的工作区域,位于屏幕的中部,并占据屏幕的大部分面积。在绘图区的中央设置一个直角坐标系,该坐标系坐标原点为(0,0)。用户在操作过程中的所有坐标均以此坐标系的原点为基础。

(2)菜单系统:包括主菜单、下拉菜单区、常驻菜单区、应用主菜单区、立即菜单区 5 个部分。

① 主菜单位于屏幕的顶部,每部分都含有若干个下拉菜单。

② 常驻菜单区位于屏幕右侧的上部,包括删除、拾取设置、显示平移、显示窗口、显示回溯、显示全部、取消操作、重画、重复操作等 9 项内容。

③ 应用主菜单区位于屏幕左侧,其内容与主菜单的下拉菜单内容相同。包括基本曲线、高级曲线、曲线编辑、工程标注、块操作等。

④ 立即菜单区描述该项命令执行的各种情况和使用条件。根据当前的作图要求,正确地选择某一选项,即可得到准确的响应。

(3)状态显示和提示区:显示区位于屏幕底部中间,当前点的坐标值随鼠标光标的移动作动态变化。提示区位于屏幕左下角，用于提示当前命令执行的情况或提醒输入。

① 屏幕点菜单状态提示区。位于当前点坐标显示区的右侧，可自动提示当前拾取点性质以及拾取方式，如屏幕点、切点、端点等。

② 点捕捉状态设置区。位于屏幕的右下角，在此区域内设置点的捕捉状态，分别为自由、智能、导航和栅格。

(4)命令操作与数据输入区：位于屏幕左下角，用于由键盘输入命令或数据。

(5)工具栏：通过左击相应的按钮图标进行操作，其中包括"标准""属性""绘图工具""基本曲线"等，如图 11-14 所示。工具栏可以根据自己的习惯及需求进行定义、调整。

图 11-14　工具栏

常用的绘图命令包括如下几种。

① 基本曲线：直线、圆、圆弧、矩形、样条线、等距线等。

② 高级曲线：椭圆、正多边形、文字等。

③ 曲线编辑：裁剪、过渡、拉伸、平移、镜像、缩放等。

2. 轨迹生成

加工轨迹是加工过程中切削的实际路径，轨迹的生成是在已经构造好的轮廓的基础上结合加工工艺，给出确定的加工方法和加工条件，由计算机自动计算出加工轨迹。以图 11-15 所示的加工轨迹为例，线切割加工轨迹的生成步骤如下。

(1)单击屏幕上方主菜单【线切割】，在下拉菜单中点取【轨迹生成】命令条，弹出如图 11-16 所示的对话框，按实际需要填写各项参数(已填好)，单击【确定】按钮。

图 11-15　加工轨迹示例

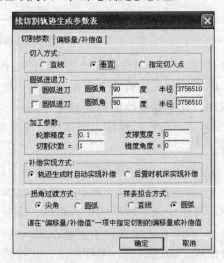

图 11-16　轨迹生成参数对话框

(2)屏幕左下角提示"拾取轮廓"，单击"图形轮廓线"，被点取的轮廓线变为虚线，并沿轮廓出现一对反向箭头(图 11-17(a))。屏幕左下角提示"请选择链拾取方向"，单击任一方向的"箭头"。若轮廓线全部变为红色虚线(图 11-17(b)),屏幕左下角提示:"输入穿丝点位置"。

(3)用键盘数字键输入"穿丝点"坐标或在需要处单击"穿丝孔",屏幕左下角提示:"输入退出点坐标(回车则与退出点重合)",输入回车或右击。

(4)单击重画图标,屏幕上显示轨迹线,如图 11-17(c)所示。

图 11-17 拾取轮廓过程

3. 生成 3B 代码

3B 代码是一种结构相对固定的控制格式。系统把生成的加工轨迹转化成线切割机床能识别的机床代码(3B 代码)。线切割生成 3B 代码的步骤如下。

(1)单击屏幕上方主菜单【线切割】菜单,在下拉菜单中单击【生成 3B 代码】命令条,弹出如图 11-18 所示的对话框,存盘 F:\xqg*.3b, (*为合法文件名),单击【保存】按钮。

(2)屏幕左下角提示:"拾取加工轨迹"。单击"轨迹线",右击确认。屏幕显示 3B 代码程序单,如图 11-19 所示。

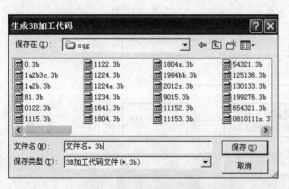

图 11-18 3B 代码对话框   图 11-19 3B 代码程序单

(3)3B 代码文件"*.3b"通过"网上邻居"复制到与线切割机床相连接的计算机(CAXA-3 \xqg3),然后在线切割机床操作加工。

4. TP 中(快)走丝机床 HF 系统操作

按控制柜上的开机按钮,系统启动后,出现 HF 系统操作主界面,如图 11-20 所示,上方有【退出】【全绘编程】【加工】【异面合成】【系统参数】【其他】和【系统信息】六个按钮。

(1)3B 文件导入。单击【加工】按钮,出现图 11-21 所示的加工界面,单击【读盘】,出现选择文件界面，在文件存储地址选择待加工零件的 3B 代码。若文件在 F：/盘，单击【另选盘号】，键盘输入字母"F"，再选待加工 3B 代码文件名。

图 11-20　HF 系统主界面

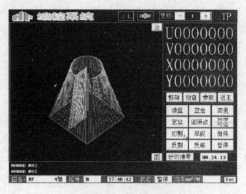

图 11-21　加工界面

(2)模拟轨迹。待加工零件显示后，单击加工界面中的【检查】按钮，在后续界面中单击【模拟轨迹】按钮，按【回车】键，按界面提示检查加工模拟轨迹，单击【退出】按钮，完成模拟轨迹检查。

(3)工件安装及机床准备。若加工模拟轨迹无误，工件安装、定位，开启手控盒上的【运丝机构】按钮和【开启工作液】按钮。

(4)切割加工。单击加工界面中的【切割】按钮，进行加工。待加工完成后，线切割机床自动停机，取出作品。

11.3.5　学生实践内容

学生完成一笔画的创意设计，在线切割机床上完成加工制作。学生实践流程及一笔画作品分别如图 11-22 和图 11-23 所示。

```
┌─────────────────┐     ┌─────────┐     ┌─────────┐
│ 使用"CAXA电子图板XP"│────▶│ 轨迹生成 │────▶│生成3B代码│
│ 绘图：创意设计一笔画 │     └─────────┘     └─────────┘
└─────────────────┘                            │
         ┌──────────────────────────────────────┘
         ▼
┌─────────────┐     ┌─────────────┐     ┌─────────┐
│ 传输至连接    │────▶│ 线切割机床HF  │────▶│ 切割作品 │
│ 机床的计算机  │     │ 系统轨迹模拟  │     └─────────┘
└─────────────┘     └─────────────┘
```

图 11-22　实践流程

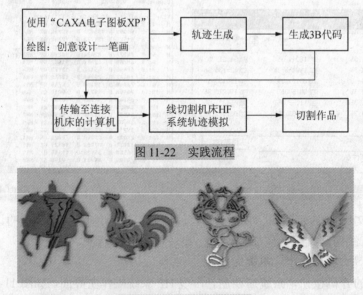

图 11-23　学生一笔画作品

11.4　激 光 加 工

11.4.1　激光加工的特点及应用

　　激光技术是 20 世纪 60 年代初发展起来的一门学科，在材料加工方面，已逐步形成一种崭新的加工方法——激光加工（Laser Beam Machining，LBM）。激光加工是将激光器所产生的激光束辐照在材料的表面上，当材料吸收到激光束的高能量时，光能转化为热能，实现对材料的不同加工。激光是可控的单色光，它强度高、能量密度大，可以在空气介质中高速加工各种材料，激光的应用越来越广泛，具体的加工工艺包括激光焊接、激光切割、表面改性、激光打标、激光钻孔和微加工等。

　　激光加工具有如下特点。

　　(1) 非接触加工。激光可视为"光刀"，无"刀具"磨损，无"切削力"作用于工件。

　　(2) 可对多种金属、非金属加工，特别是高硬度、高脆性及高熔点材料。

　　(3) 与数控系统配合组成激光加工中心，实现多种加工目的。

　　(4) 激光束能量密度高，是局部加工，加工速度快，热影响区小，工件变形小。

　　(5) 生产效率高，加工质量稳定可靠。

11.4.2　常规激光器及其工作原理

　　除自由电子激光器外，各种激光器的基本工作原理均相同（图11-24），产生激光的必不可少的条件是粒子数反转和增益大过损耗，所以装置中必不可少的组成部分有激励（或抽运）源、具有亚稳态能级的工作介质两个部分。激励是工作介质吸收外来能量后激发到激发态，为实现并维持粒子数反转创造条件。激励方式有光学激励、电激励、化学激励和核能激励等。工作介质具有亚稳态能级是使受激辐射占主导地位，从而实现光放大。激光器中常见的组成部分还有谐振腔，但谐振腔（见光学谐振腔）并非必不可少的组成部分，谐振腔可使腔内的光子有一致的频率、相位和运行方向，从而使激光具有良好的方向性和相干性。而且，它可以很好地缩短工作物质的长度，还能通过改变谐振腔长度来调节所产生激光的模式（即选模），所以一般激光器都具有谐振腔。

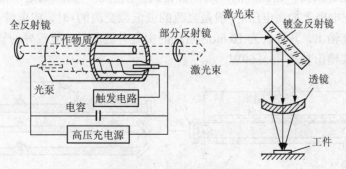

图 11-24　激光器工作原理

1. 固体激光器——YAG 激光器

　　固体激光器（图 11-25）有不同的工作物质。YAG 激光器是以钇铝石榴石晶体为基质的一种固体激光器。钇铝石榴石的化学式是 $Y_3Al_5O_{15}$，简称 YAG。在 YAG 基质中掺入激活离子

Nd_3^+（约 1%）就成为 Nd：YAG。实际制备时是将一定比例的 Al_2O_3、Y_2O_3 和 NdO_3 在单晶炉中熔化结晶而成。Nd：YAG 属于立方晶系，是各向同性晶体。

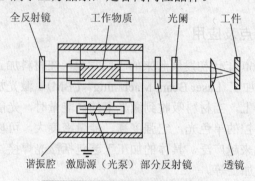

图 11-25　固体激光器结构示意图

由于 Nd：YAG 属于四能级系统，量子效率高，受激辐射面积大，所以它的阈值比红宝石和钕玻璃低得多。又由于 Nd：YAG 晶体具有优良的热学性能，因此非常适合制成连续和重频器件。它是目前在室温下能够连续工作的唯一固体工作物质，在中小功率脉冲器件中，目前应用 Nd：YAG 的量远超过其他工作物质。和其他固体激光器一样，YAG 激光器基本组成部分是激光工作物质、泵浦源和谐振腔。

YAG 激光器在工业中的应用主要是用于材料加工，如切割、焊接、打孔等，不仅使加工质量得到提高，而且提高了工作效率；在医疗方面的应用，主要是作为手术刀，使手术不出血或很少出血，而且可以作一般手术刀无法或难以进行的手术，如脑血管、心血管及眼科手术等。除此之外，YAG 激光器还可以为科学研究提供一种精确而快捷的研究手段。

2. 气体激光器——二氧化碳激光器

气体激光器一般是采用电激励，因其效率高、寿命长、连续输出功率大，所以广泛应用于切割、焊接、热处理等加工。常用于材料加工的气体激光器有二氧化碳激光器、氩离子激光器等。

二氧化碳激光器是以 CO_2 气体作为工作物质的气体激光器（图 11-26）。放电管通常由玻璃或石英材料制成，里面充以 CO_2 气体和其他辅助气体（CO_2，N_2，He 比例为 6%，28%，66%）；电极一般是镍制空心圆筒；谐振腔的一端是镀金的全反射镜，另一端是用锗或砷化镓磨制的部分反射镜。当在电极上加高电压（一般是直流的或低频交流的）时，放电管中产生辉光放电，锗镜一端就有激光输出，其波长为 $10.6\mu m$ 附近的中红外波段；一般较好的管子， 1m 左右的放电区可得到连续输出功率 40～60W。

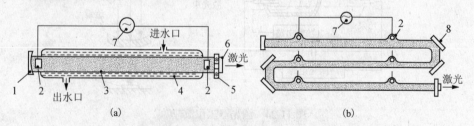

图 11-26　二氧化碳激光器的结构示意图

1-反射镜；2-电极；3-放电管；4-冷却水；5-反射镜；6-红外材料；7-电流电源；8-全反射镜

二氧化碳激光器有如下优点。

(1)它有比较大的功率和比较高的能量转换效率。

(2)它是利用 CO_2 分子的振动-转动能级间的跃迁的,有比较丰富的谱线,在 $10\mu m$ 附近有几十条谱线的激光输出。

(3)它也具有输出光束的光学质量高、相干性好、线宽窄、工作稳定等优点。

11.4.3　激光加工机床

1. R60B 激光雕刻机

R60B 激光雕刻机(图 11-27)由激光系统、控制系统、工作区域以及其他附件组成。激光系统包括二氧化碳激光器、光路系统、激光电源,产生激光并且把激光导向到所需要加工的表面。控制系统由主板及控制面板组成,其他附件包括水循环系统、除尘通风系统、旋转轴。

R60B 激光雕刻机可用于矢量(切割)、雕刻、扫描,其主要技术参数如表 11-5 所示。激光加工是无接触式加工,加工时无须装夹拆卸零件,可加工任何几何形状并实现套料批量加工,具有高度的灵活性、快捷性和较高的自动化程度。

图 11-27　R60B 激光雕刻机床
1-加工平台；2-上盖板；3-控制面板；
4-激光器；5-主板；6-床身

表 11-5　R60B 激光雕刻机主要技术参数

激光器	二氧化碳激光器	切割速度/(mm/min)	0～600 可调
工作幅面/mm	440×600	机床精度/mm	0.02
外观尺寸/mm	1000×900×1000	激光器/W	40
工作方式	光路长度自动补偿切割	整机功率/W	500

2. K-700-12M 金属切割机

K-700-12M 金属切割机(图 11-28)主要适用于各类金属薄板材料精密切割,如汽车、机械、精密圆管、钣金零部件的加工。设备主要组成部分包括机床、激光器、冷却保护装置、激光切割头、气体保护装置、数控切割控制软件等,其主要技术参数如表 11-6 所示。

表 11-6　K-700-12M 激光切割机主要技术参数

激光器	YAG800W	切割速度/(mm/min)	0～3000 可调
工作幅面/mm	1300×2500	机床精度/mm	0.025
外观尺寸/mm	2100×2860×1200	激光器功率/W	800
工作方式	光路长度自动补偿切割	整机功率/W	4500

3. TH-DLCE2000B 三维内雕机

TH-DLCE2000B 三维内雕机(图 11-29)采用振镜激光高速扫描工作方式,速度最高可达120000 点/min。激光器采用密封式一体化设计,可长时间稳定工作,分辨率≥300dpi。加工实物如图 11-30 所示。

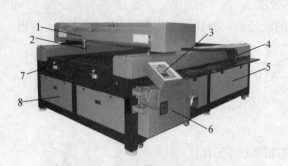

图 11-28　K-700-12M 激光金属切割机床

1-激光器；2-激光随动头；3-控制面板；4-传动履带；

5-数控伺服系统；6-电气系统；7-针式加工平台；8-床身

图 11-29　TH-DLCE2000B 三维内雕机

1-激光系统；2-数控伺服系统；3-控制平面；

4-输入系统；5-加工平台

(a)　　　　　　　　　　　(b)

图 11-30　TH-DLCE2000B 三维内雕机加工实物

　　激光内雕的原理是光的干涉现象，将两束激光从不同的角度射入透明物体(如玻璃、水晶等)，准确地交汇在一个点上。由于两束激光在交点上发生干涉和抵消，其能量由光能转换为内能，放出大量热量，将该点融化形成微小的空洞。激光内雕机首先通过专用点云转换软件，将二维或三维图像转换成点云图像，然后根据点的排列，通过激光控制软件控制水晶的位置和控制两束激光在不同位置上交汇，聚焦的激光将在水晶内部打出一个个的小爆破点，大量的小爆破点就形成了要内雕的图像。

11.4.4　激光加工实践内容

　　使用 R60B 激光雕刻机，给定板厚为 3mm 三夹板，自主设计加工零件外形尺寸不超过 150mm×100mm(长度×宽度)。实践内容流程如图 11-31 所示。

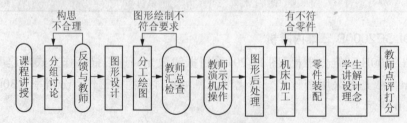

图 11-31　实践流程图

(1) 构思—设计零件。在构思零件后,可先使用 AutoCAD 软件的绘图,利用 Photoshop/CAD 等一些图形处理软件,进行图片的设计及修改编辑,产生一个适用于激光切割的图形。

(2) 利用内部网络把图形传至和机器连接的专用计算机,进行后处理,设置有关参数。

(3) 图文编辑。进入开天 ACE 雕刻软件,利用 ACE 软件的各项功能编排雕刻和切割的内容,也可利用软件将事先做好的*.Bmp 或*.Plt 文件,读入 ACE 软件中。

(4) 加工定位。排版完成后,先要定出加工位置才能放上加工材料。加工定位方法如下:将材料放在事先画好的区域,关上上盖(关上上盖以后才能进行加工,否则会有声音提示),在排版已完成的基础上单击 ACE 软件中的"定位框"图标。

(5) 定加工参数。加工参数包括间隔、速度和电流等。加工间隔是指加工点阵位图时,是逐行逐列地输出,还是有间隔地输出,这个加工参数只有雕刻和扫描中才有;加工速度是指横梁和小车的移动速度;加工电流是指激光器的电流。加工方式的不同或是材料、雕刻、切割深度的不同,所用的加工参数也不同。在加工前需要根据材料的性质和加工要求来设置加工参数,通常需要实习来设定。当激光器使用时间较长后,输出功率会有所衰减,可以适当加大输出电流。加工间隔和速度都在软件中设置,调节电流大小的方法有以下两种。

① 直接调节控制面板上的电流调节旋钮。按下"高压开关"后,再按下"手动出光",旋转电流调节旋钮即可调节电流的大小,此时电流表上所显示的电流值是此时电流可以输出的最大值。在每次加工之前都需要用这种方法调好电流的最大值。(注意:在调节电流之前,应将物料移开,以免烧坏加工材料。)

② 在软件中调节。在软件中可以把不同的加工对象设置为不同的加工方式,不同的加工方式可以设置不同的加工功率等级,在加工功率等级中可以定义功率百分比,通过功率百分比来控制电流的大小,实际加工过程中输出的电流大小是手动调节后的电流乘以每种加工方式的功率百分比。

(6) 输出数据加工。放好加工材料后,关上上盖,生成数据,输出数据至 R60B 激光切割雕刻机就可进行加工了。

注意:输出数据前应确定已按下"高压开关",但不能按下"手动出光"。

(7) 加工完成。加工完成后,会有声音提示。在加工过程中,若是打开上盖,加工停止,直到合上上盖后加工才继续进行。

图 11-32 为部分学生实训作品。

 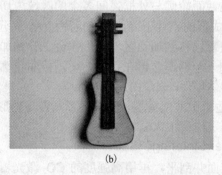 

(a)　　　　　　　　　　　(b)　　　　　　　　　　　(c)

图 11-32　实训加工作品

11.5　快速成形制造

20 世纪 80 年代后发展起来的快速成形技术（Rapid Prototyping，RP），是制造领域的一次重大突破。近年火热的 3D 打印技术是快速成形技术的通俗叫法。快速成形技术综合了机械工程、CAD、数控技术、激光技术及材料科学技术，可自动、直接、快速、精确地将设计思想转变为具有一定功能的原型或直接制造零件，从而可以对产品设计进行快速评估、修改及功能试验，大大缩短了产品的研制周期。

快速成形制造基于全新的制造概念——增材加工法，首先设计出所需零件的计算机三维模型（数字模型、CAD 模型），然后根据工艺要求，按照一定的规律将该模型离散为一系列有序的单元，将其按一定厚度进行离散（习惯称为分层），把原来的三维 CAD 模型变成一系列的层片；再根据每个层片的轮廓信息，输入加工参数，自动生成数控代码；最后由成形机成形一系列层片并自动将它们联接起来，得到一个三维物理实体。

11.5.1　快速成形技术工艺方法分类

在众多快速成形工艺汇总中，具有代表性的工艺有光敏树脂液相固化成形、选择性激光粉末烧结成形、薄片分层叠加成形和熔融堆积成形等。

1.　光敏树脂液相固化成形（Stereo Lithography Apparatus，SLA）

光敏树脂液相固化成形又称光固化立体造型或立体光刻，是利用液态光敏树脂的光聚合原理。开始时，工作平台在液面下一个确定的深度，液面始终处于激光的焦平面，聚焦后的光斑在液面上按计算机的指令逐点扫描，即逐点固化。当一层扫描完成后，未被照射的地方仍是液态树脂。然后升降台带动平台下降一层高度，已成形的层面上又布满一层树脂，刮平器将黏度较大的树脂液面刮平，然后再进行下一层的扫描，新固化的一层牢固地粘在前一层上，如此重复直到整个零件制造完毕，得到一个三维实体模型，如图 11-33 所示。

SLA 工艺的优点是精度较高、表面效果好，缺点是运行费用较高，且成形原件强度低无弹性，无法进行装配。

2.　层合实体制造（Laminated Object Manufacturing，LOM）

将薄片材料（如纸、塑料薄膜等）表面事先涂覆上一层热熔胶，用 CO_2 激光器在新层上切割出零件截面轮廓和工件外框，并在截面轮廓与外框之间多余的区域内切割出上下对齐的网格，激光切割完成后，工作台带动已成形的工件下降，与带状片材（料带）分离，供料机构转动收料轴和供料轴，带动料带移动，使新层移到加工区域，工作台上升到加工平面，热压辊热压，工件的层数增加一层，高度增加一个料厚，再在新层上切割截面轮廓，如此反复直至零件的所有截面粘接和切割完，得到实体零件，如图 11-34 所示。

LOM 工艺的材料品种单一，不适于做薄壁模型，受湿度影响容易变形，强度差，运行成本较高，材料利用率很低，后期打磨工作量很大。

3.　激光烧结技术（Selected Laser Sintering，SLS）

首先将材料粉末铺洒在工作台表面并刮平，再用高强度的 CO_2 激光器在刚铺的新层上扫描出零件截面，材料粉末在高强度的激光照射下被烧结在一起，得到零件的截面，当一层截面烧结完后，工作台下降，铺上新的一层材料粉末并刮平，继续烧结下一层截面，如此反复直至零件烧结成形，如图 11-35 所示。

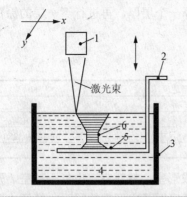

图 11-33 液相光敏树脂固化成形(SLA)原理

1-扫描镜；2-Z 轴升降台；3-树脂槽；4-光敏树脂；
5-托盘；6-零件

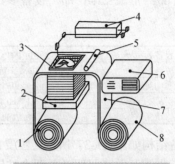

图 11-34 层合实体制造原理图

1-收料轴；2-升降台；3-加工平面；4-CO_2 激光器；
5-热压辊；6-控制计算机；7-料带；8-供料轴

SLS 工艺最大的优点在于选材较为广泛，如尼龙、蜡、ABS、树脂裹覆砂(覆膜砂)、聚碳酸酯(poly carbonates)、金属和陶瓷粉末等都可以作为烧结对象。粉床上未被烧结部分成为烧结部分的支撑结构，因而无须考虑支撑系统；其缺点是模型精度难控制，强度差，后处理工艺复杂，样件变形大，工作量大。

4. 熔融堆积成形(Fused Deposition Modeling，FDM)

利用热塑性材料的热熔性、黏结性，在计算机控制下层层堆积成形。材料通过送丝机构送进喷头，在喷头内被加热熔化，喷头沿零件截面轮廓和填充轨迹运动，同时将熔化的材料挤出，材料迅速固化，并与周围的材料黏结，层层堆积成形，如图 11-36 所示。

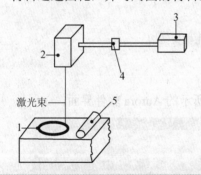

图 11-35 选择性激光烧结(SLS)技术原理

1-零件；2-扫描镜；3-激光器；4-透镜；5-刮平辊子

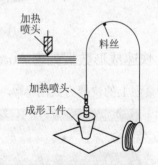

图 11-36 熔融堆积成形原理

FDM 工艺优点是设备运行成本低，无须激光器，省掉二次投入的大量费用。该工艺既可以将零件的壁内做成网状结构，也可以将零件的壁做成实体结构。这样当零件壁内是网格结构时可以节省大量材料。成形的零件成形样件强度好、易于装配、且在产品设计、测试与评估等方面得到广泛应用。

11.5.2 FPRINTA 快速成形设备介绍

FPRINTA 成形机采用 FDM 工艺，丝状的成形材料和支撑材料由供丝机构送至各自对应的喷头中，并在喷头中加热至熔融态，同时加热喷头在计算机的控制下按照相关截面轮廓的信息扫描，同时挤压并控制材料流量，使黏稠的成形材料和支撑材料被选择性地涂覆在工作台上，冷却后形成截面轮廓，一层完成后，工作台下降一个层厚，再进行下一层的涂覆，如此循环，最终形成三维产品。设备参数如表 11-7 所示。

表 11-7　设备参数

设备名称	FPRINTA	成形速度/(g/h)	60
成形工艺	FDM 工艺	成形材料	ABS
成形空间/mm	200×200×300	设备软件	AURORA
分层厚度/ mm	0.15～0.4	设备尺寸/mm	700×770×1280
精度	±0.2/100		

　　设备结构如图 11-37 所示，主要包括开关面板、成形室、材料室、电气驱动室。开关面板上只有电源开关和照明开关两个按钮，控制设备的开启以及成形室的照明。打开"前门"为成形室，内有工作底板、喷头和加热系统(加热元件、测温器和风扇)。打开"侧门"为材料室，内有成形材料、支撑材料和送丝电机。

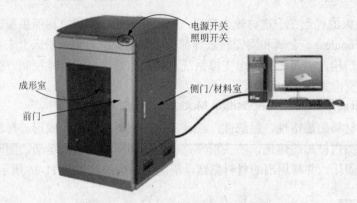

图 11-37　FPRINTA 设备主框架结构

11.5.3　快速成形数据处理 Aurora 软件

　　双击桌面上的快捷方式图标，打开如图 11-38 所示的 Aurora 软件界面。

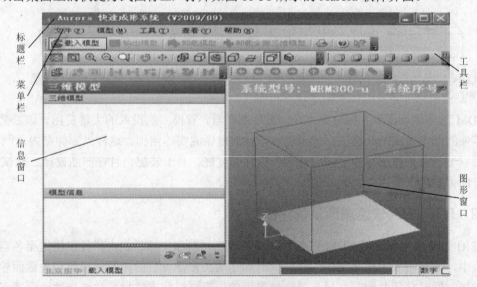

图 11-38　Aurora 界面

Aurora 软件界面由三部分构成，包括菜单和工具条、工作区窗口、图形窗口。工作窗口有三维模型、二维模型、三维打印机三个窗口，显示 STL 模型列表等；图形窗口显示三维 STL 或 CLI 模型，以及打印信息。

1. 载入模型

载入 STL 模型的方式有以下几种：①在菜单栏中选择【文件】→【载入】；②在三维模型图形窗口中使用右键菜单选择【载入模型】；③在工具条中选择【载入模型】命令。

选择命令后，系统弹出打开文件对话框，选择一个 STL 文件，也可以载入多个 STL 文件，载入后在左侧的三维模型或二维模型窗口就会出现其名称，如图 11-39 所示。用户可以在三维模型窗口内选择 STL 模型，也可以用鼠标左键在图形窗口中选择 STL 模型。

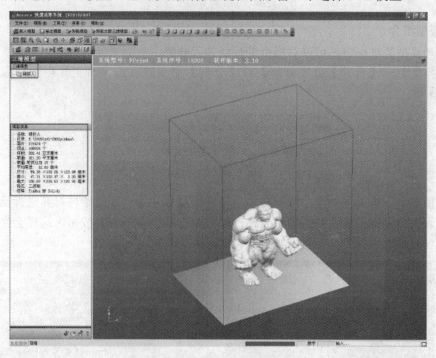

图 11-39 STL 模型

2. 模型变换

模型变换是对三维模型进行缩放、平移、旋转、镜像等，这些命令可以改变模型的聚合位置和尺寸。

在菜单栏中选择【模型】→【变形】命令或直接单击工具栏中【模型变形】按钮，打开"几何变换"对话框，如图 11-40 所示。

参数意义描述如下。

(1)移动：将模型从一个位置移动到另一个位置，输入的 X，Y，Z 坐标为模型在 XYZ 三个方向上的移动距离。

(2)移动至：将模型的参考点平移至所输入的坐标位置。

(3)旋转：以参考点为中心点对模型绕 XYZ 轴进行旋转。

(4)缩放：以某点为参考点对模型进行比例缩放，如果选中"一致缩放"，则 XYZ 方向以相同的比例缩放，否则就是对 XYZ 三个方向分别进行比例缩放。

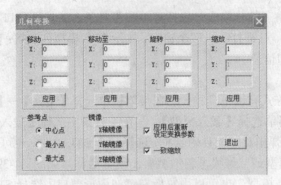

图 11-40　　"几何变换"对话框

3. 模型组合

在处理模型的过程中，可以对模型进行合并、分解、分割来处理数字化模型。在菜单栏中选择【模型】→【合并】或【分解】或【分割】命令或直接单击工具栏中相应按钮，如图 11-41 所示。

图 11-41　　"合并模型""分解模型""分割"

为方便多个三维模型处理，可以将多个三维模型合并为一个模型再对其进行操作。在三维模型列表窗口中选中要合并的模型名称，然后单击【合并模型】按钮，这样会生成一个新的模型包含刚刚选中的多个模型，如图 11-42 所示。

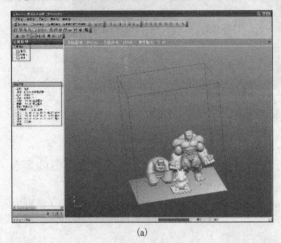
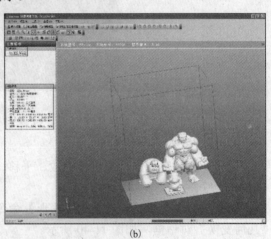

(a)　　　　　　　　　　　　　　　　　　　　　(b)

图 11-42　　模型的合并

与合并操作相反的就是分解，若一个模型中包含若干个互不相连的部分，就可以用【分解模型】按钮将其分解为若干个独立的 STL 模型，单独对其操作。首先激活要分解的三维模型，再选择【分解模型】按钮，该模型将分解为若干个模型，并依次在每个模型后添加"_序号"进行区别，如图 11-43 所示。

分割模型是将一个模型在一个确定的高度分割为两个部分。选中要分割的三维模型，然后选择【分割模型】按钮，系统弹出如图 11-44 所示的对话框。对话框的移动标尺可以用于设定模型的分割高度,同时在标尺下面的编辑框中同样可以输入分割位置。当设定新的分割高度或拖动标尺时,图形窗口会实时显示该高度上的截面轮廓,如图 11-45 所示。三维模型分割为上下两部分,生成两个 STL 模型,系统自动在原文件名后加"_UP"和"_DOWN"以示区别。

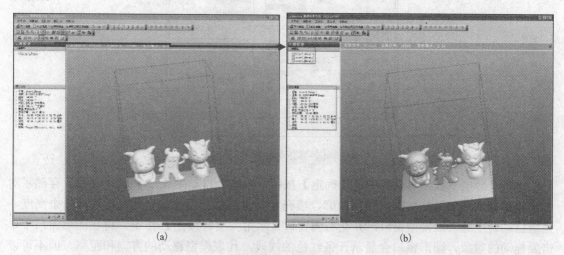

(a)   (b)

图 11-43　模型的分解

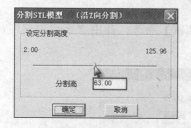

图 11-44　分割显示

图 11-45　模型的分割

4. 模型排放

当调整好三维模型的尺寸和成形方向后,就应该将三维模型放置在成形空间最合适的位置。在菜单栏中选择【模型】→【自动布局】命令或直接单击工具栏中 **▦** 。

5. 分层处理(离散)

在菜单栏中选择【模型】→【分层…】命令或直接单击工具栏中 **▦**,弹出"分层参数"对话框,如图 11-46 所示,主要参数如表 11-8 所示。

表 11-8　分层参数表

参数	说　　明
厚度	快速成形系统的单层厚度
参数集	快速成形系统预设的参数集合,共有 6 个,代表不同分层厚度所对应的参数内容
填充线宽	层片填充线的宽度,与轮廓线宽类似,一般根据喷嘴的直径来设定,该参数在预设参数集中设定,一般不进行修改
填充间隔	对于厚壁模型,为提高成形速度,降低应力,可以在模型内部采用空隙填充方式,即填充线之间有空隙。数值为 1 时表示内部填充线之间没有间隔,制作无空隙模型,当数值大于 1 时,相邻填充线间隔(n-1)个填充线宽
支撑间隔	与填充间隔的意义类似,表示支撑线之间的距离
最小面积	表示需要支撑的表面的最小面积,小于该值则支撑表面不需要支撑

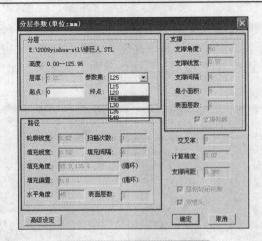

图 11-46 "分层参数"对话框

单击"分层参数"对话框中的【确定】按钮，系统会自动生成一个 CLI 文件，存储了对三维模型处理后的层片数据，包括轮廓、填充和支撑三部分层片信息，每层对应一个高度。系统自动切换到二维模型窗口，并在右侧窗口显示第一层。按住 Ctrl 键，再在图形窗口中单击要拖动的对象，图形窗口会显示一条红色的线段，代表模型移动的方向和距离，但不可以超出蓝色矩形的范围，否则不能制作。

6. 调试温控

在菜单栏中选择【文件】→【三维打印机】→【调试】命令，弹出"系统控制"对话框，如图 11-47 所示。

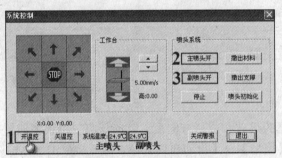

图 11-47 "系统控制"对话框

在"系统控制"对话框内，用户可以平移喷头，升降工作台，开关温控，检测主、副喷头的工作情况。当系统生成 CLI 文件后，应当单击【开温控】按钮，喷头自动开始升温。当主喷头温度达到 240℃、副喷头温度达到 220℃时，系统会自动将温度稳定下来，这时可以前后单击"主喷头开""副喷头开"来检测一下主、副喷头是否正常工作。

7. 打印输出

在菜单栏中选择【文件】→【三维打印】→【打印模型】命令，弹出"三维打印"对话框。在"三维打印"对话框中注意查看"双喷头打印"是否打钩，"优化方式"默认为方式 2，"输出质量"内容是否和分层时所选择的参数集一致。检查无误后，单击【确定】按钮，弹出"设定工作台高度"对话框，数值为设备出厂时设定值(更换喷头后需重新调整)，表示工作台上升到此高度，开始堆积第一层材料。单击【确定】按钮，回到主界面，如图 11-48 所示，显示出"起始层""结束层""当前层""已用时间""剩余时间"和"总材料"。

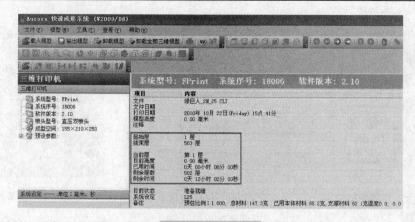

图 11-48　打印界面

11.5.4　实体模型制作与学生实践

学生使用三维设计软件自由设计模型，完成打印制作。为提高模型制作的速度，图 11-49 所示的 4 个学生实践作品同时打印，下面介绍其加工步骤。

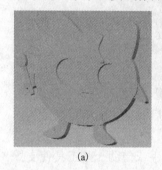

　　　(a)　　　　　　　　　(b)　　　　　　　　　(c)　　　　　　　　　(d)

图 11-49　学生实习作品

1. 准备工作

打开打印设备 FPRINTA 的电源开关和照明开关。

2. 对数字化模型进行分层处理

打开 AURORA 软件，完成初始化操作，载入 4 个学生模型。

选择正确的摆放位置。本例中，将模型平放，将正面朝上。这样可以保证模型正面的成形质量；还可以使成形过程中，热量分布均匀，喷头不会长时间堆积某一个地方；另外这样摆放，模型高度低，支撑结构少且去除方便，整体成形时间短。

(1) 对模型自动排放并合并，如图 11-50 所示，再对其进行分层处理，如图 11-51 所示，选择参数集为 L25，轮廓线宽为 0.5，扫描次数为 1，填充线宽为 0.5，填充间隔为 6，表面层数为 3，支撑间隔为 8。单击【确定】按钮，生成"海宝.CLI"文件(文件名自定)，如图 11-52 所示。

(2) 开启喷头的温度控制，将主副喷头温度升到 240℃，220℃，对喷头进行初始化，检查喷嘴有没有堵塞。

(3) 开始打印模型，在图 11-53 中，"优化方式"选项中选择"方式 2"，点选"双喷头打印"，将成形室温度设置为 60℃，单击【确定】按钮开始打印模型，弹出如图 11-54 所示的打印界面。

图 11-50　合并后的 4 模型

图 11-51　分层参数

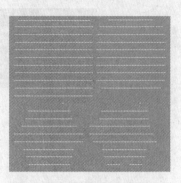

图 11-52　4 个模型的 CLI 格式

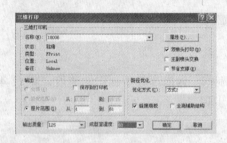

图 11-53　三维打印

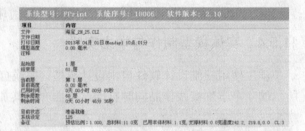

图 11-54　打印界面

3. 模型后处理

一般地，从快速成形设备上取下的模型可能会出现表面不够光滑，曲面上存在台阶现象，有些模型的薄壁或细小特征结构的强度不能达标，需要经过一定的后处理才能满足模型制作的最终需求。

(1) 废料的手工剥离：这是最常见、最经济的一种剥离方法，用手或借助一些工具使支撑材料与模型分离。

(2) 修补、打磨和抛光：当模型表面有明显的小缺陷而需要修补时，可进行小范围的修补、打磨和抛光来提高模型的表面质量。

打印完成后，如图 11-55 所示，用起形铲(图 11-56)将模型和支撑一起从工作平台上取下，用尖嘴钳(图 11-57)将模型和支撑结构分离，再进行小范围的修补、打磨和抛光来提高模型的表面质量，最终模型如图 11-58 所示。

图 11-55　打印完成时

图 11-56　起形铲

图 11-57　尖嘴钳

图 11-58　最终实习模型

第3篇 项目制作实践

第12章 工程综合能力训练

CDIO 工程教育模式是近年来国际工程教育改革的最新成果。CDIO 代表构思(Conceive)、设计(Design)、实现(Implement)和运作(Operate)，它以产品研发到产品运行的生命周期为载体，让学生以主动的、实践的、课程之间有机联系的方式学习工程，使学生获取从工程基础知识、个人能力、人际团队能力和工程系统四个能力层面。

CDIO 工程教育模式中，采取项目驱动的工程实践教学可以吸引学生的兴趣，较好地将工程训练教学内容融会贯通，从而使学生的综合性工程能力得到锻炼。例如，全国大学生工程训练综合能力竞赛中，通过项目命题"无碳小车"的设计与制作，体现"创新设计能力、制造工艺能力、实际操作能力和工程管理能力"四个方面的要求，每一方面都融合在构思、设计、制作和实现的各个环节中。图 12-1 为开展项目制作的大致流程。

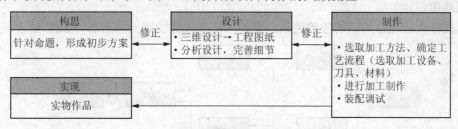

图 12-1　项目制作流程

12.1 项目管理

在确定项目任务后，首先需要项目组成员进行良好的协作与沟通，得出一个整体的规划。预测项目执行中可能出现的难题，从而合理地制订项目计划，既可以是全过程计划，也可以是阶段性计划。随着项目的开展，项目计划可以进行适当的调整。

项目计划时重点需要解决工作任务分解、时间进度安排以及责任分派问题，项目主体部分完成后，还需要对执行过程进行总结和分析，撰写总结报告等。

1. 工作任务分解

工作分解结构 WBS(Work Breakdown Structure)是为了管理和控制的目的而将项目分解的技术。它是按层次把项目分解成子项目，子项目再分解成更小的、更容易管理的工作单元，直至具体活动的方法。

对一个复杂的项目分解成子项目，子项目再分解成更小的、更容易管理的单元。分解结构应该描述可交付成果和工作内容，在技术上的完成程度应该能够被验证和测量，同时也要为项目的整体计划和控制，提供一个完整的框架。图 12-2 为学生某实践项目中的工作分解结构。

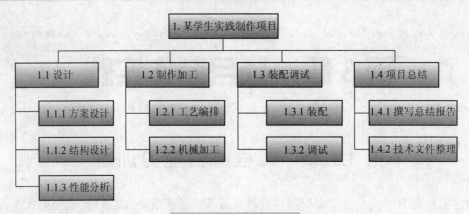

图 12-2　工作分解结构图

2. 项目进度计划

项目进度管理的目的是满足客户、管理层和供应商在时间、费用和性能(质量)上的不同要求。

项目进度计划可以用摘要、详细说明、表格或图表等多种方式表示,其中较为直观的图表方式有网络图、横道图和里程碑图。里程碑图与横道图类似,标示项目计划的特殊事件或关键点。

1)网络图

网络图既表示项目活动的依赖关系,又表示处在关键线路上的活动,如图 12-3 所示。

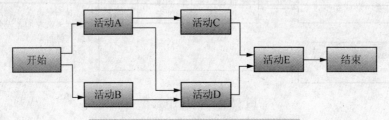

图 12-3　工作计划进度的网络图表示示例

2)横道图

横道图又称甘特图,是用具有时间刻度的条形图标示某一项活动的时间信息。它简单、适用,但无法显示活动时间的内在联系,不利于复杂项目的管理。图 12-4 所示为学生某项目的横道图。

序号	活动内容	持续时间(周)	教学周															
			1	2	3	4	5	6	7	8	9	10	11	12	13	14	15	16
1	方案构思	2	■	■														
2	初步设计	2		■	■													
3	三维建模	4				■	■	■	■									
4	生成加工图	2							■	■								
5	加工、装配	5									■	■	■	■	■			
6	调试	1														■		
7	项目结题	1															■	

图 12-4　工作计划进度的横道图示例

3) 责任分配图

责任分配图要与 WBS 相匹配，规定项目组成员对哪一个具体的子项目承担责任。

3. 项目总结与演示

项目总结报告是一个项目或一个项目阶段的总结。一份完整的项目报告包括以下部分：封面、标题、作者信息、中英文摘要、正文、参考文献、致谢。若有附录，则放在正文后面。报告要求可读性好、语句通顺、论述严谨、过程、程序、图纸和实验数据等完整、齐全、规范、正确。其中正文包括以下几方面的内容。

(1) 简述项目背景和目标。

(2) 详细给出项目方案设计与分析。

(3) 项目的工作分解与进度安排。

(4) 项目的关键结构设计、加工工艺过程以及工艺成本分析。完整设计图纸可以作为附录文件，但要注意图纸的设计规范。

(5) 项目调试过程与分析。

(6) 项目结果与总结。

在公开项目展示时，还需要制作演示文稿进行展示。答辩要注意控制时间，充分突出关键、重点和特色。口语表达要准确、流畅，注意与观众的互动。

12.2　设计基础概论

12.2.1　设计原则

对于要设计的命题，在设计过程中必须满足功能、经济性、加工、运输、维护和操作以及从其他角度提出的不同要求。虽然从内容上，各种要求不大相同，但对于设计工作还是可以归纳出一些通用的设计原则，它们是尽可能最优地解决一个设计问题的前提条件。设计者应遵循下列各条基本原则并针对具体问题补充其他要求。

1) 功能性

对于一个技术装置(机器、仪器、零件、部件等)提出的主要要求是能完成给定的任务(功能)。下列其他各个基本原则都是以满足功能要求为前提条件的。

2) 安全性

安全性是指在误操作、过载等情况下保护人员和机器不出危险的性能。除了功能性(即完成整体功能的可靠性)以外，安全性同样是对设计的主要要求。通过采取相应的预防措施(面向强度的设计、通过引入过载破坏装置实现过载保护、按照人机工程学设计操作零件等)，可以有效地防止机器出现危险。

3) 经济性

除了功能性和安全性外，经济性是最重要的要求。影响一个产品是否成功有许多因素，但性价比是一个决定性的因素。半成品的应用，如型材、管材、板材等以及标准件和商品零件，可以降低生产成本。如图 12-5 所示，要避免过度提高精加工等级，因为由此带来的使用价值的提高相比成本的提高是非常有限的。

4) 材料选择

不同材料的技术性能(强度、密度、弹性、硬度等)有很大的区别,这就要求设计者仔细进行选择。强度较低的材料必然导致较大的横截面,除了尺寸,还会使整机质量加大。通过选用高强材料,虽然可以降低产品的横截面,但是会导致材料总成本成倍增加。如要求耐磨性高、焊接性好、弹性大、耐腐蚀性强、减振性优、热传导性好等,要注意选择合适的材料。

5) 加工方法

各种不同的加工方法(如铸造、锻造、焊接、粘接)及其优缺点对零件的结构设计有决定性的影响,设计者在设计过程中必须加以认真考虑和选择。这就要求设计者对各种加工方法了如指掌。同时,如图 12-6 所示,对加工方法的选择同样起决定性作用的是产品的批量(单件、系列或批量加工)。尽管在学生的项目制作中,几乎不涉及根据批量对加工方法的选择产生影响,但仍需要对此有所理解。

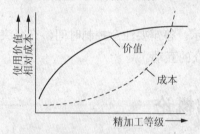

图 12-5　使用价值-成本曲线图

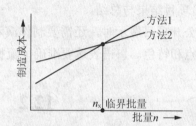

图 12-6　按照产品批量选择加工方法

6) 精度选择

首先要搞清楚,对于铸件这类零件的表面是否可以保持粗糙表面,还是基于功能上的要求必须进行加工,以及所要达到的表面质量和如何实现它。通常可对设计进行些微调,从而降低对表面质量的过高要求,并降低成本。这同样适用于确定零件加工的公差。应遵循的原则是:"尽可能粗糙,按需求精细",因为精度的提高会导致加工成本的急剧上升。

7) 装配

所有的零部件都应该满足装配简单以降低成本这个要求。如果在某些情况下只能以一种特定顺序进行安装,设计者应该以装配计划书的形式加以说明。大批量生产时应尽量使装配自动化。易损件以及安全断裂件都应更换方便以缩短时间和降低费用。

此外,对造型、发货(运输方式)、产品的操作性、维护以及环境保护等方面也应在设计中加以综合思考。这些都需要设计者自身的经验积累。

一般常规设计方式要求充满智慧和创造力的设计者除了本身的经验以外,还必须具备直觉,即解决问题的偶然灵感。下面主要依据 VDI-设计准则,给出创造新产品的一般求解工作计划图(图 12-7),分为四个主要步骤:计划任务—概念设计—初步设计—详细设计。真正意义上的设计过程是在确定开发任务书后从概念设计开始的。

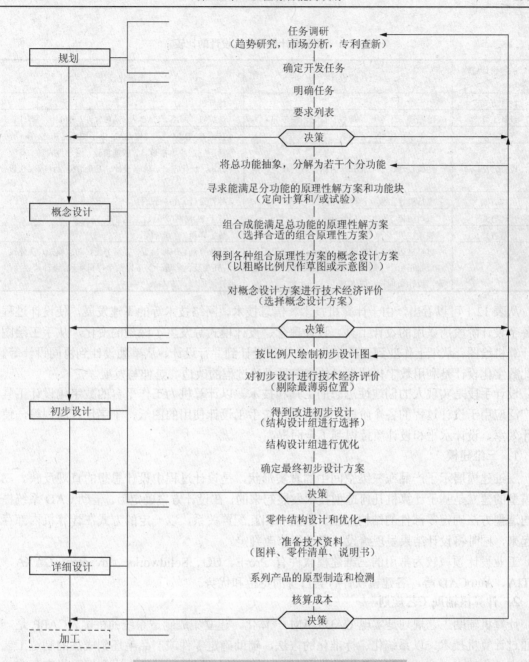

图 12-7　按 VDI-设计准则给出的产品设计工作规划图

12.2.2　数字化设计过程和手段

现如今，越来越多的设计采用各种数字化设计手段加以实现。从设计过程的总体结构来看，数字化设计与传统设计的过程和思路导致相仿，即二者都是与设计人员思维活动相关的智力活动，是一个分阶段、分层次、逐步逼近解答方案并逐步完善的过程。但是，二者在设计活动中所采用的设计手段、工作及管理方式等方面是不同的，其表现如表 12-1 所示。

表 12-1　传统设计与数字化设计的比较

比较内容 ＼ 设计过程	传统设计	数字化设计
设计方式	手工绘图	计算机绘图
设计工具	绘图板、丁字尺、圆规、铅笔、橡皮等	计算机、网络、CAD 及 CAE 软件、绘图机、打印机
产品表示	二维工程图纸、各种明细表	三维 CAD 模型、二维 CAD 电子图纸、BOM 等
设计方法	经验设计、手工计算、封闭收敛的设计思维	基于三维的虚拟设计、智能设计、可靠性设计、有限元分析、优化设计、动态设计、工业造型设计等现代设计方法
工作方式	串行设计、独立设计	并行设计、协同设计
管理方式	纸质图档、技术文档管理	基于 PDM 的产品数字化管理
仿真方式	物理样机	数字样机、物理样机
特点	过早进入物理样机阶段，从设计到样机反复迭代修正从个人经验、手工计算带来的设计错误，设计周期长，成本高	形象直观，干涉检查、强度分析、动态模拟、优化设计、外观及色彩设计等采用数字样机实现，设计错误少，设计周期短，成本低

从表 12-1 可以看出，由于计算机技术、信息技术、网络技术等的飞速发展，使设计过程中各个设计阶段所采用的设计工具、设计理念、设计模式等发生了深刻的变化，从手工绘图到计算机绘图、从纸上作业到无纸作业、从串行设计到并行设计、从单独设计到协同设计等。因此数字化设计是利用数字化技术对传统产品设计过程的改造、延伸与发展。

设计手段是实现人的创造性思想的工具和技术。以计算机为工作平台的数字化设计工具被广泛应用于设计过程的各个阶段，取代了传统手工设计使用的图纸、丁字尺、圆规等，使设计效率、设计水平和设计质量得到了全面提高。

1. 三维建模

三维建模展示了产品在三维空间中的真实形状，是设计过程中设计思想的直观反映。三维模型的建立是基于计算机几何造型技术发展起来的，在设计方案确定后，借助 CAD 系统提供的造型方法确定零部件的结构形状、数量和相互配置关系，以一定的方式在计算机内部存储起来，同时将设计结果呈现给设计者进行修改判定。

工业设计领域较为常用的三维建模软件有 Pro-E、UG、Solidworks、Inventor、CAXA、CATIA、AutoCAD 等，各建模软件有其自身的特色和优势。

2. 计算机辅助工艺规划

计算机辅助工艺规划是实现 CAD/CAM 一体化，建立集成制造系统的桥梁。CAPP 是一种通过计算机技术，以系统化、标准化的方法，辅助确定零件或产品毛坯到成品的制造工艺流程方法与技术。它通过加工工艺信息(材料、热处理、批量等)的输入，利用人机交互方式或由计算机自动生成零件的工艺路线和工序内容等工艺文件。

3. 计算机辅助工程分析

产品技术设计阶段的一个重要环节是分析和计算，包括对产品几何模型进行分析和计算，通过应力变形进行结构分析，对设计方案进行分析评价等。通常计算机辅助工程分析包括有限元分析、优化设计、仿真、可靠性分析、模态分析等。

12.3　制造工艺过程

一个国家、一个公司的实力常体现在它的制造工艺上。一个畅销的新产品的出现往往是某个制造工艺的突破引起的，因此，要特别注意国内外制造工艺的发展动向，尽可能研究分析各种工艺细节，使我们的设计有一个坚实的依托。

机械产品的生产过程如图 12-8 所示，包括毛坯制造、机械加工、热处理、装配、检验、试车、油漆等生产过程。

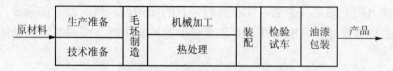

图 12-8　机械产品的生产过程

在生产过程中，直接改变生产对象形状、尺寸、性能及位置的过程称为工艺过程，包括车、铣、钳、磨等机械加工以及装配等工艺过程，这些过程要按照一定的顺序，逐步改变毛坯的形状、尺寸和表面质量，这称为机械加工工艺过程。工艺过程直接决定零件和产品的质量，对产品的成本和生产周期都有较大的影响。规定产品或零部件工艺过程和操作方法等的工艺文件称为工艺规程，制订工艺规程的步骤如下。

(1) 熟悉和分析制订工艺规程的主要依据，确定零件的生产纲领和生产类型，进行零件的结构工艺性分析。

(2) 确定毛坯，包括毛坯类型及其制造方法。

(3) 拟订工艺路线。这是制订工艺规程的关键一步。

(4) 确定各工序的加工余量，计算工序尺寸及其公差。

(5) 确定各主要工序的技术要求及检验方法。

(6) 确定各工序的切削用量和时间定额。

(7) 进行技术经济分析，选择最佳方案。

(8) 填写工艺文件。

制订制造工艺规程是一门专业课程，为便于学生在综合实践训练中能更好地完成项目目标，下面对制造工艺方面的知识加以简要介绍。

12.3.1　工艺分析及毛坯选择

工艺分析是根据不同产品，不同的生产规模和工厂的具体情况，制订工艺规程的基础，一般应考虑的问题包括以下几方面。

(1) 分析零件图、装配图等。

(2) 审查零件的材料及热处理是否恰当。

(3) 分析零件的结构工艺性，使其在能满足使用要求的前提下具有加工可行性和经济性，即便于采用简便和经济的方法加工，同时具有装配、维修的可行性和经济性。

对工艺分析后，需要根据待加工零件，选择零件加工的毛坯类型。

(1) 轴类毛坯：常用碳钢、合金钢，毛坯多用型材、锻件。

(2)盘套类毛坯：常用碳钢、合金钢、铸铁、铸钢，毛坯多用型材、锻件、铸件。

(3)支架箱体类毛坯：常用铸铁、铸钢，毛坯多用铸件，单件小批量生产时也可采用焊接件毛坯。

学生制作小型项目多为单件或小批量零件加工，多采用型材毛坯。型材毛坯分为热轧型材和冷拉型材两种，其中，热轧型材的尺寸较大，精度低，多用作一般零件的毛坯；冷拉型材尺寸较小，精度较高，多用作制造毛坯精度要求较高的中小型零件，适用于自动机床加工。

12.3.2　基准及其选择

基准是零件上用于确定其他点、线、面的位置的那些点、线、面。如果要计算和度量某些点、线、面的位置尺寸，基准就是计算和度量的起点和依据。根据基准的功能不同，可以分类如下：

$$
基准
\begin{cases}
设计基准 \\[1mm]
工艺基准
\begin{cases}
原始基准 \\[1mm]
定位基准
\begin{cases}
粗基准 \\[1mm]
精基准
\begin{cases}
基本精基准 \\[1mm]
辅助精基准
\end{cases}
\end{cases} \\[1mm]
度量基准 \\[1mm]
装配基准
\end{cases}
\end{cases}
$$

机械加工中基准的选择，主要是指定位基准的选择。定位基准是加工时用于确定工件在机床或夹具中正确位置的基准。定位基准对加工精度有很大的影响。应该注意，作为基准的点或线，在工件上不一定具体存在，而常由某些具体表面来实现，例如，在车床上用三爪卡盘夹持圆周，实际定位表面是外圆柱面，而它所体现的基准是轴中心线，因此选择定位基准的问题常就是选择定位基面的问题。

加工如图 12-9(a)所示工件的 D 孔时，A、B、C 面分别靠在夹具的定位元件的定位表面上，工件便得到定位，工件上的 A、B、C 面即定位基准。用定位销进行的定位如图 12-9(b)所示。

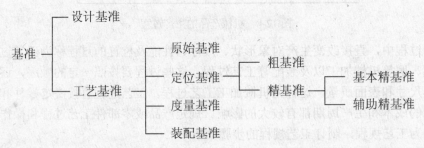

(a)带孔方块　　　　　　　　　　　　(b)定位销定位

图 12-9　带孔方块的工件的定位基准

定位基准除了是工件的实际表面外，也可以是表面的几何中心、对称线或对称面，但必须由相应的实际表面来体现。图 12-10(a)所示的工件，要求在轴上铣一直通槽，这时工件的定位基准就是轴心线和过轴线的垂直对称面，如图 12-10(b)所示。

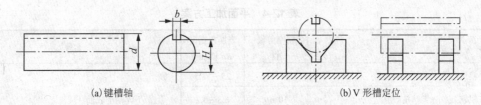

(a) 键槽轴　　　　　　　　　　　　　　　　　　　(b) V 形槽定位

图 12-10　键槽轴的定位基准

12.3.3　工艺路线拟订

拟订工艺路线的主要内容包括：选择待加工表面的加工方法、安排工序的先后顺序、确定工序的集中与分散程度以及选择设备与工艺装备等，它是制订工艺规程的关键阶段。设计者可以提出几种方案，通过对比分析，从中选择最佳方案。关于工艺路线的拟订，目前还没有一套精确的计算方法，而是采用经过生产实践总结出的一些带有经验性和综合性的原则。

1．表面加工方法的选择

正确选择加工方法，应依据加工经济精度和经济表面粗糙度的概念。加工过程中，影响精度的因素很多，每种加工方法在不同的工作条件下，所能达到的精度会有所不同。例如，精细地操作，选择较低的切削用量，就能得到较高的精度。但是，这样会降低生产率，增加成本。反之，如增加切削用量而提高生产效率，虽然成本能降低，但会增加加工误差而使精度下降。

加工经济精度是指在正常加工条件下(采用符合质量标准的设备、工艺装备和标准技术等级的工人，不延长加工时间)所能保证的加工精度。若延长加工时间，就会增加成本，虽然精度能提高，但不经济。表 12-2～表 12-4 分别为外圆表面、内圆表面和平面等典型表面的加工方法及其经济精度和表面粗糙度，供选用时参考。

表 12-2　外圆表面加工方案

方案	加工方法	精度等级 /IT	表面粗糙度 Ra 值/μm	备注
1	粗车	12～11	25～12.5	一般用于加工中等精度的圆盘、短轴销类零件的外圆，有色金属件的外圆以及零件结构不宜磨削的外圆等
2	粗车—半精车	10～9	6.3～3.2	
3	粗车—半精车—精车	8～6	1.6～0.8	
4	粗车—半精车—粗磨	8～7	0.8～0.4	用于加工除有色金属外的结构形状适宜磨削而精度又较高的各类零件外圆，尤其适用于要求淬火处理的外圆
5	粗车—半精车—粗磨—精磨	6～5	0.4～0.2	

表 12-3　内圆表面加工方案

方案	加工方法	精度等级 /IT	表面粗糙度 Ra 值/μm	备注
1	钻	12～11	25～12.5	加工除淬火钢外各种金属实心毛坯上较小的孔
2	钻—扩	10～9	6.3～3.2	
3	钻—扩—铰	8～7	1.6～0.8	
4	粗车	12～11	25～12.5	除淬火钢外各种金属，毛坯有铸出孔或锻出孔
5	钻或粗车—半精车	10～9	6.3～3.2	
6	钻或粗车—半精车—精车	8～7	1.6～0.8	
7	钻或粗车—半精车—粗磨	8～7	1.6～0.8	主要用于淬火钢
8	钻或粗车—半精车—粗磨—精磨	7～6	0.4～0.2	

表 12-4　平面加工方案

方案	加工方法	精度等级 /IT	表面粗糙度 Ra 值/μm	备注
1	粗铣(刨)	13～11	25～12.5	用于不淬硬的表面
2	粗铣(刨)—半精铣(刨)	10～9	6.3～3.2	
3	粗铣(刨)—半精铣(刨)—精铣(刨)	8～7	3.2～1.6	
4	粗铣(刨)—半精铣(刨)—粗磨	8～7	1.6～0.4	用于高精度、低粗糙度的表面
5	粗铣(刨)—半精铣(刨)—粗磨—精磨	7～6	0.4～0.2	
6	粗车	13～11	25～12.5	轴、套、盘类等零件未淬火的端面
7	粗车—半精车	10～9	6.3～3.2	
8	粗车—半精车—精车	8～7	3.2～1.6	

2. 加工阶段的划分

工件的加工质量要求较高时，都应划分阶段。一般可分为粗加工、半精加工和精加工 3 个阶段。加工精度和表面质量要求特别高时，还可增设光整加工阶段。

(1) 粗加工阶段：其任务是高效率地去除各表面的大部分余量，主要目标是获得高的生产率。在这个阶段中，精度要求不高。

(2) 半精加工：其任务是使各次要表面达到图样要求，消除粗加工时留下的误差，达到一定的精度为精加工做准备。

(3) 精加工：其任务是保证各主要表面达到图样规定的质量要求。

(4) 光整加工阶段：对于精度要求很高、表面粗糙度参数值要求很小(标准公差 6 级及 6 级以上，表面粗糙度 $Ra \leqslant 0.32\mu m$)的零件，还要有专门的光整加工阶段。光整加工阶段以提高加工的尺寸精度和降低表面粗糙度为主。

3. 工序集中与分散

工序集中与工序分散是拟订工艺路线时确定工序数目(或工序内容多少)的两种不同的原则，它和设备类型的选择有密切的关系。

工序集中就是将工件的加工集中在少数几道工序内完成。每道工序的加工内容较多。工序集中可采用技术上的措施集中，称为机械集中，如多刃、多刀和多轴机床、自动机床、数控机床、加工中心等。也可以采用人为的组织措施集中，称为组织集中，如卧式车床的顺序加工。工序分散是将工件的加工工步分散到较多的工序内进行。每道工序的加工内容很少，最少时即每道工序近一个简单工步。

在制订机械加工工艺规程时，恰当地选择工序集中与分散的程度是十分重要的。工序集中与工序分散各有利弊，应根据生产类型、现有生产条件、工件结构特点和技术要求等进行综合分析后确定最佳方案。

当前机械加工的发展方向趋向于工序集中。在单件小批生产中，常将同工种的加工集中在一台普通机床上进行，以避免机床负荷不足。在大批大量生产中，广泛采用各种高生产率设备使工序高度集中，而数控机床尤其是加工中心机床的使用使多种中小批量生产几乎全部采用工序集中的方案。对于某些零件，如活塞、轴承等，采用工序分散仍然可以体现较大的优越性。因分散加工的各个工序可以采用效率高而结构简单的专用机床和专用夹具，投资少又易于保证加工质量，同时也方便按节拍组织流水生产，故常采用工序分散的原则制订工艺规程。

4．加工顺序的安排

复杂工件的机械加工工艺路线中要经过切削加工、热处理和辅助工序。因此在拟订工艺路线时，工艺人员要全面地把切削加工、热处理和辅助工序三者一起加以考虑。

对于切削加工，可遵照先基面后其他原则、先粗后精原则、先面后孔原则、先主后次原则进行安排。

(1)先基面后其他原则：工艺路线开始安排的加工表面，应该是选作后续工序作为精基准的表面，然后再以该基准面定位，加工其他表面。如轴类零件第一道工序一般为铣端面钻中心孔，然后以中心孔定位加工其他表面。再如箱体类零件常先加工基准平面和其上的两个小孔，再以一面两孔为精基准，加工其他平面。

(2)先粗后精原则：对于精度要求较高的零件，先安排粗加工，中间安排半精加工，最后安排精加工和光整加工。这一点对于刚性较差的零件，尤其不能忽视。

(3)先面后孔原则：当零件上有较大的平面可以用来作为定位基准时，总是先加工平面，再以平面定位加工孔和平面之间的位置精度。这样定位比较稳定，装夹也方便。同时若在毛坯表面上钻孔，钻头容易引偏。

(4)先主后次原则：零件上的加工表面一般可以分为主要表面和次要表面两大类。主要表面通常是位置精度要求较高的基准面和工作表面，如键槽、螺孔、紧固小孔等。这些次要表面与主要表面间也有一定的位置精度要求，一般是先加工主要表面，再以主要表面定位加工次要表面。

在安排加工顺序时，要注意退刀槽、倒角等工作的安排。有关这一类结构元素，在审查图纸的结构工艺性时就应予以注意。

其次，热处理工序在工艺路线中安排得是否得当，对零件的加工质量和材料的使用性能影响很大，因此应当根据零件的材料和热处理的目的妥善安排。

辅助工序(检验、去毛刺、倒棱、清洗、防锈、去磁及平衡等)的安排也是必要的工序，若安排不当或遗漏，将会给后续工序和装配带来困难，影响产品质量，甚至使机器不能使用。例如，未去净的毛刺将影响装夹精度、测量精度、装配精度以及工人安全。因此，要重视辅助工序的安排，辅助工序的安排不难掌握，但常被遗忘。

5．设备与工艺装备的选择

选择设备要应考虑以下几点。

(1)机床精度与工件加工精度相适应。

(2)机床规格与工件的外部形状、尺寸相适应。

(3)采用数控机床加工的可能性。在中小批量生产中，对于一些精度要求较高、工步内容较多的复杂工序，应尽量考虑采用数控机床加工。

此外，夹具、刀具、量具等工艺装备的选择合理与否，也将直接影响工件的加工精度、生产效率和经济性。应根据生产类型、具体加工条件、工件结构特点和技术要求等选择工艺装备。

12.3.4　装配工艺

在学生的综合实践训练中，装配是一个重要的工艺过程。以下简要对常用的连接方法以及装配工艺进行介绍，供项目制作中参考。

1. 常用连接方法

（1）胶黏剂连接：胶黏剂有液体、固体、粉末等多种形态和种类，使用时根据被黏接的材料及所要达到的功能选择。

（2）焊接方法连接：在项目制作中常用的焊接方法有以下几种。

①电弧焊：用于一般钢材的普通焊接；②点焊：用于薄板件的焊接；③氩弧焊：用于焊接不锈钢与有色合金材料。

（3）螺纹连接：常用的螺纹连接类型如图 12-11 所示。

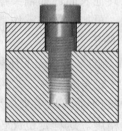
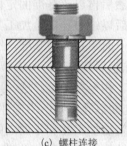

(a) 螺栓连接　　　　　　(b) 螺钉连接　　　　　　(c) 螺柱连接

图 12-11　常用螺纹连接类型

①　螺栓连接：螺栓用于连接不太厚的并能钻成通孔的零件。螺栓连接由螺栓、螺母、垫圈和被连接件组成。

②　螺钉连接：螺钉连接用于被连接件之一较厚，且经常不常拆装处。被连接零件中的一个加工出螺孔，其余零件都加工出通孔或沉孔。

③　双头螺柱连接：双头螺柱用于被连接件之一较厚，且连接需经常拆装处。螺柱连接由双头螺柱、螺母、垫圈和被连接件组成。

（4）键连接：键用于连接轴和轴上的传动件（如齿轮、皮带轮、涡轮），使轴和传动件不发生相对转动，以传递扭矩或旋转运动（图 12-12）。

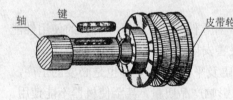

图 12-12　键连接示意图

2. 装配工艺

（1）螺钉、螺母的装配：在装配中要碰到大量的螺钉、螺母装配，可参照 9.8.3 节典型零件的装配方法进行装配。

（2）轴、键、传动轮的装配：传动轮与轴一般采用键连接，其中常用普通平键。键与轴槽、轴与轮孔多采用过渡配合，键与轮槽常采用间隙配合。

轴、键、传动轮的装配要点如下。

① 清理键及键槽上的毛刺。

② 用键的头部与轴槽试配，使键能较紧地嵌入轴槽中。

③ 锉配键长，使键与轴槽在轴向有 0.1mm 左右的间隙。

④ 在配合处加机油，用铜棒或虎钳（应加软钳口）将键压入轴槽中，并与槽底接触良好。

⑤ 试配并安装传动轮，注意键与轮槽底部应留有间隙。

（3）滚动轴承的装配：一般情况下，滚动轴承内圈随轴转动，外圈固定不动，因此内圈与轴的配合比外圈与轴承座支承孔的配合要紧一些。滚动轴承的装配大多为较小的过盈配合，常用铜锤或压力机压装。可用压力机将轴承先压装在轴上，然后将轴连同轴承一起装入轴承座孔内，压装时在轴承内圈端面上，垫一软金属材料做的装配套管(铜或软钢)，装配套管的内径应比轴颈直径略大，外径直径应比轴承内圈挡边略小，以免压在保持架上。

(4)销钉装配：圆柱销一般靠过盈配合固定在孔中，所以对销孔尺寸、形状和表面粗糙度要求较高。为保证连接质量，应将连接件两孔一起钻铰。装配时，销上应涂机油润滑。装入时，应用软金属垫在销子端面上，然后用锤子将销子打入孔中，也可用压入法装入。圆柱销不宜多次装拆，否则会降低定位精度和连接的可靠性。

12.4　经济成本分析

一个好的工艺规程不仅要保证加工质量，还必须具有高的生产率和低的产品成本。在保证质量的前提下，必须考虑如何提高劳动生产率和降低产品成本的问题，对工艺过程进行技术经济分析，平衡三者之间的关系，使工艺方案达到最优。

1. 工艺过程的生产率

生产率是衡量生产效率的一个综合指标，表示在单位时间内生产出合格产品的数量。提高劳动生产率的途径是多种多样的，如改进产品结构设计、采用先进的毛坯制造方法、采取各种工艺措施缩减时间定额以及改善生产组织和管理等。

提高生产率的工艺措施如下。

(1)提高切削用量：提高切削速度、进给量和背吃刀量，都可以缩短基本时间。

(2)减少切削行程长度：可以缩减基本时间，如采用排刀装置，用几把车刀同时加工同一表面。

(3)合并工步：用几把刀具或复合刀具对同一工件的几个不同表面或同一表面同时进行加工，把原来单独的几个工步集中为一个复合工步，各工步的基本时间就可以全部或部分重合，从而减少工序的基本时间。

(4)多件加工：一次加工多个工件，同时加工。

2. 工艺过程的经济性

制造一个产品或零件所必需的一切费用的总和，称为产品或零件的生产成本。生产成本由两大部分费用组成：工艺成本和其他费用。

工艺成本是与工艺过程直接有关的费用，占生产成本的 70%～75%，它又包括可变费用和不变费用。可变费用由材料费、操作工人工资、机床维护费、通用机床折旧费、刀具维持及折旧费、夹具维持及折旧费组成，它们与年产量直接有关。不变费用由专用机床折旧费、专用刀具折旧费、专用机床夹具折旧费等组成，它们与年产量无直接关系。

第 13 章　实践项目命题

在实践教学中体现 CDIO 教学理念是实施 CDIO 的基础，其标志是整个课程体系以项目为主线，把学生需要获取的知识、应达到的能力和应具备的素质等目标融入项目教学过程中。通过合理规划课程项目，把基础实践训练、综合及创新实践训练结合起来，使学生在实施项目的过程中学习、探索、应用所学技能，掌握实际项目开发的工作流程、组织与管理，培养综合的工程能力和素质。

实施项目过程如图 13-1 所示。围绕项目命题后，学生需要分组并初步构思，通过基础实习阶段(即分散实习)掌握基本的制造加工方法，对期间形成的项目方案进行制作、调试，以撰写结题报告、竞赛以及答辩作为项目考核。

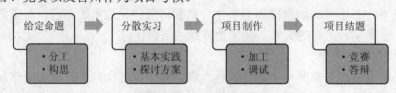

图 13-1　项目实施过程

设计课程项目命题是实施 CDIO 教学的关键，命题既要贯穿基础训练，又要能引起学生兴趣，最好还要有可评价指标，易于竞赛激励，同时兼顾综合与创新。本章将教学中已实施过的项目命题进行介绍，可在教学过程选用。

13.1　重力势能小车的设计与制作

13.1.1　重力势能小车的命题要求

该命题来自全国大学生工程训练综合能力竞赛命题，要求学生设计并制作出由重力势能驱动且实现 S 形越障功能的小车。

1. 设计要求

(1)整体尺寸及外形要求：①要求 S 形越障车为三轮结构，轮子要求自行加工(直径不超过 50mm)；②越障车尺寸不超过 200mm×150mm，高度不超过 150mm；③越障车外形封装良好，控制板不外露。

(2)越障要求：小车以 S 形路线形式行进，自动避开赛道上设置的障碍物(每间隔 1m 放置一个白色的直径 20mm×200mm 的障碍圆棒)。依照小车避开障碍的多少、前行距离的远近和速度来综合评定成绩。①要求设计转向机构实现 S 形路线行走；②电机控制实现自动避障(也可增加传感器探测)，小车行进速度不小于 20cm/s。

(3)正确设计的要求：能正确设计小车的转动机构等关键部分，以及相关配合零件，并给出正确的尺寸要求和精度要求。鼓励学生能尽量多设计加工零件，使用规范的机械连接方式，尽量避免胶水、胶布黏合方式。

（4）其他要求：每队学生可为自己的越障车自行命名，并自主设计、加工出一徽标（在实习期间完成，可用线切割、快速成形，激光加工或数控机床等设备加工完成）。

2．考核方法

对项目的考核包括以下四个方面的评价，各部分评价比例供参考。

（1）竞赛：依照小车避开障碍的多少、前行距离的远近和速度来综合评定成绩。行走绕过的障碍物越多，排位越靠前。绕过障碍物相同的，再比较通过最后一个障碍物的速度大小，速度越高，排位越靠前。按照 1 号位 100 分，2 号位 95 分，依次递减至 50 分。（占项目成绩 50%）

（2）项目报告：包括设计说明书、工程管理方案、加工工艺方案及成本分析方案。其中，设计说明书内容包括系统总体方案、原理设计与计算、结构设计与计算、装配图设计与图样；工程管理方案包括工作任务分解、进度计划、质量控制；加工工艺方案至少包括 3 个主要零件的加工方法、工序和工步内容、定位与装夹、机床与刀具；成本分析方案包括标准件成本、材料成本、加工成本。（占项目成绩 30%）

（3）徽标设计制作：包括设计思想、加工方法。（占项目成绩 5%）

（4）答辩：考察学生的表述能力和应变能力。（占项目成绩 15%）

13.1.2　无碳小车设计案例

图 13-2 为学生实践设计案例的整体结构图。重物下落运动分别通过齿轮传动机构和曲柄滑块机构传递给驱动轮和转向轮，其中，曲柄滑块机构连接的部分包含两个调节机构。由于在实际加工生产过程和装配过程中难免存在误差，因此设计了调节机构用于调节初始偏转角。调节的方法为根据轨迹逐步微调，当偏心块处于最高点或最低点（即对称点）时，保证初始偏转角为零。小车的偏转距离决定了小车偏转半径的大小。调节机构采用差动螺旋传动的方式，即螺丝旋转一圈，调整距离为两螺纹螺距之差。两个调节机构分别用于调节小车的偏转距离和初始偏角。

图 13-2　斯特林小车设计案例

曲柄滑块机构中使用滑块和导轨以减小摩擦，从而提高小车行程圈数上限值。偏转杆通过直线轴承与前轮相连接，上方镂空支架为重物提供着陆平面，最大限度地减小小车车身长度，从而为小车轨迹偏转留下更大余量。

势能小车的机构主要包括以下几个部分。

1. 动力装置

(1)滑轮机构(图13-3)：基于重物下落40cm的比赛要求，小车在顶部设计滑轮传动机构，通过三段凹槽定义两种传动比，将滑轮下落距离放大一定比例，以此来增加小车前进距离。

(2)原动轴机构(图13-4)：重物连线通过滑轮机构，与原动轴绕线机构相连接，绕线机构要求有一定斜度，以克服启动过程阻力较大的问题。

图13-3　滑轮传动机构

图13-4　原动轴机构

2. 传动装置

(1)齿轮传动机构(图13-5)：通过一级齿轮传动，将原动轴绕线机构的转动传递至后轮轴。

(2)曲柄滑块传动机构(图13-6)：原动轴一端通过偏心轮与前轮的整个传动机构相连接，偏心轮突出部分与轴承相连接，并与之一起作滑块在竖直导轨中滑动，将转动变为周期性的直线往复运动。

(3)前轮偏转机构(图13-7)：前轮通过调节滑块相对于短直线导轨的位置来调节前轮偏转距离，以此来改变小车的运动轨迹。

图13-5　齿轮传动机构

图13-6　曲柄滑块传动机构

图13-7　前轮偏转机构

3. 连接装置

(1)各类轴零件与轴间的紧固：滑轮和齿轮等通过紧定螺钉的方式连接，轴向上通过阶梯轴定位，对于特定部件(如后轮轴承和后轮紧固件间)则需通过定位套完成轴向的定位。

(2)各支架与轴间连接：由于支架与轴间连接至为关键，很大程度上决定了整辆小车的摩擦大小，所以各个支架与轴间的连接均采用轴承连接的方式，轴承与轴之间为过盈配合。

4. 支撑装置

(1)原动轴支架与底板间采用螺栓连接。

(2)后轮支架与底板间采用螺栓连接。

图13-8为该小车的整体装配示意图。

项目号	零件号	数量
1	8字形小车后轮紧固件	2
2	8字形小车后轮	2
3	8字形小车后轮轴	1
4	8字形小车后轮轴承定位套	2
5	8字形小车后轮轴承座	2
6	8字形小车驱动轴	2
7	8字形小车驱动轴轴承座	1
8	8字形小车偏心轴	1
9	8字形小车竖直导轨	3
10	8字形小车立柱	1
11	8字形小车杆长调节1	1
12	8字形小车杆长调节2	1
13	8字形小车前轮轴	1
14	8字形小车前轮	1
15	8字形小车前轮支架	1
16	8字形小车前轮偏心轴	1
17	8字形小车偏心杆	1
18	8字形小车前轮轴承座	1
19	8字形小车前轮转轴	1
20	8字形小车前轮偏心轴	1
21	8字形小车偏心竖轴	1
22	8字形小车前轮转向距离调节	1
23	8字形小车短调节螺母	1
24	8字形小车长调节螺母	1
25	8字形小车上板	1
26	8字形小车滑轮上板	1
27	8字形小车支架	2
28	8字形小车滑轮轴	1

上海交大工程训练中心		
	八字形小车	
	8-0	
阶段标记	比例	重量
		0.383
		替代
签名	年月日	
标准化		
工艺		共张 第张
审核		
批准		
分区		
标记	处数	
设计		
校核		

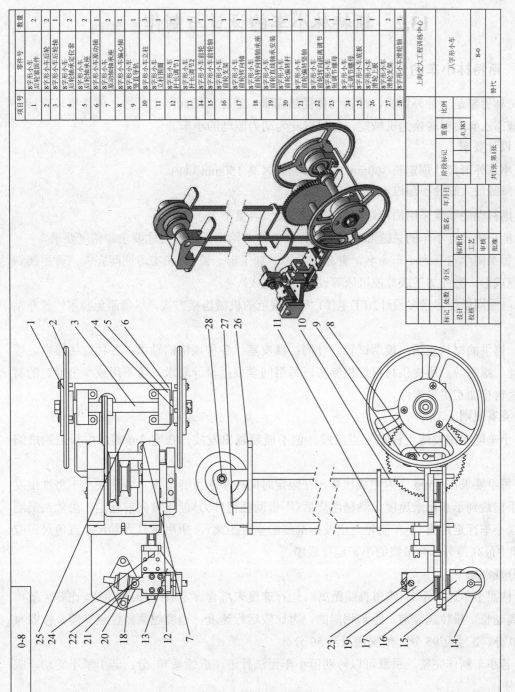

图 13-8　小车整体装配示意图

13.2　斯特林小车的设计与制作

13.2.1　斯特林小车的命题要求

斯特林引擎是一种外燃机,通过气体受热膨胀、遇冷压缩而产生动力。项目要求设计一种可将液态乙醇燃料转换为机械能,并仅以此为动力驱动的小车。

1. 设计要求

(1)小车外形尺寸规定长 300mm×宽 200mm×高 150mm 以内。

(2)气缸最大缸径不超过 ϕ20mm(动力缸)。

(3)燃料燃烧装置采用酒精灯,结构自主设计(容量不大于 3ml)。

(4)能正确设计小车的关键部分及相关配合零件并给出正确的尺寸要求和精度要求。

(5)每组同学自行为小车命名,并自主设计、加工出一徽标(在实习期间完成,可用线切割、快速成形、激光加工或数控机床等设备加工完成)。

(6)鼓励同学能尽量多设计加工零件,使用规范的机械连接方式,尽量避免胶水、胶布粘合方式。

统一提供的材料包括:玻璃试管;针筒;橡皮塞;各种规格的轴承;各种规格棒料、板材;螺丝、螺帽等。所提供材料仅供参考,每组同学根据设计要求,可不用或少用给定的材料,鼓励自行加工更多零件。

2. 竞赛规则

(1)小车可在出发线上任意一点出发,但不能超越出发线,在宽 2m 赛道内行走的成绩有效。

(2)每组要求在 5min 之内完成比赛,在限定时间内小车可赛 2 次,各队在小车每次出发前应举手向裁判示意记录速度。酒精燃烧后(不借助任何外力)能正常向前行走,由裁判员测量和记录小车行走距离(小车前轮与出发标准线的垂直距离),所用量具为卷尺和直角尺。取 2 次成绩中最高得分作为最终的小车运行成绩。

评分规则如下。

(1)依照小车运行距离(跑道直线距离)、运行速度来综合评定成绩(偏离跑道,比赛无效)。运行距离越长,排位越靠前。距离相同的,再比较运行速度,速度越高排位越靠前。按照 1 号位 100 分,2 号位 95 分,依次递减至 50 分。

(2)若小车制作完整,引擎可以转动但小车无法行进,成绩≤70 分;若引擎不转动,成绩≤50 分。

3. 考核方法

对项目的考核包括以下四个方面的评价,各部分评价比例供参考。

(1)竞赛:按上述规则进行比赛。(占项目成绩 50%)

(2)项目报告:包括斯特林小车的设计说明书、工程管理方案、加工工艺方案及成本分析方案,参考 13.1.1 中"重力势能小车设计与制作"对项目报告的具体要求。(占项目成

绩 30%)

(3)徽标设计制作：包括设计思想、加工方法。（占项目成绩 5%）

(4)答辩：演示文稿制作要层次清楚，能较好展示方案内容及制作过程，阐述清楚斯特林小车的结构工艺性、制作过程及成本方案，答辩时除表述能力外，还应注意仪态和应变能力。（占项目成绩 15%）

13.2.2　斯特林小车设计案例

斯特林引擎由两个有温度差的气缸、两个相位角相差 90° 的活塞、称为热交换器的加热器、回热器、冷却器以及可连续转动的惯性轮四个部分组成。

以气缸数与动力活塞及移气器的排列构型来区分，斯特林引擎可分为 α，β，γ 三种类型。图 13-9 所示为 α 型斯特林引擎的基本结构。

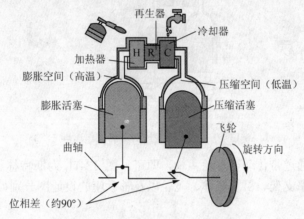

图 13-9　α 型斯特林引擎的基本结构

α 型又称双气缸型，无移气器，有两个动力活塞，分别在独立的两个缸内运动。

β 型又称同轴活塞型，具有一动力活塞与一移气器，二者位于同一气缸，且沿同轴运动。

γ 型具有两个独立气缸，其中一气缸内设置动力活塞，另一气缸设置一移气器。

以 α 型原理为例，其他类型结构稍有不同，但都是通过工作气体的移动产生压力变化，且反复膨胀和压缩的操作原理是完全相同的。

斯特林引擎工作原理如图 13-10 所示。图中：(1)→(2)为加热行程，压缩活塞向上运动，工作气体从压缩空间(低温空间)流向膨胀空间(高温空间)，引擎内部的压力便得到上升；(2)→(3)是膨胀行程，工作气体的压力使两个活塞都向下运动，对曲柄做功；(3)→(4)是冷却行程，利用惯性轮所储备的能量使曲柄轴转动起来，工作气体从膨胀空间流向压缩空间，引擎内部压力降低；(4)→(1)是压缩行程，由于受到工作气体压力与活塞背面的压力差，两个活塞同时向上推进。旋转开始后，利用惯性轮作用反复加热、膨胀、冷却、压缩四个过程，输出轴便得到动力。整个斯特林引擎的运动就是以上过程反复工作而成。

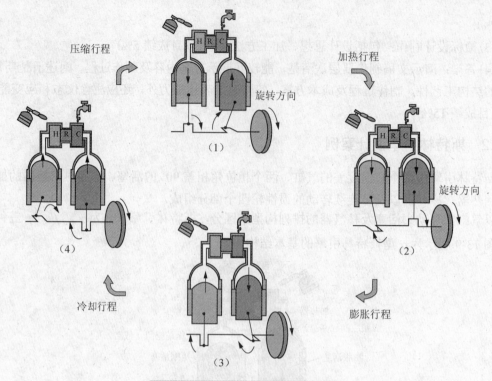

压缩行程

加热行程

旋转方向

（1）

（4）

冷却行程

膨胀行程

旋转方向

（2）

（3）

图 13-10　α 型斯特林引擎的工作原理

斯特林引擎动力通过带传动至车轮主轴，即可。图 13-11 为斯特林小车实体图，其主要部件：小车底板、引擎支架、引擎缸体、飞轮以及轴承座的设计图分别如图 13-12～图 13-16 所示。

图 13-11　斯特林小车设计案例

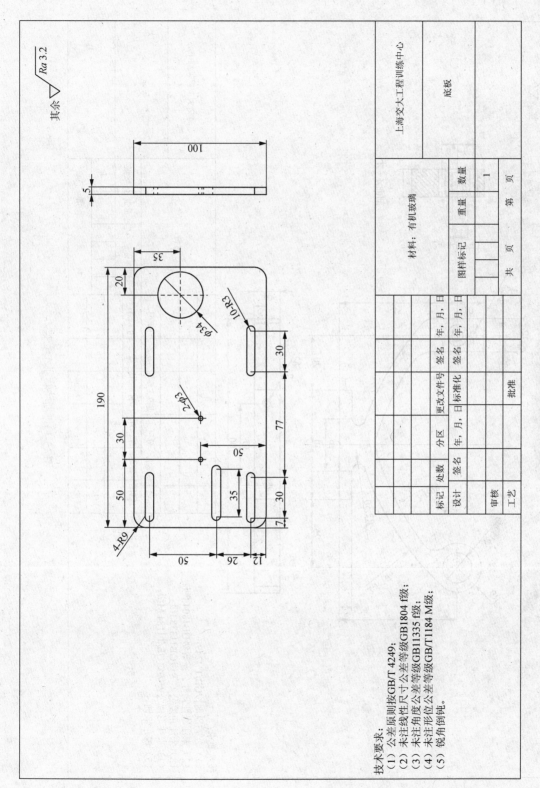

图 13-12　斯特林小车底板

技术要求:
(1) 公差原则按GB/T 4249;
(2) 未注线性尺寸公差等级GB1804 f级;
(3) 未注角度公差等级GB1335 f级;
(4) 未注形位公差等级GB/T1184 M级;
(5) 锐角倒钝。

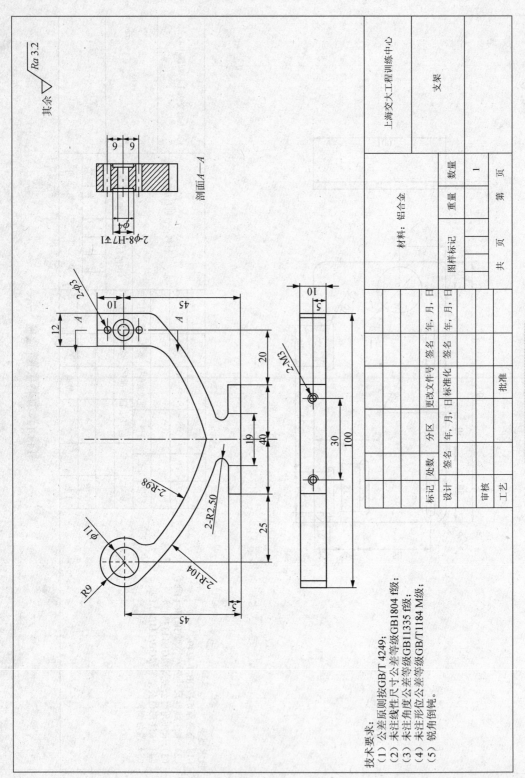

技术要求:
(1) 公差原则按GB/T 4249;
(2) 未注线性尺寸公差等级GB1804 f级;
(3) 未注角度公差等级GB11335 f级;
(4) 未注形位公差等级GB/T1184 M级;
(5) 锐角倒钝。

图 13-13　斯特林小车支架

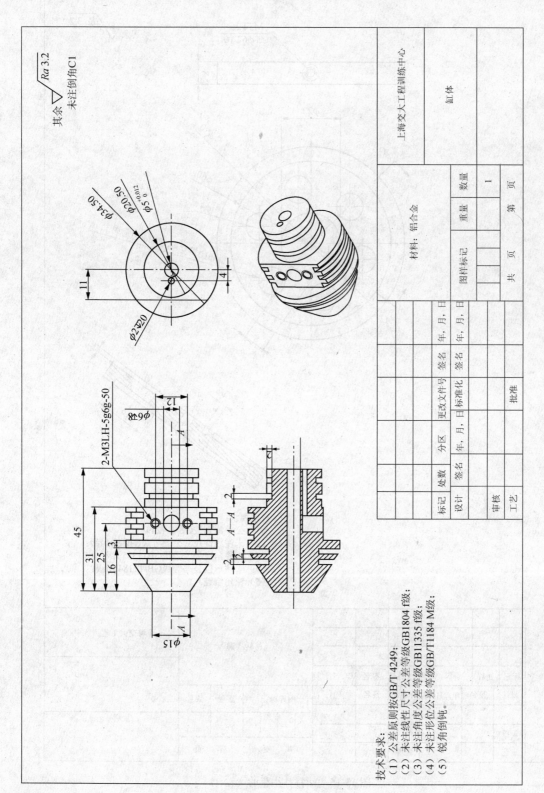

技术要求：
(1) 公差原则按GB/T 4249；
(2) 未注线性尺寸公差等级GB1804 f级；
(3) 未注角度公差等级GB11335 f级；
(4) 未注形位公差等级GB/T1184 M级；
(5) 锐角倒钝。

其余 $\sqrt{Ra\,3.2}$

未注倒角C1

图 13-14　斯特林小车的缸体

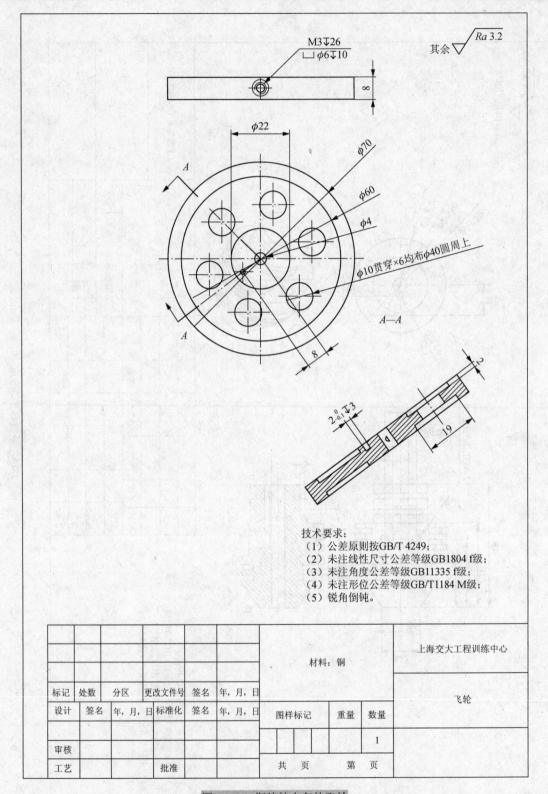

技术要求：
(1) 公差原则按GB/T 4249；
(2) 未注线性尺寸公差等级GB1804 f级；
(3) 未注角度公差等级GB11335 f级；
(4) 未注形位公差等级GB/T1184 M级；
(5) 锐角倒钝。

材料：铜

上海交大工程训练中心

飞轮

标记	处数	分区	更改文件号	签名	年, 月, 日			
设计	签名	年, 月, 日	标准化	签名	年, 月, 日	图样标记	重量	数量
								1
审核								
工艺			批准			共　页	第　页	

图 13-15　斯特林小车的飞轮

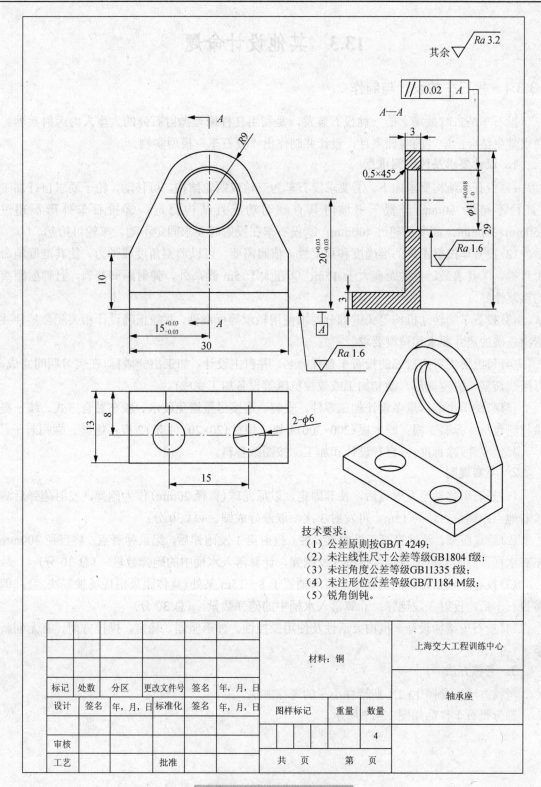

其余 $\sqrt{Ra\,3.2}$

$\boxed{/\!/\ \ 0.02\ \ |\ A\ }$

$A-A$

$0.5\times45°$

$\phi 11^{+0.018}_{\ 0}$

$Ra\,1.6$

$20^{+0.03}_{-0.03}$

$R9$

A

10

$15^{+0.03}_{-0.03}$

A

30

$\boxed{A}$

$Ra\,1.6$

13

8

$2-\phi 6$

15

技术要求：
（1）公差原则按GB/T 4249；
（2）未注线性尺寸公差等级GB1804 f级；
（3）未注角度公差等级GB11335 f级；
（4）未注形位公差等级GB/T1184 M级；
（5）锐角倒钝。

									上海交大工程训练中心	
						材料：铜				
标记	处数	分区	更改文件号	签名	年，月，日					
设计	签名	年，月，日	标准化	签名	年，月，日	图样标记		重量	数量	轴承座
审核									4	
工艺			批准			共　页		第　页		

图 13-16　斯特林小车的轴承座

13.3　其他设计命题

13.3.1　投石车的设计与制作

投石车是古时战场上的一种投石装置，是利用杠杆原理抛射石弹的大型人力远射兵器。要求学生结合已学过的实训项目，设计并制作出"投石车"模型实物。

1. 设计要求及评价侧重点

(1)投石车结构要求如下。①要求投石车为三轮或四轮结构，可移动，轮子要求自行加工(直径不超过 50mm)，置于斜坡时具有制动功能且结构稳定；②投石车外形不超过 250mm×350mm，高度不超过 400mm；③投石车在投射时要求固定不动，车轮可抬起。

(2)投石车投射距离的准确度和重复性。依照需要，可以调整角度或弹力，使其准确地命中目标。①要求最远投射距离大于 15m；②在大于 5m 距离外，弹射距离准确，且弹射距离的重复性好。

(3)投石车的转动机构等关键部分要求使用轴承等标准件，并能正确设计相关配合零件并给出正确的尺寸要求和精度要求。

(4)每组学生可为自己的投石车自行命名，并自主设计、加工出一徽标(在实习期间完成，可用线切割、快速成形、激光加工或数控机床等设备加工完成)。

(5)鼓励学生能尽量多设计加工零件，安装、连接尽量避免胶水、胶布黏合方式。统一提供材料包括：弹簧 1 根；胶木板(200×300)1 块；型材(20×20)(1 米)2 根；螺丝、螺帽若干。

其他零件(除标准件)自行设计和加工，按图纸备料。

2. 竞赛规则

(1)投石车移动至发射点后，使其固定，以尼龙球(直径 20mm)作为砲弹，发射砲弹后测量着地点距离是否达到 15m。可发射 3 次，取最好成绩。(总 30 分)

(2)给定距离，测试投石车投射重复性。投射第 1 发砲弹后，纪录弹着点；将直径 300mm 左右水桶移到弹着点位置连续投掷 3 发砲弹，计算落入水桶中的砲弹数量。(总 30 分)

(3)投石车投射距离的精确度。将水桶置于 8～15m 某处(具体距离由现场抽签决定)；调整投石车后，投射 3 发砲弹；计算落入水桶中的砲弹数量。(总 30 分)

(4)投石车结构设计、机构灵活性及使用操控性。外形坚固、稳定、操控方便、有无创新点。(占 15%)

3. 考核方法

考核方法可参照 13.2.1 斯特林小车的考核方法。

部分投石车作品如图 13-17 所示。

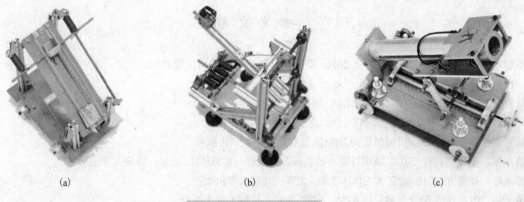

图 13-17　部分投石车作品

13.3.2　桌面 LED 夜光灯的设计与制作

"桌面 LED 夜光灯的设计与制作" 要求如下。

(1)构思—设计—制作出 "桌面 LED 夜光灯" 实物。

(2)每个项目作品提交相关的设计、工艺、成本分析和工程管理方面的设计报告,结合现场 PPT 答辩进考核。

统一提供 "LED 灯珠""灯座""开关" 及 "电池盒",自行设计其他零件(除标准件)完成项目制作。

1. 设计要求及评价侧重点

(1)夜光灯必须能平稳地置于桌面上并点亮。(10%)

(2)设计方案至少需运用 4 个工种。(30%)

(3)工艺及最终作品的制作成本方案佳。(30%)

(4)更换灯泡及电池方便。(10%)

(5)造型别致,制作精细,有附件功能,有设计 LEGO。(20%)

2. 考核方法

考核方法可参照 13.2.1 斯特林小车的考核方法。

部分桌面 LED 灯作品如图 13-18 所示。

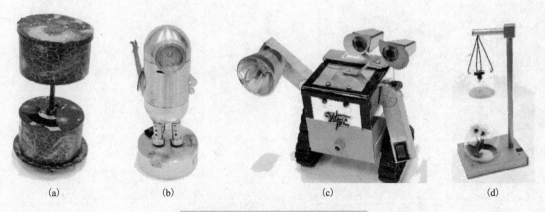

图 13-18　部分桌面 LED 夜光灯作品

参 考 文 献

滨口和洋，户田富士夫，平田宏一. 2010. 斯特林引擎模型制作[M]. 曹其新，凌芳，译. 上海：上海交通大学出版社.

陈德生. 2007. 机械制造工艺[M]. 浙江：浙江大学出版社.

陈红霞. 2014. 机械制造工艺学[M]. 2版. 北京：北京大学出版社.

傅水根，李双寿. 2009. 机械制造实习[M]. 北京：清华大学出版社.

傅水根，王坦，初晓. 2013. 以项目驱动的机械创新设计与实践[M]. 北京：清华大学出版社.

郭永环，姜银方. 2010. 金工实习[M]. 2版. 北京：北京大学出版社.

黄云清. 2012. 公差配合与测量技术[M]. 3版. 北京：机械工业出版社.

鞠鲁粤. 2009. 机械制造基础[M]. 5版. 上海：上海交通大学出版社.

李建明. 2010. 金工实习[M]. 北京：高等教育出版社.

刘晋春，白基成，郭永丰. 2008. 特种加工[M]. 5版. 北京：机械工业出版社.

骆莉，陈怡先. 2010. 金工实训[M]. 北京：机械工业出版社.

孙以安，鞠鲁粤. 1999. 金工实习[M]. 2版. 上海：上海交通大学出版社.

郗安民. 2009. 金工实习[M]. 北京：清华大学出版社.

杨海成. 2007. 数字化设计制造技术基础[M]. 西安：西北工业大学出版社.

杨汝清. 2000. 现代机械设计——系统与结构[M]. 上海：上海科学技术文献出版社.

周世权，杨雄. 2011. 基于项目的工程实践（机械及近机械类）[M]. 武汉：华中科技大学出版社.

邹慧君，颜鸿森. 2008. 机械创新设计理论与方法[M]. 北京：高等教育出版社.

Fitzpatrick M. 机械加工技术[M]. 2009. 卜迟武，唐庆菊，岳雅璠，等译. 北京：科学出版社.

Muhs D，Wittel H，Becker M，等. 2014. 机械设计[M]. 孔建益，译. 北京：机械工业出版社.